新型职业农民培育工程通用教材

# 农作物病虫草害综合防治技术

◎王春虎 王璐 黄龄 主编

U0351699

中国农业科学技术出版社

## 图书在版编目（CIP）数据

农作物病虫草害综合防治技术／王春虎，王璐，黄龄主编.—北京：中国农业科学技术出版社，2017.7

新型职业农业培育工程通用教材

ISBN 978-7-5116-3067-4

Ⅰ.①农…　Ⅱ.①王…②王…③黄…　Ⅲ.①作物-病虫害防治-教材　Ⅳ.①S43

中国版本图书馆 CIP 数据核字（2017）第 096108 号

| 责任编辑 | 徐　毅 |
| 责任校对 | 马广洋 |

| 出 版 者 | 中国农业科学技术出版社 |
| | 北京市中关村南大街 12 号　邮编：100081 |
| 电　　话 | （010）82106631（编辑室）　（010）82109702（发行部） |
| | （010）82109709（读者服务部） |
| 传　　真 | （010）82106631 |
| 网　　址 | http://www.castp.cn |
| 经 销 者 | 各地新华书店 |
| 印 刷 者 | 北京昌联印刷有限公司 |
| 开　　本 | 850 mm×1 168 mm　1/32 |
| 印　　张 | 9.25 |
| 字　　数 | 230 千字 |
| 版　　次 | 2017 年 7 月第 1 版　2017 年 7 月第 1 次印刷 |
| 定　　价 | 34.00 元 |

# 《农作物病虫草害综合防治技术》
## 编 委 会

# 前　言

　　民以食为天，国以农为本。农业生产是我国社会经济发展的基石，是实现粮食安全、社会稳定、人民生活富裕的前提条件，要实现高产再高产、优质高效益的目标，就必须按照先进的、科学的栽培模式和实用的、有效的技术措施进行生产管理，遵循农业生产规律，做好农作物病虫草害科学防治，保护生态环境条件，实现当地自然资源的充分利用。不断提高种植者经济效益，为保障和满足市场经济发展需求，畜牧养殖业快速发展提供饲料原材料，为提高和改善人民群众的生活水平奠定基础。

　　作者根据近几年黄淮流域种植业农作物调整状况，作物布局变化趋势，结合自己长期从事农业科技推广、科学研究、教学培训工作实践与体会，结合培训学员、农村专业合作社、家庭农场、专业种植生产大户、广大农民对主要作物病虫草害防治实用技术的渴望与需求，对生产中常见问题的了解以及简化管理技术等方面的浓厚兴趣，在多次长时期与培训学员交流的基础上，又查阅了大量的相关文献资料佐证完善本书内容，组织编写过程中力求突出实用性强，可操作性好，技术要点明确，叙述简单清晰，语句通俗易懂，内容新颖系统，从粮食作物病虫草害综合防治到不断发展扩大的洋葱、辣椒、冬瓜、向日葵等病虫草害防治要点、关键技术、主要药剂等方面做了较为详细的介绍。全书结构严谨，具备科学性强，技术先进成熟，利用价值高等特点，对指导种植生产实际，推动种植业持续快速、规模化产业化的健康发展具有一定的参考作用和现实意义。

由于作者水平有限，加之时间仓促，书中不妥之处在所难免，敬请广大读者批评校正，进一步完善补充。

作　者

2017 年 3 月 20 日于河南科技学院

# 目　　录

# 第一章　小麦主要病虫草害防治技术

众所周知，小麦是世界上最重要的粮食作物，一直位居粮食作物的首位。小麦分布广，用途多，在农业生产和社会发展中占有极其重要的位置。小麦总消费量占全球谷物消费量的1/3，发展中国家小麦消费量占50%以上。是人们、特别是北方人们的主要食粮。小麦还是酿酒、饲料、医药、调味品等工业的主要原料。

小麦要高产，病虫草害防治非常重要，由于小麦病虫草害的种类较多，各地不同年份发生程度也有较大差异，可灵活掌握，重点突出，做好植物保护，为当地小麦高产稳产保驾护航。

## 第一节　小麦主要病害防治技术

小麦的主要病害有：锈病、白粉病、纹枯病、赤霉病、全蚀病、黄矮病、丛矮病、土传花叶病、根腐病和黑穗病。

1. 小麦纹枯病

小麦纹枯病在黄淮麦区发生普遍，随着产量不断提高，水肥用量加大，田间群体加大，小麦发生纹枯病为害有加重趋势，轻者穗小粒秕，重病田在小麦不能抽穗，或形成白穗。病株大量死亡，未死病株，灌浆不满，千粒重显著下降造成减产，一般病田减产10%左右，严重时减产30%～40%。该病主要由禾谷丝核菌，其次为立枯丝核菌引起。寄主范围：除小麦外，还有大麦、燕麦、玉米、高粱、谷子、棉花、亚麻、大豆、花生等。

　　小麦纹枯病主要发生在小麦叶鞘和茎秆上，发病初期，在近地表的叶鞘上产生周围褐色、中央淡褐色至灰白色的梭形病斑，后逐渐扩展至茎秆叶鞘上（侵茎）且颜色变深，重病株茎基 1~2 节变黑甚至腐烂、烂茎抽不出穗而形成枯孕穗或抽后形成白穗，结实少，子粒秕瘦。小麦生长中后期，叶鞘上的病斑常形成云纹状花纹，病斑无规则，严重时，可包围全叶鞘，使叶鞘及叶片早枯；有时可见到一些白色菌丝状物，空气潮湿时上面初期散生土黄色至黄褐色霉状小团，后逐渐变褐；形成圆形或近圆形颗粒状物，即病菌的菌核（图 1-1）。

**图 1-1　纹枯病症状、病原体及大田受害**

　　小麦纹枯病病菌主要以菌核附着在植株病残体上或落入土中越夏或越冬，成为初浸染的主要来源。被害植株上菌丝伸出寄主表面，对邻近麦株蔓延进行再浸染。

　　防治方法：

　　（1）农业防治措施。适期适时适量播种；增施有机肥，氮磷钾肥配方使用；实行合理轮作，减少传播病菌源基数；合理灌水，及时中耕，降低田间湿度，促使麦苗健壮生长和抗病能力；选用抗病和耐病品种。

　　（2）做好种子处理。选用有效药剂包衣（或拌种），可用 2% 或 6% 的戊唑醇 20g 拌种；或用 10% 羟锈宁粉剂按种子量的 0.3% 拌种。

　　（3）药剂防治。在纹枯病发生地区或重发生年份，每 $667m^2$

用5%井冈霉素水剂150~200g或15%粉锈宁粉剂50~75g，对水50~60kg喷雾（注意尽量将药液喷到麦株茎基部）；在小麦返青后病株率达5%~10%（一般在3月中旬）喷药，第二次用药在第一次用药后15天左右施用，可有效防治本病。

2. 小麦白粉病

小麦白粉病在黄淮流域发生普遍，是目前小麦上的主要病害之一。近年来，随着麦田肥水条件的改善及高产田群体密度加大，小麦白粉病发病逐年加重。小麦受害后，呼吸作用提高，蒸腾强度增加，光合效率降低，养分积累减少，叶片早枯，影响小麦根系的发育，造成分蘖减少和成穗率降低，穗粒数和千粒重下降，发病愈早减产愈严重，发病晚时主要影响千粒重。

小麦白粉病自幼苗到抽穗后均可发病。主要为害小麦叶片，也为害茎、穗和芒。病部最先出现白色丝状霉斑，下部叶片比上部叶片多，叶片背面比正面多。中期病部表面附有一层白粉状霉层，一般叶正面病斑较叶背面多，下部叶片较上部叶片病害重，霉斑早期单独分散逐渐扩大联合，呈长椭圆形较大的霉斑，严重时可覆盖叶片大部，甚至全部，霉层厚度可达2mm左右，并逐渐呈粉状。后期霉层逐渐由白色变为灰色，上生黑色颗粒。叶早期变黄，卷曲枯死，重病株常不能抽穗（图1-2）。

图1-2　白粉病叶片、穗病斑和白色粉状霉层

小麦白粉病通过气流传播发病。在气温在15~20℃、相对湿

度在 70%以上时，病害发展迅速，一般小麦生长旺盛，群体密度过大，植株幼嫩，抗病力低或者倒伏的麦田，往往发病较重。

防治方法：

（1）农业措施。选用抗病丰产品种为主，周麦 18、矮抗 58 和豫保 1 号等抗性较好；合理密植，适当晚播，氮磷钾配方合理施用，科学灌溉，适时排水，消灭初期浸染源。

（2）种子处理。可用 15%粉锈宁可湿性粉剂按种子重量 0.12%拌种，控制苗期病情，减少越冬菌量，减轻发病为害，并能兼治散黑穗病。

（3）药剂防治。在小麦白粉病普遍率达 10%或病情指数达 5%~8%时，即应进行药剂防治。每 667m² 用 2%立克秀 20mL 或 12.5 烯唑醇（禾果利、志信星）20g 或 20%粉锈宁乳油 20~30mL 或 15%粉锈宁可湿性粉剂 50~100g，对水 50~60kg 喷雾，或对水 10~15kg 低容量喷雾防治。

3. 小麦锈病

小麦锈病又叫黄疸病，是由柄锈属真菌浸染引起的一类病害，分条锈病、叶锈病和秆锈病 3 种，条锈病和叶锈病对小麦为害较大。3 种锈病可根据夏孢子堆和冬孢子堆的形状、大小、颜色、着生部位和排列方式区分。群众形象地说"条锈成行叶锈乱，秆锈是个大红斑"。

（1）小麦条锈病。小麦条锈病是一种气传病害，病菌随气流长距离传播，可波及全国。条锈病对小麦为害较大，流行严重的年份可减产 80%以上。病源菌为小麦条形柄锈菌（Puccinia striiformis West.）引起，主要为害小麦，个别小种可浸染大麦、黑麦和一些禾本科杂草。

该病菌主要为害小麦的叶片，也可为害叶鞘、茎秆和穗部。小麦感病后，初呈退绿色的斑点，后在叶片的正面形成鲜黄色的粉疮（即夏孢子堆）。夏孢子堆较小，长椭圆形，在叶片上排列成条状，与叶脉平行，常几条结合在一起成片着生。到小麦接近成熟时，在叶鞘和叶片上长出黑色、狭长形、埋伏于表皮下面的条状疱斑的孢子，即病菌的冬孢子（图1-3）。

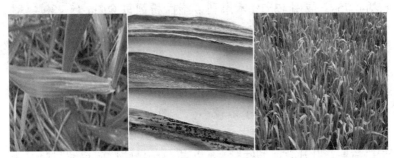

图1-3　小麦条锈病病状

该病菌在夏孢子世代为害麦株，夏孢子随气流传播。其流行主要与小麦品种的抗病性、菌源和菌量以及环境条件有关，造成春季小麦锈病流行的条件有4个。第一，有一定数量的越冬菌源；第二，有大面积感病品种；第三，3—5月雨量较多；第四，早春气温回升快，外来菌源多而早时，则小麦中后期突发流行。

防治方法：

①农业措施：在锈病易发区，不宜过早播种；及时排灌，降低麦田湿度，抑制病菌夏孢子萌发；清除自生、寄生苗，减少越夏菌源。合理施肥，避免氮肥施用过多过晚，增施磷钾肥，促进小麦生长发育，提高抗病能力。

②选用抗病丰产良种：如抗条锈30号、31号和29号小种的品种。

③种子处理：药剂拌种用99%天达恶霉灵2g加"天达2116"浸拌种型25g（1袋），对水2~3kg，均匀喷拌麦种50kg，晾干后播种，随拌随播，切勿闷种。还可兼防白粉病、全蚀病、根腐病、纹枯病和腥黑穗病等。

④药剂防治：在小麦拔节至抽穗期，条锈病病叶率达到1%左右时，开始喷药，以后隔7~10天再喷1次。药剂可选用20%粉锈宁乳油每667m²30~50mL，或用15%粉锈宁可湿性粉剂每667m² 75g，或用12.5%禾果利可湿性粉剂每667m²15~30g，对水50~60kg叶面喷雾。

（2）小麦叶锈病。小麦叶锈病分布于全国各地，对小麦造成的影响与条锈病基本相同，发生较为普遍。叶锈病主要发生在叶片，也能侵害叶鞘。发病初期，受害叶片出现圆形或近圆形红褐色的夏孢子堆。夏孢子堆较小，一般在叶片正面不规则散生，极少能穿透叶片，待表皮破裂后，散出黄褐色粉状物。即夏孢子，后期在叶片背面和叶鞘上长出黑色阔椭圆形或长椭圆形、埋于表皮下的冬孢子堆（图1-4）。

图1-4　小麦叶锈病病状

小麦叶锈病菌较耐高温，最先在自生小麦苗上发生越夏，秋播小麦出土后叶锈菌又从自生麦苗上转移到冬小麦麦苗上。播种较早，气温较高，利于叶锈病的生长，小麦发病受害重。播种较晚，气温较低，不能形成夏孢子堆，多以菌丝潜伏在麦叶内越冬。

防治方法：

①农业措施：选用抗叶锈优良品种；麦收后及时消灭自生麦

苗和杂草，以减少越夏菌源。

②种子处理及药剂防治：参照小麦条锈病药剂防治。

（3）小麦秆锈病

小麦秆锈病分布于全国各地，病害流行年份，常来势凶猛、为害大，可在短期内引起较大损失，造成小麦严重减产。秆锈病主要发生在小麦叶鞘、茎秆和叶鞘基部，严重时，在麦穗的颖片和芒上也有发生，产生很多的深红褐色、长椭圆形夏孢子堆，常散生，表皮破裂而外翻。小麦发育后期，在夏孢子堆或其附近产生黑色的冬孢子堆。小麦秆锈病的流行主要与品种、菌源基数、气象条件有关。一般在小麦抽穗期——乳熟期这一阶段前后的田间湿度等影响病害流行的关键因素密切相关，也是秆锈菌夏孢子萌发和浸染的主要时期。

防治方法：基本同条叶锈病（图1-5）。

图1-5 小麦秆锈病病状

4. 小麦赤霉病

麦类赤霉病是小麦的主要病害之一，全国麦区都有发生，是真菌病害，称禾本科镰孢菌，有性阶段为玉米赤霉菌引起。可以浸染小麦的各个部位，自幼苗至抽穗期均可发生，引起苗枯、茎腐和穗腐等。大流行年份病穗率达50%~100%，减产10%~40%。赤霉病寄主范围广，除小麦外，还浸染大麦、水稻、玉米、燕麦、鹅冠草等禾本科植物以及棉花、红麻、甘薯等作物。该病菌的低谢产物含有毒素，人畜食用后还会中毒。

赤霉病最初在小穗颖片上出现水浸状病斑，逐渐扩大至整个小穗和穗子，严重时整个小穗或穗子后期全部枯死，受感染的穗子呈灰褐色。气候潮湿时，感病小穗的基部产生粉红色胶质霉层，为病菌的分生孢子座和分生孢子。后期穗部产生煤屑状黑色颗粒。黑色颗粒是病菌的子囊壳。在幼苗的芽鞘和根鞘上呈黄褐色水浸状腐烂，严重时，全苗枯死，病残苗上有粉红色菌丝体。发病初期，茎基部呈褐色，后变软腐烂，植株枯萎，在病部产生粉红色霉层（图1-6）。

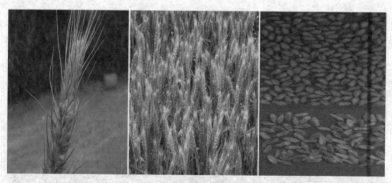

图1-6　小麦赤霉病症状

赤霉病的流行主要因菌源量、品种抗性、寄主感病、生育时期及降雨量、田间湿度和大气湿度的等因素，决定年度间、地区间流行轻重。病菌主要以菌丝体潜伏在稻茬或玉米、高粱、油菜、芝麻、棉、麻、豆类及杂草残体上越冬，以稻茬、玉米秆为最多，种子也可带菌。一般因初浸染菌源量大，小麦抽穗扬花期间降水多，湿度大，病害就可流行。有利于发病的环境持续时间愈长，则病害流行愈重。地势低洼、土壤黏重、排水不良的麦田湿度大，也有利于该病的发生。气候因素对病害的发生流行起着主导作用。小麦不同生育期对病菌侵入的难易有很大差异。以齐穗后 20 天内最易感病，小麦扬花期感染率最高。此时期，气温在 15℃ 以上，阴雨日多，病害就可能流行。小麦抽穗扬花期连续阴雨 3 天以上，就有严重发生的可能；小麦抽穗后 15~20 天，阴雨日数超过 50%，病害就可能流行，超过 70% 就可能大流行，40% 以下为轻发生年。菌源量少与感病期气候干旱、少雨是制约该病害流行的主导因素。部分麦区和个别年份，也会因小麦抽穗扬花期间温度特别低，不适合发病，温度也能成为制约病害流行的主导因素。

防治方法：

（1）农业防治。适时播种，合理施肥；深耕灭茬，消灭菌源；合理灌排、降低田间湿度；选用抗病耐病品种；合理密植和控制适宜群体密度，提高和改善麦田通风透光条件。

（2）种子处理。在播种前进行种衣剂包衣或用拌种，安种子量的 3% 药量与种子混拌均匀。

（3）药剂防治。小麦赤霉病重在预防，治疗效果较差。提倡在小麦抽穗至盛花期，每 667m² 用 50% 多菌灵可湿性粉剂 100g 或 70% 甲基托布津可湿粉剂 75~100g，分别对水 60kg 喷雾，或对水 10~15kg 进行低容量喷雾。如预报小麦抽穗扬花期多阴雨天气，应抓紧在齐穗期用药，第一次用药 7 天后趁下雨间断时再用药 1 次。

5. 小麦全蚀病

小麦全蚀病属子囊菌亚门的禾顶囊壳菌，为真菌性病害，近年来呈上升趋势，小麦苗期和成株期均可发病，以乳熟期症状最为明显，主要为害小麦根部和茎秆基部。黄淮流域麦区个别年份部分地块中度发生。此病一旦发生，蔓延速度较快，一般一块地从零星发生到成片死亡，只需3年，发病地块有效穗数、穗粒数及千粒重降低，造成严重的产量损失，一般减产10%～20%，重者达50%以上，甚至绝收，是一种毁灭性病害。症状表现为：幼苗期病原菌主要浸染种子根、地下茎，使之变黑腐烂，称为"黑根"，部分次生根也受害。病苗基部叶片黄化，分蘖减少，生长衰弱，严重时死亡。茎秆基部及叶鞘变为黑脚症状，根部变黑腐烂，根表可见病菌着生的葡萄菌丝；分蘖前后，基部老叶变黄，分蘖减少；早春返青慢，黄叶多，生长衰弱，严重的枯死；拔节后茎基部1～2节叶鞘内侧和茎秆表面在潮湿条件下形成肉眼可见的黑褐色菌丝层，称为"黑脚"，这是全蚀病区别于其他根腐病的典型症状；抽穗灌浆期，茎基部明显变黑腐烂，形成典型的"黑脚"症状，病部叶鞘容易剥离，叶鞘内侧与茎基部的表面形成灰黑色的菌丝层，田间病株成簇或点片状分布。由于病株根部与茎基部腐烂，病株常早枯死，形成白穗或子粒秕瘦。在潮湿情况下，小麦近成熟时在病株基部叶鞘内侧生有黑色颗粒状突起，即病原菌的子囊壳（图1-7）。

**图1-7　小麦全蚀病病状**

小麦全蚀病菌主要以菌丝体随病残体在土壤中越夏或越冬,成为第二年的初浸染源。病原在土壤中存活1~5年不等,一年轮作可使病害减轻。初浸染源以寄生方式在自生麦苗、杂草或其他作物上的全蚀病菌也可以传染下一季作物。是一种土传病害,施用带有病残体的未腐熟的粪肥可传播病害。小麦全蚀病可随水流传播,多雨,高温,地势低洼,麦田发病重。早播、冬春低温、成熟期受干热风侵害以及土质疏松、瘠薄、碱性、有机质少、缺磷、缺氮的麦田发病均重。小麦全蚀病有明显的自然衰退现象,以初浸染为主,再浸染不重要。有病害上升期、高峰期、下降期和控制期等明显的不同阶段,只要病害到达高峰后,继续实行小麦、玉米种植制度,病害就会出现下降现象,一般经1~2年后病害就自然得到控制,至于出现自然衰退现象的原因可能与土壤中拮抗微生物群逐年得到发展有关。

防治方法:

(1) 农业措施。

①合理轮作,因地制宜:实行小麦与棉花、薯类、花生、豌豆、大蒜、油菜等非寄主作物轮作1~2年。

②增施有机肥,磷肥:促进拮抗微生物的发育,减少土壤表层菌源数量;深耕细耙,及时中耕灌排水。

③保护无病区,控制初发病区,治理老病区:无病区严禁从病区调运种子,不用病区麦秸作包装材料外运。从病区调进种子要严格检验,用适乐时或敌萎丹种衣剂包衣,杀死种子表面的病原菌。

(2) 选用抗病耐病品种。目前,国内外均缺乏抗全蚀病的品种,推广利用的偃4110、新麦11号、豫麦18号、豫麦49号等发病较轻。

(3) 药剂防治。用全蚀净(硅噻菌胺)按种子重量0.2%(1:500)拌种,或用3%敌萎丹种衣剂按1:(200~300)包衣,或用2.5%适乐时种衣剂按1：300~500包衣种子有较好防效。用20%三唑酮乳油50mL或15%粉锈宁可湿性粉剂75g，对水2~3kg喷拌麦种50kg，可以兼治根腐病、纹枯病和黑穗病。在小麦拔节期间，每667m²用15%粉锈宁可湿性粉剂150~200g，或用20%三唑酮乳油100~150mL，对水50~60kg喷浇麦田，防效可达60%左右；敌力脱、烯唑醇、菌霉净、羟锈宁等可用作喷浇防治小麦全蚀病。

### 6. 小麦胞囊线虫病

小麦孢囊线虫病在各麦区分布较普遍，并且还有蔓延扩大的趋势，已严重威胁小麦安全生产。该病对禾谷作物根系的破坏性很强，对作物产量所造成的损失非常严重，一般产量损失为20%~30%，发病严重地块减产可达70%，直至绝收。

小麦胞囊线虫病是燕麦胞囊线虫浸染而起。该病害在田间分布不均匀，常成团发生，主要在小麦的苗期、返青拔节期、灌浆期症状表现明显，受害轻的在拔节期症状明朗化，受害重的在小麦4叶期即出现黄叶。苗期受害小麦幼苗矮黄，而后由下向上发展，叶片逐渐发黄，最后枯死，类似缺肥症。燕麦胞囊线虫寄生为害小麦根部，典型症状是根尖生长受抑，从而造成多重分根和肿胀，次生根增多，地下部根系分叉，多而短，丝结成乱麻状。受害根部可见附着柠檬形胞囊，开始灰白，后变为褐色。返青拔节期病株生长势弱，明显矮于健株，根部有大量根结；灌浆期小麦群体常现绿中加黄，高矮相间的山丘状，根部可见大量线虫白色胞囊（大小如针尖），成穗少、穗小粒少，产量低（图1-8）。

胞囊线虫病的发生与气候、土壤、肥水和小麦品种等因素有关，该线虫以胞囊内卵和幼虫在土壤中越冬或越夏，土壤传播是其主要途径。农机具、人畜黏带的土壤以及水流等也可进行近距离传播；种子中混有带病土块，也可传播；甚至大风刮起的尘土是远距离传播的主要途径。在小麦苗期，若遇天气凉爽而土壤湿

**图 1-8 小麦胞囊线虫病病状**

润，土壤空隙内充满了水分，使幼虫能够尽快孵化并向植物根部移动，就会造成为害严重；土壤平均含水量在 8%~14%，有利于发病，含水量过高或过低均不利于线虫的发育；一般在沙壤土或沙土中为害严重，黏重土壤中为害较轻；土壤水肥条件好的地块，小麦生长健壮，为害较轻；土壤肥水状况差的地块，为害较重。

防治方法：

（1）农业措施。此病属局部发生，应避免从病区调种，防止种子中的带病土块扩散蔓延；合理轮作如小麦与非寄主作物（豆科植物）进行 2~3 年轮作，可有效减轻病害损失；有条件麦区可实行小麦—水稻轮作，对该病防治效果更好；冬麦区适当早播或春麦区适当晚播，避开线虫的孵化高峰，减少浸染概率；加强水肥管理，增施肥料，增施腐熟有机肥，促进小麦生长，提高抗逆能力。

（2）选用抗病、耐病品种。选用抗病、耐病品种是防治该病经济有效的办法之一。如温麦 4 号、太空 6 号、豫优 1 号等品种。

（3）药剂防治。播种期用含呋喃丹种衣剂进行种子包衣处理，或用 10%g 线磷颗粒剂，每 667m$^2$1kg，15%涕灭威颗粒剂

500g，3%呋喃丹颗粒剂每 $667m^2$2kg，线敌颗粒剂每 $667m^2$1.5kg 等，播种时沟施。

7. 小麦根腐病

小麦根腐病又称小麦根腐叶斑病或黑胚病、青死病、青枯病等。全国各地麦区均有发生，是麦田常发病害之一，全生育期均可引起发病，苗期引起根腐，造成麦苗大量黄化和死亡；成株出现"青死"症状，幼苗染病后在芽鞘上产生黄褐色至褐黑色梭形斑，边缘清晰，中间稍褪色，扩展后引起种根基部、根间、分蘖节和茎基部褐变物，最后根系朽腐，麦苗平铺在地上，下部叶片变黄，逐渐黄枯而亡。成株叶上病斑初期为梭形或椭圆形褐斑，扩大后呈椭圆形或不规则褐色大斑，引起叶斑穗腐或黑胚。病斑融合成大斑后枯死，严重的整叶枯死。叶鞘染病产生边缘不明显的云状块，与其连接叶片黄枯而死。小穗发病出现褐斑。叶鞘上病斑不规则，常形成大型云纹状浅褐色斑，扩大后整个小穗变褐枯死并产生黑霉。病小穗不能结实，或虽结实但种子带病，种胚变黑。"黑胚"症状的籽粒一般饱满，大小和形状正常。也有籽粒带有浅褐色不连续斑痕，其中央为圆形或椭圆形的灰白色的区域，大多位于籽粒中间或远离种子胚，而很少靠近另一端。大多数情况下单个籽粒可见多个斑痕，这些斑痕连接在一起占据较大的籽粒表面，严重时，籽粒全部变成黑褐色。重者发病率20%~60%，减产10%~50%或更多。籽粒发生的黑胚病不仅会降低种子发芽率，而且对小麦制品颜色等会产生一定影响。我国小麦质量标准中，将黑胚粒增补为不完善粒，三级以上的商品小麦不完善粒含量不高于6%，四级小麦不高于8%，五级小麦不高于10%。黑胚小麦由各省级行政区规定是否收购或收购限量（图1-9）。

病菌以菌丝体和厚垣孢子在小麦、大麦、黑麦、燕麦、多种禾本科杂草的病残体和土壤中越冬，翌年成为小麦根腐病的初浸

图1-9 小麦根腐病病状

染源。发病后病菌产生的分生孢子再借助于气流、雨水、轮作、感病种子传播，该菌在土壤中存活2年以上。根腐病的流行程度与菌源数量、栽培管理措施、气象条件和寄主抗病性等因素有关。生产上播种带菌种子可导致苗期发病。幼苗受害程度随种子带菌量增加而加重，浸染源多则发病重；在种子带菌为主的条件下，种子被害程度较其带菌率对发病影响更大。耕作粗放、土壤板结、播种覆土过后、春麦区播种过迟、冬麦区过早以及小麦连作、种子带菌、田间杂草多、地下害虫引起根部损伤均会引起根腐病。麦田缺氧、植株早衰或叶片叶龄期长，小麦抗病力下降，则发病重。麦田土壤温度低或土壤湿度过低或过高易发病，土质瘠薄，抗病力下降及播种过早或过深发病重。小麦抽穗后出现高温、多雨的潮湿气候，病害发生程度明显加重。栽培中高氮肥和频繁的灌溉方式，亦会加重该病的发生。

防治方法：

（1）农业措施。与油菜、亚麻、马铃薯及豆科植物轮作换茬;适时早播、浅播,合理密植;中耕除草,防治苗期地下害虫;平衡施肥,施足基肥,及时追肥,不要偏施氮肥;灌浆期合理灌溉,降低田间湿度;选用抗病耐病丰产品种:豫麦47、科优1号、郑麦98、偃4110等。

(2)种子处理。播种前可用50%扑海因可湿性粉剂或75%卫福合剂、58%倍得可湿性粉剂、70%代森锰锌可湿性粉剂、50%福美双可湿性粉剂、20%三唑酮乳油、80%喷克可湿性粉剂,按种子重量的0.2%～0.3%拌种,防效可达60%以上。

(3)药剂防治。返青期至拔节期喷洒25%敌力脱乳油4 000倍液或50%福美双可湿性粉剂,每667m² 用药100g,对水75kg喷洒。在小麦灌浆初期用25%敌力脱50mL/667m²,或用25%嘧菌酯20g/667m²、5%烯肟菌胺80mL/667m²,或用12.5%腈菌唑60mL/667m² 加水30～50kg均匀喷雾。

8. 小麦黄矮病

小麦从幼苗到成株期均能感病,由小麦蚜虫传染的一种病毒病。除为害小麦外,还为害大麦、莜麦、粟、糜子、玉米、谷子、燕麦 和禾本科杂草等。是小麦病毒病中分布最广,为害最重的病毒之一。在我国冬春麦区都有不同程度的发生,感病小麦整株发病,黄化矮缩,流行年份可减产20%～30%,严重时,减产50%以上。

苗期感病时,叶片失绿变黄,病株矮化严重,其高度只有健株的1/3～1/2。被浸染的病苗根系浅、分蘖少,上部幼嫩叶片从叶尖开始发黄,逐渐向下扩展,使叶片中部也发黄,呈亮黄色,有光泽,叶脉间有黄色条纹。病叶较厚、较硬,叶背蜡质较多。病重的甚至不能越冬,或越冬不能拔节、抽穗,能抽穗的籽粒也很秕瘦;拔节期被浸染的植株,只有中部以上叶片发病,病叶也是先从叶尖开始变黄,通常变黄部分仅达叶片的1/3～1/2 处,病叶亮黄色,变厚、变硬。有的病叶叶脉仍为绿色,因而出现黄绿相间的条纹。后期全叶干枯，有的变为白色，多不下垂。病株，矮化现象不很明显，但秕穗率增加，千粒重降低。穗期感病的麦株仅旗叶发黄，症状同上。个别品种染病后，叶片变紫（图1-10）。

图1-10 小麦黄矮病症状

该病呈现爆发性间歇为害的特点。由麦二叉蚜、麦长管蚜和黍缢管蚜传播，但以麦二叉蚜为主。传毒持久力可维持12~21天，不能终生传毒，也不能通过卵或胎生若蚜传至后代。传毒蚜虫在当地自生麦苗、夏玉米或禾本科杂草上越夏，秋季又迁回麦田，为害秋苗并传毒，直至越冬。麦蚜以若虫、成虫或卵在麦苗、杂草的基部或根际越冬。翌年春季又继续为害和传毒，因此，春秋两季是黄矮病传播和浸染的主要时期，春季更是黄矮病的主要流行时期。黄矮病流行影响因素较为复杂，涉及气象条件、介体蚜虫数量与带毒率、小麦品种抗病性、耕作制度与栽培方法等。麦田和附近杂草的多少，虫口密度的大小，带毒蚜迁移早晚和小麦生长阶段等，都与发病轻重有直接关系。

防治方法：

（1）农业措施。加强栽培管理；冬麦区避免过早、过迟播种；清除田间杂草，减少毒源寄主；增施有机肥，扩大水浇面积，创造不利于蚜虫繁殖的生态环境。

（2）选用抗病、耐病品种。

（3）种子处理。每50kg麦种用75%甲拌磷（3911）或40%甲基异柳磷乳油100~150g，加水3~4L拌种，拌种后堆闷12小时，残效期达40天左右。拌种地块冬前一般不治蚜。

（4）药剂防治。根据虫情调查结果决定，一般在10月下旬至11月中旬喷1次药，以防治麦蚜，在田间蔓延、扩散，减少越冬虫源基数。返青到拔节期防治1~2次，就能控制麦蚜与黄矮病的流行。药剂种类和使用浓度为：50%灭蚜松乳油1 000~1 500倍；40%氧化乐果乳油1 000~1 500倍；10%蚜虱净可湿性粉剂2 000~3 000倍，还可采用25%快杀灵乳油、辉丰菊酯等。当蚜虫和黄矮病混合发生时，应采用治蚜、防治病毒病和健身管理相结合的综合措施。将杀蚜剂、防治病毒剂（病毒A、植病灵、菌毒清任意一种）和叶面肥、植物生长调节剂（如天丰素、旱地龙等）按适当比例混合喷雾，将可收到比较好的效果。

9. 小麦土传花叶病

真菌传花叶病是由真菌传播的多种病毒浸染引起的，由土壤中的禾谷多黏菌传播的。小麦有多种真菌传播的病毒，如土传小麦花叶病毒、小麦梭条斑花叶病、小麦黄花叶病、中国小麦花叶病毒等。近年来，真菌传花叶病发生区域不断扩大，为害渐趋严重。如小麦土传花叶病毒病（WSBMV）主要为害冬小麦的叶片，黄淮河流域均有发生。重的产量损失可达30%~70%，还浸染大麦、燕麦、黑麦、早熟禾等禾本科植物。小麦梭条斑花叶病损失率一般为10%~20%，小麦黄花叶病一般病田减产10%~30%，严重的达70%~80%。在我国各麦区均有发生，黄淮海冬麦区也较普遍。

小麦土传花叶病毒多发生在生长前期浸染麦苗，表现斑驳不明显。翌春，新生小麦叶片症状逐渐明显，出现长短和宽窄不一的深绿和浅绿相间的条状斑块或条状斑纹（退绿条纹）。病株一般较正常植株矮，有些品种产生过多的分蘖，形成丛矮症，绿色花叶株系，退绿条纹，黄色花叶株系等，病株穗小粒少，但多不矮化；小麦梭条斑花叶病毒病，染病后冬前不表现症状，到春季小麦返青期才出现症状，染病株在小麦 4~6 叶后的新叶上产生褪绿条纹，少数心叶扭曲畸形，以后褪绿条纹增加并扩散。病斑联合成长短不等、宽窄不一的不规则条斑，形似梭状，老病叶渐变黄、枯死。病株分蘖少、萎缩、根系发育不良，重病株明显矮化（图 1-11）。

**图 1-11　小麦土传花叶病和梭条斑花叶病**

小麦土传花叶病毒主要由土壤中的禾谷多黏菌（Polymyxa graminis Led.）传播，可在其休眠孢子中越冬。该菌是一种小麦根部的专性弱寄生菌，本身不会对小麦造成明显为害。禾谷多黏菌产生游动孢子，浸染麦苗根部，病毒随之侵入根部进行增殖，根部细胞中带有大量病毒粒体。当根部寄生的多黏菌侵入麦苗幼根时，将病毒带入寄主体内，并向上扩展，翌春表现症状。小麦土传花叶病毒是土壤带菌，主要靠病土、病根残体、病田水流传播，也可经汁液摩擦接种传播。一般先出现小面积病区，以后面积逐渐增大。小麦收获后随禾谷多黏菌休眠孢子越夏。病毒能随其休眠孢子在土中存活 10 年以上。播种早发病重，播种迟发病轻。小麦梭条斑花叶病和小麦黄花叶病产生的条件与土传小麦花叶病毒一致。

防治方法：

（1）农业措施。合理轮作，常与豆科、薯类、花生等进行 2 年以上轮作；调节播种期；加强肥水管理，施用农家肥要充分腐熟；提倡施用酵素菌沤制的堆肥；合理灌溉，严禁大水漫灌，雨后及时排水；禁止多黏菌的病土扩大传病。

（2）做好土壤处理。零星发病区采用土壤灭菌法每 667m² 用 60~90mL 溴甲烷·二溴乙烷处理土壤，或用 40~60℃ 高温处理 15cm 深土壤数分钟；选用抗病或耐病的品种，也可在耕地前每 667m² 地撒施多菌灵、或用五氯硝基苯酚等杀菌剂 10kg 左右。重病地块小麦播种前采用焦木酸原液或 1∶4 的稀释液处理土壤，这种方法不但对灭菌有效，还有抑制杂草的作用；利用石灰氮作肥料对防治本病有显著效果。

（3）药剂防治。喷药时应先对发病（点）区是要封锁，再向四周喷药保护。每 667m² 选用 5%盐酸马琳胍 300~400g，或用 20%马琳乙酮 30~50g，或用 10%乙唑醇乳油 30~50mL 对水 30~45kg，视病情发展情况，间隔 7~10 天施药 1 次，连防 2~3 次。

10. 小麦黑穗病

小麦黑穗病常见的有小麦腥黑穗病、小麦散黑穗病和小麦秆黑粉病，其共同特点是病菌一年只浸染 1 次，为系统浸染性病害。小麦散黑穗病俗称"黑疸""乌麦""枪杆"等，是较常见的一种黑穗病，只要有小麦种植，就有小麦散黑穗病发生。在我国各麦区都有发病，一般病穗率可达 10%～15%。主要为害穗部，茎和叶等部分也可发生。感病病株抽穗略早于健株，初期病穗外包有一层浅灰色薄膜，小穗全被病菌破坏，种皮、颖片、子房变为黑粉，有时只有下部小穗发病而上部小穗能结实；病穗抽出后，随后表皮破裂，黑粉散出，最后残留一条弯曲的穗轴。穗部受害形成一包黑粉，外部有时穗的上部有少数健全小穗，下部变为黑粉。茎部受害在田间不易看到，病部多发生在邻近穗轴的基部，孢子堆成疱状和条纹状，灰黑色。

小麦腥黑穗病俗称"黑疸""乌麦""腥乌麦"等，常见的腥黑穗病为光腥黑穗病和网腥黑穗病，前者除侵害小麦外还侵害黑麦，后者仅侵害小麦，全国各地都有发生，小麦腥黑穗病主要为害穗部，一般病株较矮，分蘖较多，病穗稍短且直，颜色较深，初为灰绿，后为灰白或灰黄。颖壳麦芒外张，露出全部或部分病粒（菌瘿）。病粒较健粒短粗，初为暗绿，后变灰黑，包外一层灰包膜，内部充满黑色粉末（病菌厚垣孢子），破裂散出含有三甲胺鱼腥味的气体，故称腥黑穗病，病菌孢子含有毒物质三甲胺，面粉不能食用，如将混有大量菌瘿和孢子的麦粒作饲料，会引起家禽和牲畜中毒。

小麦秆黑粉病俗称"黑疸""乌麦""黑松""锁口疸"，主要发生在小麦的茎秆、叶和叶鞘上，极少数发生在颖或种子上。常出现与叶脉平行的条纹状孢子堆。孢子堆略隆起，初白色，后变灰白色至黑色，病组织老熟后，孢子堆破裂，散出黑色粉末，即冬孢子。病株多矮化、畸形或卷曲，多数病株不能抽穗而卷曲在叶鞘内，或抽出畸形穗。病株分蘖多，有时无效分蘖可达百余个。20 世纪 80 年代在陕西省渭北、河南省和河北省一些地区发生严重（图 1-12）。

小麦黑穗病的发生与土壤墒情、通气状况、播种质量和深度

图 1-12　小麦腥黑穗病、散黑穗病和秆黑粉病

等密切相关。腥黑穗病菌以厚垣孢子附在种子外表或混入粪肥、土壤中越冬或越夏。当种子发芽时，厚垣孢子也随即萌发，厚垣孢子先产生菌丝，然后萌发为较细的双核浸染线。从芽鞘侵入麦苗并到达生长点，后以菌丝体形态随小麦而发育，到孕穗期，侵入子房，破坏花器，抽穗时在麦粒内形成菌瘿即病原菌的厚垣孢子。散黑穗病是花器浸染病害，带菌种子是病害传播的唯一途径。当年不表现症状，翌年发病，并侵入第二年的种子潜伏，完成浸染循环。新生厚垣孢子 24 小时后即能萌发，厚垣孢子在田间仅能存活几周，没有越冬（或越夏）的可能性。小麦扬花期空气湿度大，阴雨天利于孢子萌发侵入，种子带菌率高，翌年发病重。

　　小麦秆黑粉病以土壤传播为主，种子、粪肥也能传播，在种子萌发期浸染，因此，当土壤和种子带菌量高，播种偏早或偏晚，土壤干旱、瘠薄、土质黏重、整地保墒不好、施肥不足的田块易发生此病害。

　　防治方法：

　　（1）农业措施。及时清除田间病株残茬，减少传播菌源；播种不宜过深；秋种时要深耕多耙，施用腐熟肥料，增施有机肥，测土配方施肥，适期、精量播种，足墒下种，培育壮苗越冬，增强作物抗逆力，以减轻病虫为害；选用耐病抗病品种如百农矮抗 58、周麦 22、济麦 22 等。

（2）做好种子、土壤处理。

①温汤浸种：有变温浸种和恒温浸种，变温浸种是先将麦种用冷水预浸 4~6 小时，捞出后用 52~55℃温水浸 1~2 分钟，再捞出放入 56℃温水中，使水温降至 55℃浸 3 分钟，随即迅速捞出冷却晾干播种。恒温浸种 把麦种置于 50~55℃热水中，立刻搅拌，使水温迅速稳定至 45℃，浸 3 小时后捞出，移入冷水中冷却，晾干后播种。

②石灰水浸种：用优质生石灰 0.5kg，溶在 50kg 水中，滤去渣滓后静浸选好的麦种 30kg，要求水面高出种子 10~15cm，种子厚度不超过 66cm，浸泡时间气温 20℃浸 3~5 天，气温 25℃浸 2~3 天，30℃浸 1 天即可，浸种以后不再用清水冲洗，摊开晾干后即可播种。

③药剂拌种：用 6%的立克秀悬浮种衣剂按种子量的 0.03%~0.05%（有效成分），或用种子重量 0.08%~0.1%的 20%三唑酮乳油拌种。也可用 40%拌种双可湿性粉剂 0.1kg，或用 50%多菌灵可湿性粉剂 0.1kg，对水 5kg，拌麦种 50kg，拌后堆闷 6 小时。也可用种子重量 0.2%的拌种双、或福美双、或多菌灵、或甲基托布津等药剂拌种和闷种，都有较好的防治效果。结合防治地下害虫，用 2%戊唑醇湿拌种剂拌种时，每 10kg 麦种另加 50%甲柳酮乳油、40%辛硫磷乳油或 40%甲基异柳磷乳油任一种 10mL，将所需药剂放入喷雾器内，加水 0.5kg 搅拌均匀后边喷边拌，待稍晾干即可播种（图 1-13）。

## 小麦散黑穗病

小麦散黑穗病在我国冬、春麦区普遍发生，直接为害麦穗造成减产

### 发病症状

病株抽穗略早，初期病穗外包一层灰色薄膜，未出苞叶前内部已完全变成黑粉（厚垣孢子）。病穗抽出时膜即破裂，黑粉随风飞散，只残留穗轴，在穗轴节部还可看见残余的黑粉。感病株通常所有分蘖麦穗和整个穗部的小穗都发病，但有时也有个别分蘖或小穗不受害，可结实

图1-13　小麦散黑穗病症状

# 第二节　小麦主要害虫防治技术

### 1. 常见地下害虫防治技术

麦田常见地下害虫有蛴螬、金针虫、蝼蛄、地老虎，为害方式是咬食嫩芽、幼苗、植株根茎，造成缺苗断垄。近年来，由于秸秆还田、简化栽培、少、免耕等耕作制度的改变，拌种药剂单调等原因，致使地下害虫的种群数量增多、为害普遍加重，尤其是金针虫、蛴螬和地老虎在部分地区重度发生。

（1）蛴螬。蛴螬是多种金龟子的幼虫，其种类最多、为害重、分布广，成为为害小麦的主要地下害虫之一。为杂食性，几

乎为害所有的大田作物、蔬菜、果树等，主要种类有铜绿金龟、大黑鳃金龟、暗黑鳃金龟、黄褐丽金龟等。幼虫为害麦苗地下分蘖节处，咬断根茎使苗枯死，为害时期有秋季 9—11 月和春季 4—5 月 2 个高峰期。蛴螬防治指标：蛴螬 3 头/m² 及以上。

（2）金针虫。金针虫又称沟叩头虫，主要有沟金针虫和细胸金针虫两大类。以幼虫咬（取）食种子、幼芽和根茎，可钻入种子、根茎相交处或地下茎中，被害处不整齐呈乱麻状，形成枯心苗以致全株枯死。

防治指标：金针虫 3~5 头/m² 及以上，春季麦苗被害率 3% 及以上。

（3）蝼蛄。常见的种类主要有非洲蝼蛄和华北蝼蛄，蝼蛄几乎为害所有大田作物、蔬菜，为害小麦是从播种开始直到第二年小麦乳熟期，春秋季为害小麦幼苗，以成虫或若虫咬食发芽种子和咬断幼根嫩茎，经常咬成乱麻状使麦苗萎蔫、枯死，并在土表穿行活动钻成隧道，使种子、幼苗根系与土壤脱离不能萌发、生长、或根土分若离进而枯死，出现缺苗断垄、点片死株，为害重者造成毁种重播。

防治指标：0.3~0.5 头/m² 及以上。

（4）地老虎。地老虎又俗称地蚕、土蚕、夜盗虫、切根虫，是多食性害虫，主要有小地老虎、大地老虎、黄地老虎、白边地老虎等。以小地老虎分布最广、为害最严重、黄淮流域一般每年发生 3~4 代，黄河以南至长江流域两岸每年发生 4~5 代，越向南其代数越多。大地老虎一年一代。造成为害的为第一代幼虫，其后几代数量骤减，为害较轻。防治指标：每 m² 有虫卵或幼虫 0.5~2 粒（头）及以上。

防治方法：

（1）农业防治。地下害虫尤以杂草丛生、耕作粗放的地区发生重而多。采用一系列农业技术措施，如精耕细作、轮作倒茬、深耕深翻土地，适时中耕除草、合理灌水、施用充分腐熟的有机肥等均可压低虫口密度，减轻为害。

（2）药剂防治。

①土壤处理：为减少土壤污染和避免杀伤天敌，应提倡局部施药和施用颗粒剂。在多种地下害虫、吸浆虫混发区或单独严重发生区，可用3%辛硫磷颗粒剂每667m² 2～3kg犁地前均匀撒施地表，或用50%辛硫磷乳油每667m² 250～300mL对水30～40kg犁地前均匀喷洒于地表，或每667m²用50%辛硫磷乳油250mL，加水1～2kg，拌细土20～25kg配成毒土撒入田间，或每667m²用5%甲基异柳磷颗粒剂1.5～2kg均匀撒入麦田，随犁耙地翻入土中。

②药剂拌种：对地下害虫一般发生区，常用农药与水、麦种的比例为40%甲基异柳磷乳油按1∶100∶1 000（农药∶水∶种子）拌种，50%辛硫磷乳油拌种时按1∶70∶700（农药∶水∶种子）拌种，对地下害虫均有良好的防治效果，并能兼治田鼠。先将农药按要求比例加水稀释成药液，再与种子混合拌匀，堆闷5～6小时，摊晾后即可播种。

③小麦出苗后，当死苗率达到3%时，立即施药防治。

撒毒土 每667m²用5%辛硫磷颗粒剂2kg，或用3%辛硫磷颗粒剂3～4kg，或用2%甲基异柳磷粉剂2kg，对细土30～40kg，拌匀后开沟施，或顺垄撒施，可以有效地防治蛴螬和金针虫。

撒毒饵 用麦麸或饼粉5kg，炒香后加入适量水和40%甲基异柳磷拌匀后于傍晚撒在田间，每667m² 2～3kg，对蝼蛄的防治效果可达90%以上。

④灌根可用40%甲基异柳磷50～75g，对水50～75kg，从16∶00开始灌在麦苗根部，杀虫率达90%以上，兼治蛴螬和金针虫。

### 2. 小麦吸浆虫

小麦吸浆虫又名麦蛆，常见的有麦红吸浆虫、麦黄吸浆虫两种。当地小麦吸浆虫以麦红吸浆虫为主，麦黄吸浆虫少有发生。麦红吸浆虫在黄淮流域每年发生1代，但幼虫有多年休眠习性，因此也有多年1代的可能。以幼虫在土中结圆茧越夏越冬。被吸浆虫为害的小麦，其生长势和穗型不受影响，且由于麦粒被吸空、麦秆表现直立不倒，具有假旺盛的长势。受害麦粒变瘦，甚至成空壳，出现"千斤的长势，几百斤甚至几十斤产量"的残局。吸浆虫对小麦产量具有毁灭性，一般可造成10%~30%的减产，严重的达70%以上，甚至绝收。相关资料显示，吸浆虫过去多次在各地暴发成灾，造成大面积减产，部分地块绝收。近年来，小麦吸浆虫发生程度明显加重，发生范围不断扩大，对小麦生产构成新的严重威胁。严重发生时严重地块基本绝收。

防治方法：

施足基肥，春季少施化肥，使小麦生长发育整齐健壮。小麦孕穗期是防治该虫的关键时期。

（1）幼虫期防治。在小麦播种前撒毒土防治土中幼虫，于播前整地时进行土壤处理。用2.5%甲基异柳磷颗粒剂1.5~2kg/$667m^2$加20kg干细土，拌匀制成毒土撒施在地表。

（2）蛹期防治。小麦孕穗期，可用40%甲基异柳磷乳油或50%辛硫磷乳油150mL/$667m^2$、48%毒死蜱乳油100~125mL/$667m^2$、50%倍硫磷乳油75mL/$667m^2$、2.5%甲基异柳磷颗粒剂1.5~2kg/$667m^2$加20kg细土制成毒土，均匀撒在地表，然后进行锄地，把毒土混入表土层中，如施药后灌1次水，效果更好。

（3）成虫期防治。小麦齐穗期期也可结合防治麦蚜，喷施40%乐果乳油或80%敌敌畏乳油100mL/$667m^2$、50%马拉硫磷乳油35mL/$667m^2$、4.5%氯氰菊酯乳油40mL/$667m^2$、2.5%溴氰菊酯乳油或20%氰戊菊酯乳油2 000倍液防治成虫等。该虫卵期较长，发生严重时可连续防治 2 次。

3. 小麦黏虫

小麦黏虫属鳞翅目，夜蛾科。我国除新疆维吾尔自治区未见报道外，遍布各地。主要为害麦类、稻、粟、玉米等禾谷类粮食作物及棉花、豆类、蔬菜等多种植物。以幼虫啃食麦叶而影响小麦产量，大发生时可将作物叶片全部食光，造成严重损失。具群聚性、迁飞性、杂食性、暴食性，成为主要农业害虫之一。成虫体长 15~17mm，以幼虫啃食麦叶而影响小麦产量。老熟幼虫体长 38mm 左右，头红褐色，头盖有网纹，额扁，两侧有褐色粗纵纹，略呈八字形，外侧有褐色网纹，体色由淡绿至浓黑，常因食料和环境不同而有变化甚大；在大发生时背面常呈黑色，腹面淡污色，背中线白色，亚背线与气门上线之间稍带蓝色，气门线与气门下线之间粉红色至灰白色。每年发生世代数各地不一，东北、内蒙古 2~3 代，华北中南部 3~4 代，黄淮流域 4~5 代，长江流域 5~6 代，华南 6~8 代。第一代幼虫多发生在 4—5 月，主要为害小麦。

防治方法：

（1）农业防治。生物诱杀成虫，利用成虫（夜蛾科）交配产卵前需要采食以补充能量的生物习性，采用具有其成虫喜欢气味（如性引诱剂等）配比出来的诱饵，配合少量杀虫剂进行诱杀成虫。可以减少 90% 以上的化学农药使用量，大量诱杀成虫能大大减少落卵量及幼虫为害。只需 80~100m 喷洒一行，大幅减少人工成本，同时，减少化学农药对食品以及环境的影响。

（2）物理诱杀成虫。利用成虫多在禾谷类作物叶上产卵习性，自成虫开始产卵起至产卵盛期末止，在麦田插谷草把或稻草把，每 667m$^2$ 地插 10 把，把顶应高出麦株 15cm 左右，每 5 天更换新草把，把换下的草把集中烧毁。此外也可用糖醋盆、黑光灯等诱杀成虫，都能有效降低虫口密度，减少虫卵基数。

（3）药剂防治。根据实际调查及预测预报，掌握在幼虫 3 龄前及时喷撒 2.5%敌百虫粉或 5%杀虫畏粉，每 667m² 喷 1.5 ~ 2.5kg。有条件的喷洒 90%晶体敌百虫 1 000 倍液，或用 50%马拉硫磷乳油 1 000 ~ 1 500 倍液、90%晶体敌百虫 1 500 倍液加 40%乐果乳油 1 500 倍液，每 667m² 喷对好的药液 75kg。用东方红 18 型弥雾机喷洒时每 667m² 用 20%除虫脲胶悬剂 10mL，对水 12.5kg。有条件的可用小型飞机进行超低量喷雾，每 667m² 用 20%除虫脲 1 号胶悬剂 10mL，对水 50kg，适用于大面积联防。同时，也可选用 5%抑太保乳油 4 000 倍液，或用 5%卡死克乳油 4 000 倍液，或用 5%农梦特乳油 4 000 倍液，或用 20%灭幼脲 1 号悬浮剂 500 ~ 1 000 倍液，或用 25%灭幼脲 3 号悬浮剂 500 ~ 1 000 倍液，或用 40%菊杀乳油 2 000 ~ 3 000 倍液，或用 40%菊马乳油 2 000 ~ 3 000 倍液，或用 20%氰戊菊酯 2 000 ~ 4 000 倍液，或用茴蒿素杀虫剂 500 倍液，或用金功（4%高氯甲维盐）稀释 1 000 ~ 1 500 倍喷雾，或用丁硫克百威与辛硫磷以 1∶4 混配进行喷雾。

4．小麦蚜虫

小麦蚜虫又名腻虫，是小麦生产中的主要害虫，以成虫、若虫刺吸麦株茎、叶和嫩穗的汁液为害小麦（直接为害），再加上蚜虫排出的蜜露，落在麦叶片上，严重地影响光合作用（间接为害），在取食为害植株的同时，还传播小麦病毒病（间接为害），其中，以传播小麦黄矮病为害最大，造成小麦严重减产。前期为害可造成麦苗发黄，影响生长，后期被害部分出现黄色小斑点，麦叶逐渐发黄，麦粒不饱满，严重时，麦穗枯白，不能结实，甚至整株枯死，严重影响小麦产量。为害小麦的蚜虫有多种，主要的有：麦长管蚜、麦二叉蚜、黍缢管蚜、无网长管蚜等，以麦长管蚜和麦二叉蚜发生数量最多，为害最重。

防治方法：

（1）农业防治。主要采用合理布局作物，冬、春麦混种区尽量使其单一化，秋季作物尽可能为玉米和谷子等；选择一些抗虫耐病的小麦品种，造成不良的食物条件，抑制或减轻蚜虫发生；冬麦适当晚播，实行冬灌，早春耙磨镇压，减少前期虫源基数。

（2）药剂防治。种子处理：60%吡虫啉格猛 FS、20%乐麦拌种，以减少蚜虫用药次数。蚜虫防治标准，苗期每平方米有蚜虫 30~60 头就要进行防治。孕穗期当有蚜株率达 15%或平均每株有蚜虫 10 头左右就要及时防治。抽穗后当蚜株率超过 30%，百株蚜量超过 1 000 头，瓢蚜比小于 1∶150 就要及时防治；早春及年前的苗蚜，使用大功牛 25%噻虫嗪和除草剂一起喷雾；穗蚜使用大功牛 25%噻虫嗪颗粒剂和 5%瑞功微乳剂混配或单独使用，或者每 667m² 用 20%菊马乳油 80mL、20%百蚜净 60mL、40%保得丰 80mL、2%蚜必杀 80mL、3%劈蚜 60mL、4.5%高效氯氰菊酯可湿性粉剂 30~60mL，10%吡虫啉可湿性粉剂 15~20g，上述农药中任选一种，对水 30kg，在上午露水干后或 16∶00 以后均匀喷雾，防治效果均较好，如发生较严重。每桶水再加 1 包 10%的吡虫林混合喷施。同时，还可以选用啶虫脒、氧化乐果等。

5. 小麦红蜘蛛

小麦红蜘蛛俗名叫火龙、赤蛛、火蜘蛛，属蛛形纲、蜱螨目。小麦红蜘蛛主要有麦圆蜘蛛和麦长腿蜘蛛，前者属蜘蛛纲蜱螨园走螨科，后者属叶螨科。全国各麦区均有发生，北方以麦长腿蜘蛛为主，南方以麦圆蜘蛛为主。麦圆蜘蛛以为害小麦为主，其次为大麦、豌豆及苜蓿、刺儿菜等杂草，主要分布在地势低洼、地下水位高、土壤黏重、植株过密的麦田。麦长腿蜘蛛主要发生在地势高燥的干旱麦田，除为害小麦、大麦外，还为害棉花、大豆等作物。

发生规律：麦长腿蜘蛛每年发生 3~4 代，完成 1 个世代需 24~46 天，平均 32 天。麦圆蜘蛛每年发生 2~3 代，完成 1 个世代需 46~80 天，平均 57.8 天。两者都是以成若虫和卵在植株根际、杂草上或土缝中越冬，翌年 2 月中旬成虫开始活动，越冬卵孵化，3 月中下旬至 4 月上旬虫口密度迅速增大，为害加重，5 月中下旬麦株黄熟后，成虫数量急剧下降，以卵越夏。越夏卵 10 月上中旬陆续孵化，在小麦幼苗上繁殖为害，喜潮湿，多在早上 8:00 以前和 16:00 以后活动为害，12 月以后若虫减少，越冬卵增多，以卵或成虫越冬。

防治方法：

（1）农业措施。因地制宜采用轮作倒茬，麦收后浅耕灭茬能杀死大量虫体、可有效消灭越夏卵及成虫，减少虫源；合理灌溉灭虫，在红蜘蛛潜伏期灌水，可使虫体被泥水粘于地表而死。灌水前先扫动麦株，使红蜘蛛假死落地，随即放水，收效更好；加强田间管理，增强小麦自身抗病虫害能力。及时进行田间除草，以有效减轻其为害。

（2）药剂防治。防治红蜘蛛药剂为 1.8% 虫螨克 4 000~5 000 倍液；或用 15% 哒螨灵乳油 2 000~3 000 倍液；或用 1.8% 阿维菌素 3 000 倍液；或用 20% 扫螨净可湿性粉剂 3 000~4 000 倍液；或用 20% 绿保素（螨虫素+辛硫磷）乳油 3 000~4 000 液；也可喷洒 36%g 瞒蝇乳油 1 000~1 500 倍液，用 15% 扫螨净乳油 2 000~3 000 倍，也可用 25% 蚜螨清 40~50mL 对水 45~75kg 均匀喷雾；一般防治效果可达 90% 以上，药效期在 10~15 天。应当注意，小麦红蜘蛛虫体小、易被忽视，发生早且繁殖快，因此，应加强虫情调查。从年前分蘖开始每 5 周调查 1 次，防治标准是当麦垄单行 33cm 有虫 200 头或每株有虫 6 头，部分叶片密布白斑时，就需要施药防治。检查时注意不可触动需观测的麦苗，防止虫体受惊跌落。防治原则应坚持以点片防治为主，发现一点治一片、发现一片治全田，即哪里有虫防治哪里、重点地块重点防治，这样不但可以减少农药使用量，降低防治成本，还可提高防治效果。

6. 麦叶蜂

麦叶蜂俗称小黏虫、齐头虫、青布袋虫，属于膜翅目锯蜂科，有小麦叶蜂、黄麦叶蜂和大麦叶蜂等 3 种，均以幼虫为害小麦叶片，从叶边缘向内咬成缺刻，重者可将叶片吃光。在北方一年发生 1 代，以蛹在土壤中 20cm 处越冬，3 月中、下旬或稍早时成虫羽化，交配后沿叶背面主脉锯一裂缝，边锯边产卵，卵粒可连成一串，卵期约 10 天。4 月上旬至 5 月初是幼虫为害盛期，幼虫有假死性，1~2 龄期为害叶片，3 龄后怕光，白天伏在麦丛中，傍晚后为害，4 龄幼虫食量增大，虫口密度大时，可将麦叶吃光，5 月上、中旬老熟幼虫入土作土茧越夏休眠到 10 月间化蛹越冬。幼虫喜欢潮湿环境，土壤潮湿，麦田湿度大，通风透光差，有利于它的发生。防治标准是每平方有虫 30 头以上需要用药剂防治。

防治方法：

（1）农业防治。在种麦前深翻耕，可把土中休眠的幼虫翻出，使其不能正常化蛹，以致死亡；有条件地区实行水旱轮作，进行合理倒茬，可降低虫口密度，减轻该虫为害；利用麦叶蜂幼虫的假死习性，傍晚时进行捕打灌水淹没。

（2）药剂防治。每 667m$^2$ 用 7.5% 敌百虫粉 1.5~2kg，早、晚进行喷撒。或者用 40% 辛硫磷乳油 1 500 倍液喷雾，或用 20% 高效氯氰菊酯 2 000~3 000 倍稀释液，或用 10% 吡虫啉 3 000~4 000 倍液，每 667m$^2$ 喷稀释药液 50~60kg。

选择最佳防治时期，目前生产上应根据气候特点和虫害发生情况灵活掌握，在虫害严重的地区或冬季温度较高的年份，玉米秸秆还田地块，往往可能出现蛴螬、金针虫、蝼蛄、苗期蚜虫、红蜘蛛、黄矮病、丛矮病、纹枯病等病虫害发生。在这种情况下，就需要进行药物防治，还要清除田边田间杂草，消除传病媒介。年前进行病虫害防治，有利于压低病虫越冬基数，起到预防和减轻年后病虫害发生为害作用。

# 第三节 小麦主要草害防治技术

杂草是小麦生产中的一大公害，各地均有不同程度发生，杂草与小麦争肥、争水、争阳光、争空间，容易造成小麦个体发育不良，群体结构差，田间整齐度降低，轻者易导致小麦产量降低，品质下降。杂草重发生时会形成草荒，导致产量大幅度减产，甚至绝收，且还滋生虫害、甚至成为病害传播源，严重影响种植者的经济效益。

1. 掌握当地主要杂草种类，以便选用有效措施

据调查黄淮麦区常见主要杂草如下。

（1）禾本科杂草。如看麦娘、罔草、棒头草、硬草、早熟禾、蜡烛草、野燕麦、茅草、节节麦、香附子、雀麦。

（2）阔叶杂草。如山苦荬、泥糊菜、苦苣菜、一年蓬、刺儿菜、繁缕、牛繁缕、麦家公、附地菜、大巢菜、野豌豆、半夏、小巢菜、荠菜、碎米荠、臭荠、风花菜、苋菜、齿果酸模、婆婆纳、益母草、水苦荬、米瓦罐、黑点蓼、猪泱泱、播娘蒿、藜、地肤、水蓼、田旋花、茜草、碱蓬、莎草等。

受气温、雨量、土壤质地、杂草种子在土壤中埋藏深度、杂草传播方式、休眠特性及栽培制度等因子影响，麦田杂草群落及发生数量在地区间、田块间差异较大，要尽可能掌握当地主要杂草类型及发生特点，以便采用有效措施提高防除效果。

麦田杂草种类多，为害时间长，受冬季低温抑制，常年有2个出草高峰。第一个出草高峰在播种后10~30天，以禾本科杂草和猪泱泱、荠菜、燕麦草、野豌豆、繁缕、牛繁缕、婆婆纳、播娘蒿等为主。第二个出草高峰在春季气温回升后，即春生杂草

如葎草、茜草、田旋花、苣荬菜、车前草、水蓼等为主。

2. 麦田杂草防治技术

（1）农业措施。合理轮作倒茬、播前深耕能有效减少或降低杂草数量，特别是一些适宜浅层类特小粒杂草种子，深翻耕，导致种子萌发而不能顶出土壤，降低出苗生长的杂草基数；选用质量高的小麦种子，通过精选种子或严格筛选，剔除秕粒、草籽、杂粒，减少杂草数量；及时中耕、镇压，在小麦冬前苗期和早春返青期——拔节期，杂草还处于幼苗期，根系下扎不很深，及早进行耙糖镇压、中耕，既有利于保墒、提高地温，同时，又可除去部分杂草，破除板结。

（2）物理措施。结合田间施肥、中耕、间苗定苗、喷药、鉴选去杂等作业，人工拔除株间、行间大棵杂草如播娘蒿、米瓦罐、麦家公、刺儿菜、藜，加拿大蓬、地肤、燕麦草等，或定期田间人工除草、拔草等都是除草的有效方法之一，对于杂草较少的麦田，连续拔除 2~3 年，要在杂草结籽之前除掉，见效更明显。

（3）施用化学除草剂防除杂草。改变观念，综合防治，防重于治。由于化除药剂在防除杂草的同时，相对而言或多或少影响小麦正常发育生长及残留，所以，应以农业措施、物理措施防除杂草为主，综合防治，加之杂草种群变化大，要从过去防治阔叶杂草为主，变为防治禾本科杂草为主，为了提高防治效果，应大力推广麦田杂草秋冬季防治技术，变春季防治为秋冬防治。在用药上，对禾本科杂草重发区，要选用对路高效低毒广谱除草剂品种如骠马、世玛等；应选择除草药剂的最佳使用方法、最佳使用剂量和最佳防治时期，如目前总结的普遍使用经验即冬前小麦3~5 叶期为宜（杂草分蘖前），对全田的麦行麦垄均匀喷雾效果最佳。

①冬前对杂草严重的麦田，应在小麦三叶一心后（或冬前施

药应在小麦分蘖以前），即11月中下旬进行。根据田间杂草优势种类选择适宜的除草剂，一般杂草发生田，每667m² 用10%苯磺隆（巨鑫）可湿性粉剂10～15g对水30kg喷雾防除；猪殃殃、泽漆等恶性杂草发生田，每667m² 用20%氯氟吡氧乙酸（使它隆）乳油30～40mL加10%苯磺隆可湿性粉剂10～15g对水30kg喷雾防除；对于野燕麦较多的地块，每667m² 用6.9%骠马浓乳剂50～60mL加10%苯磺隆可湿性粉剂10～15g对水30kg喷雾防除。以荠菜、麦家公、播娘蒿、盖草为主的麦田，可使用10%苯黄隆可湿性粉剂15g/667m² 或5.8%麦喜悬乳剂15 mL/667m² 对水30kg在杂草2～4叶期茎叶喷雾防治。

②春季麦田杂草较重的地块，应在小麦起身前进行喷药最佳；防除双子叶杂草，可选用20%的二甲四氯乳油每667m² 用量250～300mL；或75%的巨星干悬浮剂每667m² 用0.9～1.4g；或20%的使它隆乳油每667m² 用量20～25mL，对水30kg均匀喷洒；防除单子叶杂草，可选用6.9%骠马悬浮剂，每667m² 40～80mL；或10%的骠马乳油每667m² 用35mL；或用36%的禾草灵乳油每667m² 130～160mL；或25%的绿麦隆可湿性粉剂每667m² 用250～300g；或用3%世玛（甲基二磺隆）乳油，每667m² 25～30mL。禾草灵在看麦娘、野燕麦2～4叶时使用，除草效果好；防除节节麦应用世玛除草剂最好；骠马与禾草灵适用于小麦整个发育期，但以杂草3～4叶前使用效果最好。使用方法是每667m² 药量对水30kg，混合均匀后，均匀喷洒于麦田。

3. 除草剂使用注意事项

（1）严格掌握用药量，防止发生药害。

（2）除草药剂与水要混合均匀，最好采用二次稀释法，一次喷匀，不漏喷、不重喷。

（3）对草选药，选择最佳对路药剂、最佳施药时间，一般要求土壤墒情较好，中午气温在10℃以上施药。注意有风不喷药，雨前 3~4 小时不喷药。

（4）春季小麦拔节后严禁使用除草剂。

（5）严禁在冷空气入侵阶段使用除草药剂，最低气温不低于 5℃，确保小麦安全生长和除草剂药效的充分发挥。

（6）要避免刮风天气除草剂药液飘逸到附近的蔬菜、果树等地块，造成其他作物药害。

## 第四节　小麦化控药剂及其使用技术

根据小麦生长发育进程，利用植物生长调节剂进行调控的技术称为"小麦化控技术"，随着小麦产量水平的不断提高，小麦化控技术愈来愈显得重要和普遍认可。目前，主要是在高产水平条件下，对水肥供应充足，氮肥偏多，群体偏大，株间光照不足，引起茎、叶徒长，使小麦节间（特别是基部第一节和第二节间）拉长，植株增高，茎秆机械组织不发达，壁薄而软，上部叶片宽大，整个茎秆"头重脚轻"，易发生倒伏的田块或类型；逆境条件下欲提高抗逆性如降低蒸腾、降低光呼吸、提高叶绿素等。尽管育种目标、生产实践中采取：一是选用植株较矮、茎秆弹性较大的高产抗倒品种；二是适当减少播量，不使基本苗过大，培育壮苗，保持合理的群体结构，使株间通风透光良好；三是合理施肥浇水，特别是高产超高产田不要在起身前期追施氮肥和浇水（肥水后移），并注意增施磷、钾肥，严防茎叶徒长；四是起身期群体过大的麦田，要及时进行深中耕断根，减少对水肥的吸收，加速两极分化等种种措施，但代替不了化控防效。特别是对群体过小、过大的麦田，化控尤为重要，既是预防倒伏的有效措施，也是促进小麦稳健生长有效措施，而且成本低廉，易于大面积推广。

1. 常用化控药剂的类型

根据作用效果不同一般分为两类，一类具有促进作用的促进剂，如油菜素内酯、黄腐酸、920、802、萘乙酸等；另一类是起控制作用的延缓剂，如多效唑、矮壮素、助长素、缩节胺、壮丰安等。

2. 施用时期、施用剂量、施用方法

（1）前期（播前、苗期）。常见的措施有拌种、浸种、包衣。

（2）分蘖期——拔节期。常见喷施、灌施。如小麦起身期每 $667m^2$ 用 15%多效唑可湿性粉剂 $30 \sim 50g$ 加水 40kg 均匀喷雾可以起到控旺促根壮秆的作用，提高抗倒伏的能力。

（3）孕穗——抽穗。常见喷施、灌施。如用芸薹素、920 对水喷雾能促进健壮生长，提高结实率。

（4）生长后期（扬花——灌浆）。此期喷施植物生长调节剂，能增强植株光合作用能力，提高结实率和千粒重，同时能抵御干热风影响。在小麦齐穗期和扬花期各喷施 1 次强力增产素增产效果好，每次每 $667m^2$ 用强力增产素 15g 加水 40kg 均匀喷雾。小麦灌浆期，每 $667m^2$ 喷施浓度为 50mg/L 的植物生长抑制剂ABA 溶液 $20 \sim 30kg$，可以抑制穗发芽。

3. 施用注意事项

将植物生长调节剂用于小麦生长发育各阶段，可以人为地促进或控制小麦的生长发育进程。对在起身至拔节期喷洒化学调控延缓剂抑制株高，降低植株重心，有利于防止倒伏，但要特别注意药剂使用数量，不得任意加大用药量，要严格技术要求，如使用时期、用量、作物状态、方法等。必须按说明书进行，否则，将产生不良的后果；要选在晴天午后喷施；严格施药期限，下述所用延缓调节剂最迟在小麦孕穗期前施用，尤其是多效唑，孕穗期过后不能再使用，否则，会造成药害与损失（表 1-1、表 1-2）。

## 表1-1 部分化控药剂——促进剂名称及使用技术要点

| 药剂名称 | 作用特点 | 施用时期 | 施用方法 |
|---|---|---|---|
| 赤霉素(920) | 促长、灌浆,打破休眠 | 初花期 灌浆期 | 1g 粉剂+少量酒精 对水 40~50kg; 20~60mL/L 叶面喷施 |
| 亚硫酸氢钠 | 光呼吸抑制剂、促灌浆 | 孕穗—灌浆 | 10g 对水 50kg, 连喷2 次 |
| 叶面宝 | 促生根、发芽 | 分蘖—灌浆 | 5g/667m² 对水 50kg(扬花期忌喷) (第一次喷+尿素 100g;第二次喷 磷酸+磷酸二氢钾 50g) |
| 防落酸 | 促长 | 拔节—灌浆 | 120~150mL/667m² 用 10mL 药对水 2~4kg,喷叶 |
| 吨田宝 | 促弱控旺,壮秆抗倒,调控内源激素 | 分蘖-灌浆初期 | 每次用量 30mL/667m²,对水 15~20kg 均匀喷施 |
| 萘乙酸 | 发根、促蘖 | 播种前 | 80% 的浓度 20mL/L,浸种 6~12 小时 |
| 增产菌 | 叶面绿色加深,叶绿素增加,根际有益微生物增加,活力增强 | 播种前 生长期 分蘖初 | 拌种:固菌剂 50~100g 或液菌剂 30~50mL 适量水 喷施:固菌剂 40g/667m²;液菌剂 25mL/667m² 或可湿性粉剂 10g/667m² 对水 50kg |
| 爱多收 | 发根、促长、促受精 | 播种前 | 浸种:配 3 000 倍液 12 小时 |
| 萘乙酰胺(NAA) | | 播种前 灌浆期 | 浸种:20~60mL/L,浸种 6 小时 喷施:20~40mL/L 稀释液 50kg/667m² |
| 增产灵 | | 播种前 | 浸种:20~30mL/L,浸种 6 小时 |
| 丰收宝 | | 生育期 | 稀释:8 000~12 000 倍,叶面喷 3~4 次,忌与碱性肥料混合 |

（续表）

| 药剂名称 | 作用特点 | 施用时期 | 施用方法 |
|---|---|---|---|
| 丰产素 | 促种发芽 | 播种前 | 1.4% 配 600 倍液，浸种 12 小时 |
| 喷施宝 | 提高发芽率 改善品质 | 播种前 抽穗—灌浆 | 浸种：1 万倍液，12～24 小时；喷叶：5mL/667m² ，对水 50kg |
| 5406 激抗剂细胞分裂素 | 防早衰防花 粒脱落等 | | 浸种：稀释 100 倍液，浸种 12 小时 喷施：100g/667m² 稀释 600～800 倍液 |
| 农一清 | 抗旱节水、促结实 | 播种前 拔节期 孕穗期 | 浸种：1 000～1 500 倍液浸种 8～12 小时 喷施：0.5～0.6kg 对水 50kg |
| ZT—1 | 促长、增产 | 播种前 拔节前 | 拌种：0.2～1.0mL/L（和种子比例 1：10）堆闷 2～4 小时 喷施：0.2mL/L，35kg 药液/667m² |
| 天达 2116 | 促长、抗逆、防病、降药残、优质、增产 | 播种前 分蘖—灌浆期 | 浸种：每袋（25g）对水 2.5kg 搅匀，加入种子，用量以稀释液浸没种子为宜，浸种 10～12 小时，期间翻动几次，使药液被种子均匀吸收，捞出晾干后播种。拌种：每袋（25g）对水 0.375kg 搅匀，加入种子 12.5kg 拌匀，晾后播种。叶面喷施：在分蘖期—灌浆期：每 667m² 每次 1 包对水 15kg，喷 2～3 次效果更突出 |

表1-2　部分化控药剂——延缓剂名称及使用技术要点

| 药剂名称 | 作用 | 施用时期 | 施用方法 |
|---|---|---|---|
| 化控Ⅱ号 | 控旺、降株高、抗倒增产 | 起身期（二棱期） | $20g/667m^2$、对水 $40kg$，喷施 |
| 矮壮素（ccc） | 控旺，降株高，抗倒增产（均属植物生长抑制剂） | 播种前起身一拔节期 | 配制：50%水剂稀释166~330倍的药液 浸种：5kg药液浸种2.5kg 6~12小时 拌种：150g药渡洒拌5kg麦种 0.2%浓度 $1kg/667m^2$ 50%水剂稀释160~350倍液 $667m^2$喷100L |
| 矮健素 | 控旺、降棵高、抗倒增产 | 播种前，起身一拔节期 | 浸种：150倍披，浸种6小时 5%水剂，$0.25kg/667m^2$ |
| 多效唑 | 控旺、降株高、抗倒增产 | 苗期 起身期 | 15%可湿性粉剂50g，对水50kg配成150mL/L或200mL/L,$30kg/667m^2$ 150~200mL/L,$30kg/667m^2$ |
| 助长素 | 控旺、降株高、抗倒增产 | 起身期 拔节孕穗期 | 助长素15~20mL、缩节胺3.5~5g，对水40kg叶面喷施（喷后叶色加重） |
| 缩节胺（调节啶） | 控旺、降株高、抗倒增产 | 拔节期 扬花期 | 助长素8~12mL 缩节胺2~2.5g，对水40~50kg 150g磷酸二氢钾，混喷中上部；过旺田：5g对水40kg；一般田：3g对水30kg |
| 复合防落酸 | 控旺、降株高、抗倒增产 | 拔节一灌浆 | 喷土壤：200mL药对水20kg，间隔15~20天喷1次；浸种：20mL对水20kg，6~8小时 |
| 农乐802（生长素） | 控旺、降株高、抗倒增产 | 播种前、分蘖、拔节、扬花 | 300mL/L浸种 100mL/L或10~20mL药对水50kg喷施 |

**本章课后思考题**

1. 试述当地小麦生产中的常见病害类型及症状？

2. 简述当地小麦生产中的常见虫害类型及发生特点？

3. 简述当地小麦生产中常见草害类型与发生特点？

4. 简要介绍当地小麦生产过程中的化控措施及化控药物？使用注意事项？

5. 为什么人们越来越关注小麦病虫草害防治工作？

6. 如何看待小麦生产中的综合防治，防重于治的实践意义？

# 第二章　玉米主要病虫草害防治技术

## 第一节　玉米主要病害防治技术

目前，我国玉米主要病害有 30 多种，黄淮流域玉米田常见的病害有大斑病、小斑病、圆斑病、玉米黑粉病、丝黑穗病、青枯病、玉米锈病、玉米炭疽病、玉米霉斑病、玉米矮花叶病、玉米普通花叶病、玉米条纹矮缩病、病毒病、茎腐病、玉米粗缩病、瘤黑粉病、根腐病、粒腐病、赤霉病等。

### 1. 玉米大斑病

玉米大斑病是叶部主要病害之一，玉米全生育期均可发生，但以拔节期——灌浆中期发生为主，在东北、华北、西北和南方山区的冷凉地区发病较重。大斑病菌主要为害叶片，严重时也可为害叶鞘、苞叶和子粒。病原菌为大斑病长蠕孢菌，属半知菌亚门真菌，有性世代属子囊菌亚门。一般从下部叶片开始发病，逐渐向上扩展。苗期很少发病，拔节期后开始，抽雄后发病加重。发病部位最先出现水渍状小斑点，然后沿叶脉迅速扩大，形成黄褐色梭形大斑，病斑中间颜色较浅，边缘较深，一般长 5~20cm，宽 1~3cm，严重发病时，多个病斑连片，导致叶片枯死，枯死部位腐烂，雌穗倒挂，籽粒干秕（瘪）。大斑病为混合传播型、重复浸染性病菌。

防治方法：

（1）农业措施。以推广利用抗病品种，加强田间肥水管理，合理密植为主，选择抗病耐病品种如郑单 958、登海 11 号、先玉

335 等，这是防治玉米大斑病的最经济有效的途径；及时消除田间残茬、病株。据资料文献报道，玉米秸秆上的病叶、残茬或收获后的带病菌秸秆存放在田头地边等，都是翌年该病害发生的初浸染源。因此，对上年的病株残体、秸秆病叶要及早焚烧或深埋，减少越冬病源基数；加强田间管理，培育壮苗，提高植株抗病能力；合理密植，增施有机肥，合理浇水和雨后积水排除，及时中耕除草，创造不利于病害发生的环境条件。

（2）做好种子处理。

（3）药剂防治。当发现叶片上有病斑时，可用65%可湿性代森锌或50%可湿性多菌灵等抗菌类药物防治（图2-1）。

图2-1 玉米大斑病症状

2. 玉米小斑病

玉米小斑病是世界范围内普遍发生的一种叶部病害，从幼苗期到成株期均可发病而造成损失，以温度较高、湿度较大的7—8月和丘陵山区发病较多，一般夏播玉米比春播玉米发病重，水肥地玉米比旱肥地发病重，种植密度大比种植密度小的地块发病重。以抽雄期、灌浆期发病重，随后发病逐渐降低。病菌主要为害叶片，病斑主要集中发生在叶片上，发病初期呈水渍状小斑点，后变为黄褐色或红褐色梭形小斑，病斑中间颜色较浅，边缘颜色较深。病斑呈椭圆形、近圆形或长圆形，大小一般长1~1.5cm，宽0.3~0.4cm，有时病斑可见2~3个同心轮纹。为混合传播型、重复浸染性病菌。病原菌的无性阶段为玉蜀黍长蠕孢菌，属半知菌亚门真菌，有性阶段为异旋孢腔菌，属子囊菌亚门真菌。小斑病一般从下部叶片开始发病，逐渐向上扩展蔓延。发病严重时，多个病斑连片，叶片枯死部位干枯，影响叶片光合效率，容易造成养分不足籽粒干瘪（图2-2）。

防治方法：

（1）农业措施。选择抗病、耐病品种，这是防治玉米大、小斑病的主要有效途径之一；做好种子处理或用包衣剂包衣种子，或者用多菌灵、辛硫磷、三唑酮、代森锰锌按种子量的0.4%拌种；加强田间管理，消除越冬病源，做好秸秆还田、病株病叶残体焚烧或深埋，减少病原菌降低初浸染病源；田间管理上要合理密植，增施有机肥，合理浇、排水，及时中耕除草，促使玉米生长健壮，提高抗病力。

（2）药剂防治。当发现叶片上有病斑时，可用65%可湿性代森锌或50%可湿性多菌灵或70%甲基托布津等抗菌类药剂500~800倍液喷雾防治，每5~7天喷药剂防治，连喷2~3次，可有效控制小班病害的蔓延与发生。

3. 玉米灰斑病

玉米灰斑病又称尾孢叶斑病、玉米霉斑病，除浸染玉米外，还可浸染高粱、香茅、须芒草等多种禾本科植物。玉米灰斑病是

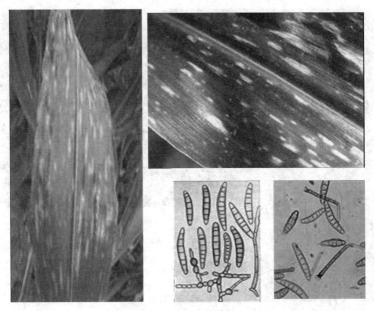

图 2-2 玉米小斑病症状

近年上升很快、为害较严重的病害之一。主要为害叶片。初在叶面上形成无明显边缘的椭圆形至矩圆形灰色至浅褐色病斑,后期变为褐色。病斑多限于平行叶脉之间,大小(4~20)mm×(2~5)mm。湿度大时,病斑背面生出灰色霉状物,即病菌分生孢子梗和分生孢子(图2-3)。

防治方法:

(1)农业措施。收获后及时清除病残体,减少病菌源数量;选用抗病、耐病品种,进行大面积轮作、间作;加强田间管理,雨后及时排水,防止地表积水滞留湿度过大。

(2)药剂防治。发病初期喷洒75%百菌清可湿性粉剂500倍液、50%多菌灵可湿性粉剂600倍液、40%g瘟散乳油800~

玉米灰斑病
玉米尾孢
*Cercospora zeae ~ maydis*

图 2-3　玉米灰斑病症状

900 倍液、50%苯菌灵可湿性粉剂 1 500 倍液、25%苯菌灵乳油 800 倍液、20%三唑酮乳油 1 000 倍液，每隔 1 周喷洒 1 次，交替用药连续喷 2~3 次效果更好。

4. **玉米弯孢霉叶斑病**

我国黄淮海、华北和东北玉米区普遍发生玉米弯孢霉叶斑病，近年来，该病害发生面积逐年扩大，其为害程度有超过大斑病和小斑病的趋势。玉米弯孢霉叶斑病，初生褪绿小斑点，逐渐扩展为圆形至椭圆形褪绿透明斑，中间枯白色至黄褐色，边缘暗褐色，四周有浅黄色晕圈，大小（0.5~4）mm×（0.5~2）mm，大的可达 7mm×3mm。湿度大时，病斑正背两面均可见灰色分生孢子梗和分生孢子。该病症状变异较大，在有些自交系和杂交种上只生一些白色或褐色小斑点。主要为害叶片、叶鞘、苞叶。

　　玉米弯孢霉叶斑病菌，有性态为半知菌亚门真菌。在培养皿上菌落墨绿色丝绒状，呈放射状扩展，老熟后呈黑色，表面平伏状。分生孢子梗褐色至深褐色，单生或簇生，较直或弯曲，大小 (52~116) μm× (4~5) μm。分生孢子花瓣状聚生在梗端。分生孢子暗褐色，弯曲或呈新月形，大小 (20~30) μm× (8~16) μm，具隔膜3个，大多4胞，中间2细胞膨大，其中，第三个细胞最明显，两端细胞稍小，颜色也浅。病菌在病残体上越冬，翌年7—8月高温高湿或多雨的季节利于该病发生和流行。该病属高温高湿型病害，发生轻重与降水多少、时空分布、温度高低、播种早晚、施肥水平关系密切（图2-4）。

图2-4　玉米弯孢霉叶斑病症状

防治方法：

（1）农业措施。感病植株病残体上的病菌在干燥条件下可安全越冬，在翌年玉米生长前期形成初浸染菌源，采取轮作换茬和清除田间病残体是有效防治和减少发病的基本措施之一；选用抗病、耐病品种，生产上种植抗病、耐病品种是最为经济有效的措施之一，如浚单29、郑单958、百玉1号，先玉335等。

（2）药剂防治。在发病初期，田间发病率10%时喷药防治，有效药剂有农力托、青益色、甲基硫菌灵、多菌灵等，提倡选用40%新星乳油8 000~10 000倍液或6%乐必耕可湿性粉剂2 000倍液、50%退菌特可湿性粉剂1 000倍液、50%速克灵可湿性粉剂2 000倍液、58%代森锰锌可湿性粉剂1 000倍液。施药方法应掌握在玉米大喇叭口期灌心，效果较喷雾法好，且容易操作。如采用喷雾法可掌握在病株率达10%左右喷第一次药，气候条件适宜发病时1周后防治第二遍。连续防治2~3次效果更佳。

5. 玉米锈病

锈病从幼苗期到成株期均可发病而造成较大的损失，以抽雄期、灌浆期发病重，随后发病逐渐降低。病菌主要浸染叶片、叶鞘，病斑为害主要发生在叶片、叶鞘上，严重时，也可浸染果穗、苞叶乃至雄花。病原菌为玉米柄锈，属担子菌亚门真菌。夏孢子堆黄褐色。夏孢子浅褐色，椭圆形至亚球状，具细刺。初期仅在叶片两面散生浅黄色长形至卵形褐色小脓疱，后小疱破裂，散出铁锈色粉状物，即病菌夏孢子；后期病斑上生出黑色近圆形或长圆形突起，开裂后露出黑褐色冬孢子。

菌源来自病残体或来自南方的夏孢子及转主寄主—酢浆草，成为该病初浸染源。田间叶片染病后，病部产生的夏孢子借气流传播，进行再浸染，蔓延扩展。生产上早熟品种易发病。高温多湿或连阴雨、偏施重施氮肥地块发病重。

防治方法：

（1）选用抗病、耐病优良品种。鲁单981、中科4号、郑单

958、百玉 1 号等抗耐锈病性较好；施用酵素菌沤制的堆肥、充分腐熟的有机肥，科学合理施肥，采用配方施肥，增施磷钾肥，避免偏施、过施氮肥，以提高植株的抗病性力；加强田间管理，清除酢浆草和病残体，集中深埋或烧毁，以减少该病菌浸染源。

（2）药剂防治。在发病初期及时喷洒 25%三唑酮可湿性粉剂 1 500~2 000 倍液或 40%多·硫悬浮剂 600 倍液、50%硫黄悬浮剂 300 倍液、97%敌锈纳原药 250~300 倍液、30%固体石硫合剂 150 倍液、25%敌力脱乳油 3000 倍液、12.5%速保利可湿性粉剂 4 000~5 000 倍液，或者用 0.2 波美度石硫合剂、25%粉锈宁可湿性粉剂 1 000~1 500 倍液、50%多菌灵可湿性粉剂 500~1 000 倍液，隔 10 天左右叶面喷洒 1 次，连续防治 2~3 次效果更佳（图 2-5、图 2-6）。

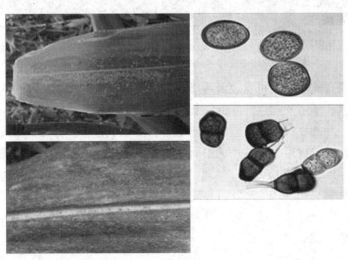

**图 2-5 玉米锈病症状及病菌孢子**

## 6. 玉米褐斑病

褐斑病一般从下部叶片开始发病，逐渐向上扩展蔓延。从幼

图 2-6　玉米锈病症状

　　苗期到成株期均可发病而造成较大的损失，以抽雄期、灌浆期发病重，随后发病逐渐降低。病菌主要为害叶片、叶鞘，病斑主要集中在叶片或叶鞘上，病斑初期呈水渍状小斑点，后变为黄褐色或红褐色梭形小斑，病斑中间颜色较浅，边缘色较深。病斑椭圆形、近圆形或长圆形，大小一般长 1~1.5cm，宽 0.3~0.4cm，有时病斑可见 2~3 个同心轮纹。发病严重时，多个病斑连片，叶片枯死部位干枯，影响叶片光合效率，容易造成养分不足籽粒干瘪（图 2-7、图 2-8）。

　　防治方法：

　　（1）农业措施。清洁田间病株残体，在玉米收获后彻底清除病残体组织，重病地块不宜进行秸秆直接还田，如需还田应充分粉碎，并深翻土壤；增施磷钾肥料，施足底肥，适时追肥，施

图 2-7　褐斑病前期症状

图 2-8　玉米褐斑病后期症状

用充分腐熟的有机肥，注意氮、磷、钾肥搭配；田间发现病株，应立即治疗补救或拔除；选用抗病、耐病品种，适当压缩感病品种种植面积。

（2）药剂防治。在玉米4~5片叶期或发病初期，用15%的粉锈宁可湿性粉剂1 000倍液喷雾，或用12.5%禾果利可湿性粉剂1 000倍液，可有效防治玉米褐斑病和其他叶部病害，并兼治瘤黑粉病。为了提高植株抗性，可结合喷药，在药液中适当加些叶面宝、磷酸二氢钾、尿素等，一般间隔10~15天，交替用药再喷1次，连喷2~3次效果更佳。

7. 玉米粗缩病

病原物为玉米粗缩病毒，病毒质粒球状，致死温度80℃（时间10分钟）。寄主有玉米、小麦、大麦、燕麦、谷子、高粱、杂草等。一般主要由灰飞虱传播，灰飞虱传毒是持久性的，卵可以带毒。带毒飞虱的若虫和成虫在田埂、地边杂草下越冬，成为翌年初浸染源。冬麦也是病毒的越冬场所之一。从幼苗期到成株期均可发病而造成较大的损失，病度浸染主要由飞虱不断传播而扩散蔓延，以致流行。主要为害叶片，多在玉米6~7叶出现，感病植株叶色浓绿，叶片宽、短、硬、脆、密集和丛生，在心叶基部及中脉两侧最初产生透明小亮点，以后亮点变为虚线状条纹，在叶背面沿叶脉产生微小的密集的蜡白色突起，用手触摸有明显的粗糙感觉。植株生长缓慢、矮化、矮小，仅为健株的1/3~1/2。有时在苞叶上也有小条点，病株根系少而短，易从土中拔出。发病严重时，植株雌雄穗不能发育抽出（图2-9、图2-10）。

防治方法：

（1）农业措施。选种抗、耐病品种 如郑单958、鲁单981、鲁单984、中科4号等抗性较好；播期调节，麦田套种玉米此病发生相对较重，麦收后复种的感病相对较轻；灭茬及麦秸还田细

图 2-9 玉米粗缩病苗期症状

图 2-10 玉米粗缩病中后期症状

碎发病较轻，不灭茬及麦秸还田粗放地块发病较重；在玉米播种前和收获后清除田边、沟边杂草，减少病源虫源；结合间苗定苗，及时拔除病株，以减少病株和毒源，严重发病地块及早改种。

（2）药剂防治。用内吸性杀虫剂拌种或包衣种子，利用噻虫嗪种衣剂包衣种子，或拌种处理防治粗缩病。也可用40%甲基异柳磷按种子量的0.3%拌种或包衣；在发病前进行药剂防治，每667m² 用10%吡虫啉10g 对水30kg喷雾防治，灰飞虱若虫盛期可667m² 用25%扑虱灵20~40g 对水30kg喷雾防治，同时，注意田头地边、沟边、坟头的杂草上喷药防治。

8. 玉米丝黑穗病

玉米丝黑穗病的病原菌为丝轴黑粉菌，属担子菌亚门，是幼苗浸染和系统浸染的病害。一般在6~7片叶时开始发病，感病植株矮化、节间缩短，有的株型弯曲，叶子密集，叶色浓绿或叶片上有黄白条纹，个别重病株分蘖增多而簇生，叶鞘破裂成畸形。从苗期到成株期均可感病而造成较大的损失，很多品种或自交系苗期病症并不明显，到抽雄或出穗后甚至到灌浆后期才表现出明显病症。病株的雄穗、雌穗均可感染，严重的雄穗全部或部分小花受害，花器变形，颖片增长成叶片状，不能形成雄蕊，小花基部膨大形成菌瘿，呈灰褐色，破裂后散出大量黑粉孢子，病重的整个花序被破坏变成黑穗。果穗感病后外观短粗，无花丝，苞叶叶舌长而肥大，大多数苞叶外全部果穗被破坏变成菌瘿，成熟时苞叶开裂散出黑粉（即病菌的冬孢子），内混有许多丝状物即残留的微管束组织，故名丝黑穗病。发病严重时，病株丛生，果穗畸形，不结实，病穗黑粉甚少。多见的是雄花和果穗都表现黑穗症状，少数病株只有果穗成黑穗而雄花正常，雄花成黑穗而果穗正常的极少见到（图2-11、图2-12）。

图 2-11　丝黑穗病病症

图 2-12　丝黑穗病雌雄穗发病症状

防治方法：

（1）农业措施。选用丰产品种、抗病、耐病品种如郑单 958、鲁单 981、先玉 335、中科 11 号等抗性较好；做好土壤、种子处理，播种前药剂处理杀菌，多用 50%多菌灵可湿性粉剂或者 40%的五氯硝基苯，按种子量的 0.5%~0.7%拌种。发病较重田块，麦收后播种前用 0.1%五氯硝基苯或 0.1%多菌灵进行土壤处理，防此病效果较好；在玉米播种前和收获后及时清除田边、沟边残病株；避免连作，合理轮作，减少病源菌；结合间苗定苗，及时拔除病株，摘除感病菌囊、菌瘤深埋，以减少病源菌传播概率；施用充分腐熟的玉米秸秆有机厩肥、堆肥，预防病菌随粪肥传入田内；加强栽培管理促早出苗、健壮生长，提高自身抗病能力。实践证明植株健壮生长、田间管理水平好的地块，发病就轻，否则，就较重。

（2）药剂防治。前期（拔节期、小喇叭口期、大喇叭口期、抽雄期）可结合其他病虫害防治、喷施化控药物等时，加入 50%多菌灵可湿性粉剂 50~75g/667m$^2$，或者用三唑酮类杀菌剂乳油 15~20mL/667m$^2$，或者加入代森锌、代森锰锌杀菌剂配制成 600 倍液预防。在该病害初发期用药防治，间隔 7~10 天，连续用药 2~3 次效果更佳。

9. 玉米瘤黑粉病

该病为玉米比较普遍的一种病害，为局部浸染病害，植株地上幼嫩组织和器官均可感染发病，病部的典型特点是会产生肿瘤。产量损失程度因发病时期、发病部位、病瘤大小、多少有关，发病早、病瘤大、病瘤多、在果穗上或植株中部发病的，对产量影响就大，否则，对产量影响就小，影响严重的可减产 15%以上。开始初发病瘤呈银白色，表面组织细嫩有光泽，并迅速膨大，常能冲破苞叶而外露，表面逐渐变暗，略带浅紫红色，内部则变成灰色至黑色，失水后当外膜破裂时，散出大量黑粉孢子，雌穗发病可部分或全部变成较大的肿瘤，叶上、茎秆上发病则形成密集成串小肿瘤。发病严重时，影响植株代谢和养分积累，容易造成养分消耗过多而使籽粒干瘪（图2-13至图2-15，表2-1）。

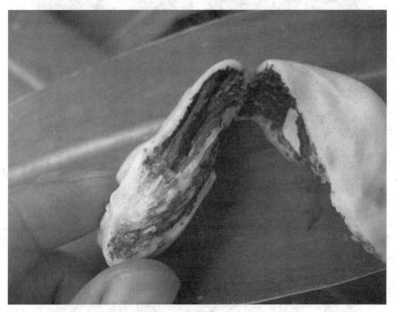

图2-13　玉米瘤黑粉病症状

表2-1　丝黑穗病与瘤黑粉病的区别

| 区别 | 丝黑穗病 | 瘤黑粉病 |
| --- | --- | --- |
| 传播 | 厚垣孢子土传病害 | 担孢子气传病害 |
| 浸染 | 浸染芽鞘，系统发展 | 整个生长期，局部浸染 |
| 发病部位 | 主要在雌雄穗 | 各个器官的幼嫩组织 |
| 其他特点 | 果穗不产生黑瘤，孢子堆内残存有丝状的寄主维管束组织 | 病部产生黑瘤，瘤内无丝状物 |
| 发生区域 | 冷凉地区 | 各地均可发生 |

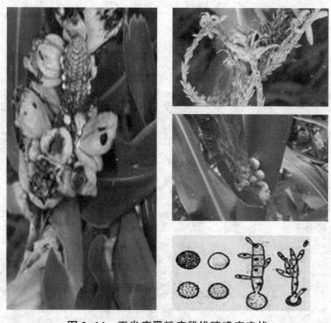

图 2-14　玉米瘤黑粉病雌雄穗感病症状

图 2-15　玉米瘤黑粉病后期症状

防治方法：

（1）农业措施。选种抗病、耐病品种；做好种子处理，可用0.2%硫酸铅或三效灵克菌丹等按种子重量的4%药剂拌种，或用包衣剂包衣种子；秸秆还田用作肥料时要充分腐熟，该病害严重的地区或地块，秸秆不宜直接还田；田间遗留的病残组织应及时深埋，减少或消灭病菌浸染源；加强田管理，及时灌水，合理追肥，合理密植，增加光照，增强玉米抗病能力。

（2）药剂防治。在拔节期、喇叭口期结合防治害虫喷施三唑类杀菌剂防治瘤黑粉病，或用50%多菌灵可湿性粉剂600倍液，或用硝基苯酚、代森锰锌、井冈霉素等杀菌剂500~800倍液预防，每667m²需要稀释药液30~60kg，也可在初发期喷药防治。

10. 玉米青枯病

青枯病又称茎腐病、茎基腐病，属于土传病害，我国各地均有发生，一般在玉米中后期发病，常见的在玉米灌浆期开始发病，乳熟末期到蜡熟期为高峰期，属一种爆发性、毁灭性病害，特别是在多雨寡照、高湿高温气候条件下容易流行，严重者减产50%左右，发病早的甚至导致绝收。该病一般在玉米灌浆期开始发病，感病植株常表现出突然青枯萎蔫，整株叶片呈水烫状干枯褪色。果穗下垂，苞叶枯死。茎基部初为水渍状，后逐渐变为淡褐色，茎心干枯萎缩手握有空心感，易倒伏。病菌主要为害茎秆输导组织，导致叶片因缺乏水分而病变，叶片丧失光合作用造成养分不足籽粒干瘪（图2-16）。

防治方法：

（1）农业措施。选用抗病、耐病品种是最有效的防治方法。抗病品种郑单958、鲁单981等；及时消除病株残体，并集中烧毁；收获后深翻土壤，也可减少和控制浸染源。玉米生长后期结合中耕、培土，增强根系吸收能力和通透性，及时排出田间

图 2-16  青枯病症状

积水。

（2）做好种子处理。用种衣剂包衣，建议选用咯菌·精甲霜悬浮种衣剂包衣种子，能有效杀死种子表面及播种后种子附近土壤中的病菌。

（3）药物防治。用 25% 叶枯灵加 25% 瑞毒霉粉剂 600 倍液，或用 58% 瑞毒锰锌粉剂 600 倍液，在拔节期~喇叭口期喷雾预防，间隔 7~10 天，交替用药，连续喷药 2~3 次效果更佳。发现田间零星病株可用甲霜灵 400 倍液或多菌灵 500 倍液灌根，每株灌药液 500mL。

附：玉米细菌性茎腐病

玉米细菌性茎腐病的典型症状是在玉米中部的叶鞘和茎秆上发生水浸状腐烂，引起组织软化，并有腥臭味。一般在玉米大喇叭口期开始发病。首先植株中下部的叶鞘和茎秆上出现不规则的水浸状病斑，病菌在浸染茎秆和心叶的过程中，造成生长点组织坏死、腐烂，并散发出腥臭味。病株容易从病部折断，不能抽穗或结实，一般发病率即相当于损失率。降水有利于发病，特别是连续干旱后突降暴雨或暴雨后骤晴，田间湿度大，病菌侵茎率高；害虫发生严重、地势低洼等也是造成病害发生的重要原因。

防治方法：及早清除病株，集中销毁，减少传染源；合理施肥，雨后及时排水、培土，促进玉米生长健壮，增强抗病能力；防治害虫，减少伤口；药剂防治可在发病初期用77%可杀得可湿性粉剂600倍液或农用链霉素4 000~5 000倍液喷雾。

11. 玉米顶腐病

该病可细分为镰刀菌顶腐病、细菌性顶腐病2种情况。成株期病株多矮小，但也有矮化不明显的，主要症状：一是叶缘缺刻型，感病叶片的基部或边缘出现缺刻，叶缘和顶部褪绿呈黄亮色，严重时，叶片的半边或者全叶脱落，只留下叶片中脉以及中脉上残留的少量叶肉组织。二是叶片枯死型，叶片基部边缘褐色腐烂，有时呈"撕裂状"或"断叶状"，严重时顶部4~5叶的叶尖或全叶枯死。三是扭曲卷裹型，顶部叶片蜷缩成直立"长鞭状"，有的在形成鞭状时被其他叶片包裹不能伸展形成"弓状"，有的顶部几个叶片扭曲缠结不能伸展常呈"撕裂状""皱缩状"。四是叶鞘、茎秆腐烂型，穗位节的叶片基部变褐色腐烂的病株，常常在叶鞘和茎秆髓部也出现腐烂，叶鞘内侧和紧靠的茎秆皮层呈"铁锈色"腐烂，剖开茎部，可见内部维管束和茎节出现褐色病点或短条状变色，有的出现空洞，内生白色或粉红色霉状物，刮风时容易折倒。五是弯头型，穗位节叶基和茎部感病发黄，叶鞘茎秆组织软化，植株顶端向一侧倾斜。六是顶叶丛生型，有的品种感病后顶端叶片丛生、直立。七是败育型或空秆型，感病轻的植株可抽穗结实，但果穗小、结籽少；严重的雌、雄穗败育、畸形而不能抽穗，或形成空秆，该病是在多雨、高湿条件下发生，病株的根系通常不发达，主根短小，根毛细而多，呈绒状，根冠变褐腐烂。高湿的条件下，病部出现粉白色至粉红色霉状物（图2-17）。

图2-17　玉米顶腐病症状

　　病源菌在土壤，病残体和带菌种子中越冬，成为翌年发病的初浸染菌源。种子带菌还可远距离传播，使发病区域不断扩大。顶腐病具有某些系统浸染的特征，病株产生的病源菌分生孢子还可以随风雨传播，进行再浸染。虫害尤其是蓟马、蚜虫、飞虱等的为害会加重病害发生。

　　防治方法：

　　（1）农业措施。秸秆还田后深耕土壤，及时清除病株残体，减少病原菌数量；选用抗病耐病品种，合理轮作、间作，能有效减少该病发生；培肥土壤，适量追氮肥，尤其对发病较重地块更要及早追施，叶面喷施营养剂，补充营养元素，促苗早发、健壮，提高抗病能力。

　　（2）适时化除。消灭杂草，减少蓟马、蚜虫、飞虱等传毒害虫，为玉米苗健壮生长提供良好的环境，以增强抗病能力。

（3）药物防治。合理使用药物防治，发病地块可用广谱性杀菌剂进行防治，如50%多菌灵可湿性粉剂500倍液加宜佳硼微肥，或用12.5%烯唑醇加宜佳硼微肥1 000倍液喷施，或用25%三唑酮乳油1 000倍液，或用代森锰锌1 000倍液喷雾防治。

12. 玉米赤霉病

该病主要为害玉米果穗，染病部位变为紫红色，有时籽粒间生有粉红色至灰白色菌丝，病粒失去光泽，不饱满，发芽率降低，播后易烂种。轻的幼苗生长发育不正常，叶片变黄。有时出现茎腐病症状，茎秆局部褐色，髓部变成紫红色，易倒折。叶鞘染病生有橙色点状粘分生孢子团。病源菌为燕麦镰孢，属半知菌亚门真菌。除浸染玉米外，还可浸染小麦、大麦、燕麦、水稻、谷子等禾本科植物。

防治方法：

（1）农业措施。选用抗病品种，根据当地生态类型及气候，水肥条件、土壤质地、管理水平等因地制宜选用适宜品种，做到不断更换新品种，不断扩大抗病品种的种植面积。在玉米穗粒腐病、大斑病、小斑病、丝黑穗病混合发生地区，可选用近年新选育的优良杂交种；定期轮作换茬，减少病菌源；加强田间管理，培育壮苗，玉米拔节或孕穗期增施钾肥或氮、磷、钾肥配合施用，增强抗病力。

（2）药物防治。药剂选用参见玉米穗腐病（图2-18）。

13. 玉米穗粒腐病

玉米穗粒腐病由于为害玉米的病原不同而分为许多类型，主要的有镰刀菌腐病、曲霉穗腐病、青霉穗腐病和色二孢属菌引起的干腐病等。果穗从顶端或基部开始发病，大片或整个果穗腐烂，病粒皱缩、无光泽、不饱满，有时籽粒间常有粉红色或灰白色菌丝体产生。有些症状只在个别或局部籽粒上表现，其上密生

图 2-18　赤霉病症状

红色粉状物，病粒易破碎。有些病菌（如黄曲霉、镰刀菌）在生长过程中会产生毒素，由它所引起的穗粒腐病籽粒在制成产品或直接供人食用时，会造成头晕目眩、恶心、呕吐。染病籽粒作为饲料时，常引起猪的呕吐，严重的会造成家畜家禽死亡。

防治方法：

（1）农业措施。经常深入田间观察发现感病植株或病残体及时收集，烧毁或深埋；实行 2~3 年轮作，减少病源基数；选用抗病品种；加强田间管理，促使植株生长健壮，提高抗病力。

（2）做好种子处理。选用包衣剂包衣，或用广谱性杀菌剂拌种。

（3）及时防治玉米螟，因为，玉米螟是穗粒腐病菌的浸染媒介。

（4）穗粒贮藏时，保持通风、干燥、低温（图 2-19 至图 2-21）。

14. 玉米纹枯病

玉米纹枯病症状表现主要为害叶鞘，也可为害茎秆，严重时，为害果穗。病原菌为立枯丝核菌，属半知菌亚门真菌，有性态为亡革菌属，属担子菌亚门。发病初期多在基部 1~2 个茎节

干腐病

蠕孢穗粒腐病

丝核菌穗粒腐病

青霉菌穗粒腐病

**图2-19　玉米粒腐病症状**

串珠镰刀菌

**图2-20　玉米穗粒腐病症状**

图 2-21　玉米木霉菌穗腐病症状

叶鞘上产生暗绿色水渍状病斑，后扩展融合成不规则形或云纹状大病斑。病斑中部灰褐色，边缘深褐色，逐渐向上蔓延扩展。严重时果穗苞叶也会感染病菌产生同样的云纹状斑。果穗染病后秃顶，籽粒细扁或变褐腐烂。严重时，根茎基部组织变为灰白色，次生根黄褐色或腐烂。多雨、高温持续时间长时，病部长出稠密的白色菌丝体，菌丝进一步聚集成多个菌丝团，形成小菌核。病菌以菌丝和菌核在病残体或在土壤中越冬。翌年春季条件适宜，菌核萌发产生菌丝侵入寄主后产生气生菌丝，在病组织附近不断扩展。菌丝体侵入玉米表皮组织或沿表皮细胞纵向扩展，随即纵、横、斜向分枝，菌丝顶端变粗，生出侧枝缠绕成团，紧贴寄主组织表面形成浸染垫和附着胞。有的充满细胞，有的穿透胞壁进入相邻细胞，使原生质颗粒化，最后细胞崩解，从玉米气孔中伸出菌丝丛，叶片出现水浸斑，在苞叶和下位叶鞘上出现病症。再浸染是通过与邻株接触进行的，属短距离传染病害。播种过密、施氮过多、湿度大、连阴雨多易发病。主要发病期在玉米性器官形成至灌浆充实期，苗期和生长后期发病较轻。

防治方法：

（1）农业措施。清除病原，及时深翻消除病残体及菌核。发病初期摘除病叶，并用药剂涂抹叶鞘等发病部位；选用抗（耐）病的品种；实行轮作，合理密植，注意开沟排水，降低田间湿度，结合中耕消灭田间杂草。

（2）做好种子处理。用包衣剂包衣种子或广谱性杀菌剂拌种。

（3）药剂防治。用浸种灵按种子重量0.2%拌种后堆闷24～48小时或用种衣剂包衣种子。发病初期喷洒1%井冈霉素0.5kg对水20kg或50%甲基硫菌灵可湿性粉剂500倍液、50%多菌灵可湿性粉剂600倍液、50%苯菌灵可湿性粉剂1 500倍液、50%退菌特可湿性粉剂800～1 000倍液；也可用50%敌菌灵500倍液或用75%百菌清300倍液喷施，40%菌核净可湿性粉剂1 000倍液或用50%农利灵或用50%速克灵可湿性粉剂1 000～2 000倍液。每隔7～10天喷1次，连喷2～3次。喷药重点为玉米基部，保护叶鞘（图2-22）。

15. 玉米矮花叶病

玉米矮花叶病我国玉米产区都有发生，严重时，导致大量死亡，减产损失较大。玉米整个生育期均可发生感染，以幼苗及抽雄前为主。最初发病在心叶茎部出现许多椭圆形褪绿小点，断断续续沿叶脉发展排列成虚线，再向叶尖扩展。随着病情发展，叶脉间叶肉逐渐褪绿、变黄，两侧叶脉仍保持绿色，形成褪绿条纹，严重时叶片严重褪绿，组织变硬，质脆易折，有时叶尖、叶缘变红、变紫而干枯。有时苞叶及其顶端小叶也表现失绿花叶。病原菌为玉米矮花叶病毒，质粒棒状，失毒温度为60℃，10分钟，体外存活期在20℃条件下24～48小时。传播途径主要蚜虫（包括玉米蚜、麦长管蚜、麦二叉蚜、高粱缢管蚜、棉蚜、豌豆蚜、苜蓿蚜、桃蚜、无网长管蚜等）（图2-23）。

立枯丝核菌

图 2-22　玉米纹枯病症状

甘蔗花叶病毒(*Sugarcane mosaic potyvirus*，SCMV)

图 2-23　玉米矮花叶柄症状

防治方法：

（1）农业措施。选用抗病品种，这是防治本病的关键措施之一，选用抗蚜虫品种，如郑单958、先玉335、登海605等；加强田间管理，及时消除病株残体，减少再浸染源；适时灌水，增施有机肥，保证玉米植株健壮生长；中耕、消灭杂草，收获后深翻土壤，也可减少和控制浸染源；玉米生长前、中期结合中耕、培土，增强根系吸收能力，及时喷药防治蚜虫、飞虱、叶蝉等传毒介体能有效降低发病率。

（2）做好种子处理。用农药或种衣剂包衣种子，因为，种衣剂中含有杀虫杀菌药剂成分及微量元素，能有效杀死种子表面及种子内吸而增强抗病虫能力。

（3）药剂防治。用25%叶枯灵加25%杀灭菊酯1 500倍液，或用50%抗蚜威1 000倍液，或者用40%氧化乐果+30%速克毙等菊酯类3 000倍液在喇叭口期喷雾预防。发现零星病株可用内吸性药剂稀释（速灭杀丁600倍）液灌根，每株灌药液500mL。

16. 玉米生理病害

有资料报道显示，由于气候异常导致极端天气频现，近年来，区域性和阶段性低温冷害影响玉米植株正常生长发育、高温胁迫花粉粒生理代谢和受粉进程等，特别是35℃、持续24小时以上的高温胁迫致使玉米体内丙二醛（MDA）含量、抗氧化酶（SOD、POD）活性、游离脯氨酸含量等生理活性物质几倍、十几倍的变化，常导致小雄穗发育不好、花粉发育受阻、败育，甚至无粉可散；雌穗小花发育受阻、受粉不良或花粉管融合细胞壁能力失效、子粒结实不良，成为影响玉米稳产、高产的主要环境因素之一。因此，探索研究玉米逆境生理、逆境效应和逆境栽培技术措施如高温条件下灌大水，通过灌大水增加土壤蒸发量和植株蒸腾量来带走热量，维持田间小区域环境有利于玉米发育而减少损失；再如叶面喷施保水抗旱剂等有着现实意义。

防治方法：

（1）选用抗逆能力强、适应性广的多抗品种，这是防治生理性病害的最有效措施，如选用多年多地实践检验的高产广适品种郑单958、鲁单981、先玉335、登海605、浚单22、浚单29等。

（2）加强田间管理，及时消除病变劣株、弱株，增强单株健壮性，提高植株抗逆境能力。

（3）适时灌水，增施有机肥，保证玉米植株发育良好、健壮生长、环境适宜。

（4）玉米生长前期、中期结合中耕、培土，增强根系吸收能力，及时喷药防治蚜虫、飞虱、叶蝉等传毒介体能有效降低发病率。

（5）及时中耕、消灭杂草，收获后深翻土壤，也可减少和控制浸染源（图2-24）。

图2-24　长期高温引起玉米生理性障碍病害症状

## 第二节　玉米常见的害虫防治技术

黄淮流域玉米虫害常分为地下虫害和地上虫害两大类，地下害虫常见有地老虎类、金针虫、蝼蛄、蛴螬。地上害虫常见有玉米螟、高粱螟、棉铃虫、玉米灯蛾、蚜虫、红蜘蛛、高粱条螟；黏虫、飞虱、蓟马、叶蝉、夜蛾、金龟子等。

1. 地下害虫防治技术

（1）农业防治措施。采取深耕细作，冻垡晒垡，合理倒茬，及时铲除田间地梗杂草，清洁田园；合理施肥，要施充分腐熟的有机肥料，减少害虫产卵量。

（2）物理措施。

①组织人工捕捉地老虎或利用杨柳树枝诱集虫卵。

②利用黑光灯诱杀，根据成虫具有较强趋光性，夜间采用黑光灯、频振式杀虫灯进行诱杀，每盏频振式杀虫灯控制面积达 $2\sim2.5hm^2$，可有效诱杀蝼蛄、蛴螬、地老虎等成虫，降低虫卵量 70%左右。

（3）药剂防治。

①农药拌种或种衣剂包衣种子。

②土壤处理：可用 5%杀虫双颗粒剂 $1\sim1.5kg$ 加细土 $15\sim25kg$，或用 50%辛硫磷乳剂 100mL 拌细炉渣 $15\sim25kg$，在耕地前撒在地面，耙入地中，可杀死蛴螬和金针虫（图 2-25）。

2. 地上害虫防治技术

（1）玉米螟、棉铃虫、桃蛀螟等。

①螟虫的为害：玉米螟、棉铃虫、桃蛀螟等食穗害虫以幼虫蛀入玉米主茎或果穗内，使玉米主茎折断，造成玉米营养供应不足，授粉不良，致使玉米减产降质。

②具体防治方法：

图 2-25　地下害虫为害症状

一是农业措施　适时把越冬寄主作物的秸秆、根茬处理完毕，减少传播源；推广利用抗虫品种；

二是物理措施　主要措施包括处理秸秆及时彻底，减少化蛹和羽化数量，降低产卵基数；利用成虫有较强的趋光性，利用或设置黑光灯、频振式杀虫灯、高压汞灯等诱杀成虫。

三是生物防治　利用赤眼蜂、白僵菌等生物防治，实现以虫治虫或以菌治虫目的，用生物药剂灌心叶，如 BT 颗粒剂：用 150mLBT 乳剂对适量水，然后与 1.5~2kg 细河沙混拌均匀，晾干后丢灌心叶；白僵菌颗粒剂：用每 g 含 300 亿孢子的白僵菌粉 35g 对细沙 1.5kg，混拌均匀丢灌心叶。

四是药剂防治　大喇叭口期用 50% 辛硫磷乳油 1kg 拌 50~75kg 细沙土制成颗粒剂或者毒土，投撒玉米心叶内杀虫。也可用毒死蜱·氯菊颗粒剂 667m² 用量 350~500g，自制颗粒剂：毒死蜱（乐斯本）乳油 0.5kg 药液拌 25kg 细沙制成颗粒，或溴氰菊酯、杀灭菊酯配制颗粒剂玉米丢心；化学药剂喷雾防治：选用毒死蜱（乐斯本）、敌敌畏等农药进行喷雾防治。利用新型杀虫剂氯虫苯甲酰胺 20% 悬浮剂每 667m² 用 10mL，或用 40% 福戈（氯虫苯甲酰胺和噻虫嗪复配剂）每 667m² 用 8g；加 30kg 水在大喇叭口期至灌浆初期灌心或喷雾，对玉米螟等鳞翅目害虫效果很好，后者还可兼治蚜虫、叶蝉等刺吸式害虫（图2-26）。

玉米螟

图2-26 玉米螟虫为害症状

（2）蚜虫、蓟马、灰飞虱、叶蝉等刺吸式害虫防治。

①蚜虫、蓟马、灰飞虱、叶蝉的为害：其害虫以刺吸口器刺入玉米组织器官内，吸食玉米汁液，不但为害表皮细胞，影响玉米体内养分流失，增加植株正常代谢，容易导致茎叶折断，输导循环受阻，造成玉米营养供应不足或授粉灌浆不良，致使玉米减产降质。而且还传播病毒、病菌，导致其他病害发生如矮花叶病、粗缩病等（图2-27）。

②具体防治方法：

一是农业措施 推广利用抗虫品种；铲除田间及地边杂草，减少蚜虫、叶蝉、飞虱滋生条件，降低繁殖、侵害及传播概率。

图 2-27　玉米蚜虫为害症状

二是物理措施防治　及时中耕，改善田间通风透光条件，诱杀成虫，减少幼虫成虫基数。

三是生物防治　主要利用防除害虫的天敌，针对性以虫治虫，如利用七星瓢虫、蚜茧蜂等消灭、抑制蚜虫。

四是化学药剂防治　当每株玉米平均蚜量 50 头以上时，可选用 50%抗蚜威、40%氧化乐果 1 500 倍液、10%功夫 2 000 倍液、20%杀灭菊酯 2 500 倍液等农药喷洒防治。也可用 10%吡虫啉可湿性粉剂每 667m$^2$ 用 30g，或用 25%噻虫嗪水分散剂 4g，加水 30~50kg；也可用 10%高效氯氰菊酯乳油 2 000 倍液等喷雾。

（3）黏虫、棉铃虫、甜菜夜蛾等食叶害虫防治。

①黏虫、棉铃虫、高粱螟的为害：黏虫、棉铃虫、高粱螟等害虫以幼虫蚕食玉米叶片，或蛀入玉米主茎或果穗内，为害植株正常生长，可使玉米主茎折断，造成玉米营养供应不足，授粉不良，致使玉米减产降质。

②具体防治方法：

一是农业措施　推广利用抗虫品种；及时清除病残体，减少传播源。

二是物理措施　利用成虫多在禾谷类作物叶上产卵习性，在田间插谷草把或稻草把，每 667m²/20 把，每 3~5 天更换新草把，把换下的草把集中烧毁。也可用糖醋盆、黑光灯等诱杀成虫，压低虫口。利用成虫产卵前需补充营养，以诱捕方法把成虫消灭在产卵之前。用糖醋液诱杀，配方一般为白糖 3 份、酒 1 份、醋 4 份、水 2 份，调匀即可，夜晚诱杀。

三是药剂防治　黏虫属于暴食性害虫，要在 3 龄期之前及时喷药防治，效果好，成本低。一般对鳞翅目有药效的触杀性药剂、内吸性药剂、熏蒸性药剂均可用于防治，实践中应提倡高效广普低毒性杀虫药剂交叉用药防治。每 667m² 可用 50% 辛硫磷乳油，或用 40% 毒死蜱乳油 100mL，或用 4.5% 高效氯氰菊酯 50mL，加水 30~50kg 均匀喷雾。早期还可以用 20% 灭幼脲 3 号悬浮剂 30~40mL，加水 30~50kg 喷雾防治（图 2-28、图 2-29）。

（4）金龟子防治技术。

①金龟子的为害：金龟子等甲虫类害虫以成虫或幼虫蛀食玉米果穗、籽粒或者营养体叶茎根等，触食、入蛀茎肉或果穗内，使玉米部分输导循环受阻，茎叶折断，籽粒被食，造成玉米营养供应不足，授粉不良，灌浆不足，致使玉米减产降质。

②具体防治措施：

一是农业措施防治　推广利用抗虫品种。

二是物理措施防治　利用成虫多在夜间活动产卵习性，在田间插谷草把或稻草把，每 20~30m²/1 把，每 3~5 天更换新草把，把换下的草把集中烧毁。也可用糖醋盆、黑光灯等诱杀成虫，压低虫口。利用成虫产卵前需补充营养，以诱捕方法把成虫消灭在产卵之前。用糖醋液诱杀，配方一般为白糖 3 份、酒 1 份、醋 4 份、水 2 份，调匀即可，夜晚诱杀。

三是药剂防治　一般用熏蒸剂、内吸剂、触杀剂如 25% 西维

**图 2-28 小麦黏虫对玉米的为害症状**

恩可湿性粉剂或 20%敌百虫粉剂拌细土在幼虫为害期撒施；40%辛硫磷 1 000 倍液灌根；用 90%敌百虫 1 000 倍液或 80%敌敌畏乳油 1 000 倍液+40%氧化乐果 800 倍液喷雾防治。

（5）玉米红蜘蛛防治技术。

①玉米红蜘蛛的为害：主要有截形叶螨、二斑叶螨、朱砂叶螨 3 种，多在玉米叶背吸食，为害玉米组织细胞，发病一般下部叶片先受害，逐渐向上蔓延。为害轻者叶片产生黄白斑点，以后呈赤色斑纹；为害重者出现失绿斑块，叶片卷缩，呈褐色，如同火烧一样干枯，叶片丧失光合作用，严重影响营养物质运输、生产制造，造成玉米籽粒产量和品质下降，千粒重降低。

②具体防治措施：

一是农业措施防治　深翻土地，将部分螨虫翻入地下耕层

图2-29 棉铃虫、甜菜夜蛾对玉米为害症状

内，螨虫基数减少，能有效减轻为害；及时清理田间、地内杂草，减少寄主和繁殖场所，能有效减少虫源；推广利用抗虫品种；注意合理轮作，不要和易感染红蜘蛛的作物临近种植如棉花等。

二是药剂防治 可用40%氧化乐果800~1 500倍液加2.5%的高效氯氟氰菊酯2 000~2 500倍，或加20%虫酰肼悬浮剂1 000~2 000倍液，或加25%灭幼脲1 500~2 000倍液喷洒，植株，可防治玉米田害虫；用2%阿维菌素3 000倍液喷洒植株叶片背面，防治玉米红蜘蛛；用3%啶虫脒1 500倍液，或用2%阿维菌素3 000倍液细致喷洒植株，可兼治玉米红蜘蛛、蚜虫、灰飞虱（图2-30）。

图 2-30 红蜘蛛对玉米为害症状

玉米虫害的生物防治和物理防治是农业部近年推广的绿色防控技术，应大力提倡和示范推广应用。对于玉米螟等穗部害虫，可以利用赤眼蜂、白僵菌、Bt 杀虫剂等生物制剂进行防治。有条件地区可以采用频振式杀虫灯或投射式杀虫灯联防统治，一般每 2~3.5hm² 安置一盏杀虫灯即可，对防治玉米螟等螟蛾类害虫和金龟子效果明显（图 2-31、图 2-32，表 2-2）。

图 2-31 大田太阳能频振式杀虫灯示意

图 2-32　频振式杀虫灯示意

表 2-2　玉米主要病虫害防治技术规程

| 防治时期 | 主要技术措施 | 主要防治对象 |
| --- | --- | --- |
| 播种前 | (1) 农业防治。麦收后及时灭茬整地，铲除田间地头的杂草，减少病毒病的传播介体<br>(2) 选用抗病虫品种。做好播种期的各项准备工作，选用高产优质的抗病虫品种，如蠡玉 16、郑单 958、伟科 702 等 | 玉米整个生育期病虫害 |
| 播种期 | (1) 药剂拌种。采用杀虫剂 50%辛硫磷或 40%甲基异硫磷乳油拌种或颗粒剂穴施防治地下害虫<br>(2) 种子包衣处理。利用玉米种衣剂进行包衣可有效控制苗期病虫害及病毒病。另外，用 3%敌萎丹 1∶500 或 2.5%适乐时 1∶300 种子包衣，可有效防治玉米苗枯病和青枯病<br>(3) 适时播种，合理密植，促使玉米健壮生长 | 苗期病虫害，青枯病和黑粉病 |
| 苗期 | (1) 防治病害。苗枯病发生严重地块要及时拔除病苗；叶斑病发病初期可及时喷洒杀菌剂进行防治<br>(2) 防治地下害虫。用辛硫磷、乐斯本灌根，防治地老虎等害虫；也可采用敌百虫毒饵诱杀；或用辛硫磷、乐果、溴氰菊酯等喷雾防治，兼有防治玉米病毒病的作用 | 苗期病虫害 |

(续表)

| 防治时期 | 主要技术措施 | 主要防治对象 |
| --- | --- | --- |
| 抽穗期 | （1）防治玉米螟。大喇叭口期可用辛硫磷颗粒剂，或白僵菌制剂丢心防治玉米螟；利用氯虫苯甲酰胺喷雾；有条件地区可释放赤眼蜂防治一代玉米螟卵，或用高压汞灯诱杀越冬代成虫<br>（2）防治红蜘蛛。发生初期，均匀喷洒 1.8%阿维菌素 3 000 倍或 75%g 螨特 3 000 倍液<br>（3）防治瘤黑粉。穗期查找瘤黑粉，未散出黑粉前彻底摘除并带出田外深埋，减少田间菌源<br>（4）防治叶斑病。发病初期打底叶，减少田间菌源。必要时，可喷洒%敌力脱或多菌灵防治<br>（5）防治锈病。发病初期及时用三唑酮、敌力脱、好力克等喷雾<br>简便措施：大喇叭口期利用福戈杀虫剂 10g 加烯唑醇杀菌剂 30g 喷雾，兼治多种病虫害 | 玉米螟、红蜘蛛、蚜虫、黑粉病、叶斑病、锈病等 |
| 收获期 | （1）及时收获。玉米成熟后要及时收获、晾晒，减少穗粒腐病的发生。留种田种子要充分晒干后再贮藏，以防霉变<br>（2）田间卫生。收获时如进行秸秆还田，应充分粉碎、深翻，促使早腐烂，减少病虫基数 | 种传病害土传病害等 |
| 收获后 | 越冬期及春季要及时处理玉米等寄主的秸秆，防治玉米螟等越冬害虫及病原菌 | 玉米螟等 |

# 第三节　玉米田化学除草技术

## 1. 玉米地常见杂草类型特点

玉米田间杂草的种类很多，根据杂草的寿命、发生的季节和繁殖特点等，一般分为以下几个类型华北玉米田草害主要有马瑭、虎尾草、画眉草、炯麻、灰藜菜、马子菜、莎草、苍耳、反枝苋等。

（1）一年生杂草。常见的有一年生春性杂草如稗草、蟋蟀草、马唐、千金子、枣草、狗尾草、荆三棱、莓穗莎、辣蓼、藜、旋覆花、飞蓬、虎尾草、画眉草、小蓟、鬼针草、苍耳、一年蓬、醴肠、马齿苋、苋菜、地肤、龙葵、苘麻等；一年生越冬杂草，看麦娘、早熟禾、棒头草、野燕麦、两草、荠菜、碎米荠、婆婆纳、猪殃殃、苍耳、繁缕、漆枯草、梗枯草、野豌豆等。

（2）二年生杂草。常见的有益母草、飞廉、香蒿、天仙子、茺草、狼尾草等。

（3）多年生杂草。

①直根类杂草如蒲公英、酸模、羊蹄等。

②须根类杂草如车前草、毛茛等。

③根茎类杂草如狗牙根、白茅、水苏、马兰、喜旱莲子草、小旋花、剪刀服、问荆等。

④根芽类杂草如刺儿菜、田旋花、田蓟、苦菜、苦荬菜、苣荬菜等。

⑤匍匐茎类杂草如结缕草、连钱草、蛇莓等。

⑥球茎类杂草如香附子等。

⑦鳞茎类杂草如胡葱、绵枣儿等。

⑧块茎类杂草如半夏等。

另外，还根据子叶类型分为单子叶杂草和双子叶杂草，这些分类目的就是选择使用对路除草剂的重要依据之一。

2. 常用除草剂的主要类型特点

除草剂是指用以消灭或控制杂草生长的药剂被称为除草剂。一般分为使杂草彻底地枯死（灭生性或非选择性除草剂）和选择地发生枯死（选择性除草剂）两大类型。选择性除草剂又可分禾本科杂草除草剂，阔叶杂草除草剂，莎草类杂草除草剂，广谱性杂草除草剂。目前我国除草剂的剂型有9种，分别为可湿性粉剂；颗粒剂；水剂；乳（油）剂；水溶性粉剂；浓乳剂；悬浮剂；熏蒸剂；片剂。

按化学结构分类，同类除草剂的作用机理相同或相近，防除对象、药物特性也近似，更能较全面反映除草剂在品种间的本质区别。目前分为 16 种。分别是苯氧羧酸类、苯甲酸类、芳氧苯氧基丙酸类、环己烯酮类、酰胺类、取代脲类、三氮苯类、二苯醚类、联吡啶类、二硝基苯胺类、氨基甲酸酯类、有机磷类、磺酰脲类、咪唑啉酮类、磺酰胺类、其他类等。

3. 玉米地杂草防除

玉米田间草害防除，应该遵循综合防治，坚持做好草情调查，了解和掌握当地当季杂草种群变化规律，有针对性选择各种防治技术措施，及时有效控制杂草为害，为玉米高产奠定基础，做好保障。

（1）农业防治措施。主要是通过合理轮作、耕犁整地、施用腐熟有机肥、加强种子检疫、精选，结合人工拔除稀棵大龄杂草，清除田头地边、渠沿沟边杂草等措施防治杂草。生产实践表明采取合理轮作、倒茬，能有效防除杂草，如在莎草较严重的地块，通过种植小麦，利用小麦生育后期吸水强度大，遮光严重，能有效竞争肥水光热资源，导致大部分莎草因缺乏水、缺乏光而死亡。不同作物倒茬，如小麦—玉米、小麦—大豆、小麦—花生、小麦—夏薯四年轮作制，在一定程度上减缓玉米田杂草群落演替和抗生性杂草出现；通过深耕犁地、平整耕地，使部分农田杂草被翻埋耕层下部而死亡，有些被耕翻带到地表面而缺水死亡；施用充分腐熟的清洁有机肥，通过堆制高温腐熟，可使部分杂草种子失去活力，在堆沤制过程部分杂草种子发芽后在翻堆时被破坏而死亡。种子检疫、种子精选都能有效减少杂草传播、蔓延、扩散，减少杂草特别是检疫性为害性大的杂草种类能有效得到控制，减少传播可能性；结合间苗、定苗，人工拔除稀棵大龄杂草如野苋菜、藜藜、苘麻、野西瓜苗等，除草效果也非常好；苗期、拔节期、大喇叭口期、吐丝期结合施肥浇水后及时中耕除草、保墒，一举两得，效果很好；适时清除地头、渠沟边杂草等措施，都可有效减少杂草传播蔓延的概率，起到综合防除杂草的效果。

（2）化学除草。与传统中耕除草相比，化学除草具有效率高、效果好、省工省力、减少田间作业伤苗、降低投工成本等优点。特别是夏玉米田的草荒程度比春、套玉米都要严重，天气炎热，杂草不但数量多且生长速度快，防治不力，极易出现草荒，严重时，导致杂草丛生，病虫害爆发，玉米严重减产甚至绝收，因此，科学除草不容忽视。目前，玉米除草剂的使用方法可归纳为四类。

①播前混土处理：这种处理技术一般在土壤干旱或土壤墒情较差的地块使用，一般使用 40%莠去津胶悬剂每 667m² 用量 100mL 与 50%乙草胺乳油 75mL 混用，或用 40%乙阿合剂每 667m² 用量 200mL 对水 50kg 均匀喷雾，然后混土 3~5cm 深。

②玉米播种后出苗前施用除草剂：这一方式也称土壤封闭除草。多选择喷（洒）施乙阿合剂即 50%乙草胺+40%阿特拉津（各用 100mL/667m²）或 50%都阿合剂等除草剂，一般每 667m² 用量 150~200g 对水 75kg 地面喷施；或者用 72% 2,4-D 丁酯乳油剂每 667m² 用量 80~100mL 对水 75kg 地面喷施；或者用 40%宣化乙阿悬浮剂、40%玉米宝悬浮剂或 40%吉化乙莠水悬浮剂。它们具有杀草谱广、效果好、对作物安全等优点。在玉米播后苗前或玉米 3 叶前、杂草 2~3 叶前使用，对杂草总防效为 95%以上；也可选用乙草胺、甲草胺、杜耳、拉索、莠去津等。用量一般按说明书进行。用药后为了保护药层，"封闭"杂草，喷后应免除中耕。

③出苗后喷施除草剂：苗后喷施除草剂，多用选择性除草剂，可以同时喷洒在杂草和玉米上。如玉农乐、阿特拉津、百草敌等，这类除草剂杀死 1~2 叶的小草，对玉米无伤害，也可用

阿特拉津液胶悬液+草净津悬液按说明书用量均匀喷洒；用40%玉宝可湿性粉剂在玉米2~5叶期全田喷雾，玉米5叶期后要定向喷雾，每667m$^2$用量90g对水30kg均匀喷雾；对玉米田较难防除的恶性杂草—香附子，可用56%附子清可湿性粉剂每667m$^2$用量50~70g对水15~25kg，在香附子出土到4叶期前，玉米3叶至抽雄期均匀喷雾，其防效可达80%以上。

④灭生性除草剂：对玉米苗、杂草都有杀死作用的除草剂，如一扫光、百草枯等。这类除草剂主要用于路边、地头等杂草防除，能有效杀死全部杂草，预防虫害，有时也用于垄沟的杂草防除，使用时要严防喷到玉米上。

⑤专用性除草剂：如莎草是玉米田难以除净的较为顽固性杂草，最好选用莎草专用性强的除草剂，选用扑莎每667m$^2$用量90g，对水50kg喷雾，采用定向喷雾，严禁喷到玉米植株上，以免造成药害。

由于小麦对阿特拉津、玉农乐、草净津等较为敏感，用量过大（超过200g/667m$^2$）易导致下茬小麦死苗。该类除草剂用量要严格控制不能过多，以免影响下茬小麦产量。

化学除草的效果与土壤表层含水量（墒情）有很大的关系。土壤湿润则化学除草效果好，土壤干燥则化学除草效果下降。所以，播种后土壤墒情不足时，不要勉强喷药，等待下雨或灌溉之后再喷药，喷药过程要规范操作（图2-33）。

4. 使用除草剂应注意事项

由于除草剂种类多，性能特点各异，使用不当极易造成对作物的药害。要使除草剂充分发挥药效又不伤害玉米，必须注意以下几个方面的问题。

（1）了解除草剂在杂草和作物间的选择途径。

①时差选择：利用一些除草剂残效期短的特性，在作物播前或播后出苗前施用不会影响作物发芽和生长，如西玛津防除玉米

百草枯药害                            烟嘧磺隆药害

图 2-33    玉米除草剂药害症状

田杂草在玉米播后苗前使用安全有效。

②位差选择：利用杂草和作物植株高矮和根系的深浅不同，将除草剂施于杂草茎叶或土壤表层，而对植株较高、根系较深的作物无害。

③形态选择：有些除草剂起作用是利用单双子叶植物在叶片宽窄、角度、角质层厚度及生长点是否裸露等方面的不同，在同样施药情况下，双子叶植物叶片宽大平展、角质层薄、生长点裸露，从而易被杀死，单子叶植物情况相反可不受伤害，如2,4-D类适于禾本科作物田内防除双子叶杂草属于此种类型。

④生理选择：有的作物体内有特殊的水解酶可使除草剂分解而不受害，杂草无此功能即被杀死。如西马津用于玉米田内除草对玉米很安全、敌稗用于稻田内除稗草对水稻安全等都属此类。

实际应用时，农作物田间除草多用时差及形态选择。另外，对一些除草剂具有自然抗药性，如玉米对拉索抗药力较强，在选择除草剂品种时可优先考虑。

（2）明确除草剂的除草对象。除草剂的防除范围有广有窄，多数品种具选择性，有一定的除草范围，有的只能杀死一年生杂草，如敌草隆；有的适于杀双子叶杂草，如 2,4-D 类，有的适于杀单子叶杂草，如拉索，需根据农田杂草主要种类组成对症选用，且不要求新求异，首次使用没有使用过的除草剂时，一定要多看说明书，坚持试验、示范、再推广普及的基本程序和原则。

（3）选择适宜的施药方法和时间。除草剂的具体施用方法有喷土面、喷土面后混土、撒药土和喷茎叶 4 种，前 3 种方法用得较多，喷土面后是否混土，一是根据药剂的特性，有的易光解，喷后必须立即混土，如氟乐灵；有的须在光照条件下才有效，则不能混土，如除草醚；二是混土与否均可的，是否混土需看土壤墒情而定，干旱时应及时混土并镇压保墒。喷茎叶处理的除草剂，应在杂草较小时施药，并注意尽量不要将药喷于作物上。从作物方面来看，施药时间有播前、播后苗前、出苗后 3 个时期。前 2 个时期为土壤处理，杂草出苗后一般进行茎叶处理，但应注意在作物抗药力强的阶段用，也可在中耕除草后进行。

在使用除草剂的时间上，除上述物候期差异外，喷施时间最好在 7:00~10:00，16:00~20:00，过早过晚玉米叶面常有露水，喷药浓度易被稀释；10:00~16:00 温度高，药液蒸发快，吸收差，除草效果不理想。另外，除草剂喷洒（施药）均匀，喷洒，做到不漏喷、不重复喷；风大不喷、下雨不喷、土壤墒情不好不喷；注意施药时穿长袖工作服，防止药物中毒。

（4）严格掌握用药量。因杂草与作物亲缘关系近，用药量过大易伤害当茬及后茬作物，用量应比施用杀虫剂和杀菌剂严格得多。除草剂用量通常是用 $667m^2$ 有效成分表示，各种除草剂 $667m^2$ 用量从 5~200g（多为 50~100g），应严格按说明书要求的剂量使用，不可随意加大，以免产生药害。

此外，在生产上确定某种除草剂用量时除了看说明外，还应考虑杂草的大小、土壤质地、有机质含量、土壤湿度、温度等因素，一般在杂草较大、黏土、有机质含量高、干旱、低温时用药量应加大，反之用量则减少，总之，应根据当时当地的具体情况，选用说明书中要求用量的上限或下限。

（5）部分常见除草剂在田间土壤中的半衰期，根据半衰期可以评判药效与残留状况，有利于正确选用除草剂（表2-3）。

表2-3　部分常见除草剂在田间土壤中的半衰期

| 除草剂 | 半衰期（天） | 除草剂 | 半衰期（天） | 除草剂 | 半衰期（天） |
|---|---|---|---|---|---|
| 莠去津 | 60 | 普施特 | 60~90 | 苯磺隆 | 10 |
| 苯达松 | 20 | 绿磺隆 | 28~42 | 精喹禾灵 | 60 |
| 苄磺隆 | 5~10 | 广灭灵 | 24 | 拿捕净 | 5 |
| 2,4-D 丁酯 | 7 | 嗪草酮 | 30~60 | 盖草能 | 60~90 |
| 丁草胺 | 12 | 甲磺隆 | 30 | 百草枯 | 1 000 |
| 果尔 | 30~40 | 恶草灵 | 60 | 草甘膦 | 47 |

# 第三章　水稻病虫草害防治技术

## 第一节　水稻病害防治技术

　　水稻是世界性主要粮食作物，也是我国重要粮食作物，我国北方水稻病害种类已发现的有 70 余种，常见的主要病害有：稻瘟病、纹枯病、白叶枯病、胡麻斑病、恶苗病和细菌性条斑病等。水稻病害防治要点是先确定病症及病源菌类型，再选用对症的防治药物和防治技术方法。

　　1. 稻瘟病

　　稻瘟病是各地水稻较普遍发生且对水稻生产影响最严重的病害之一，分布广，为害大，常常造成不同程度的减产，还使稻米品质降低，轻者减产 10%~20%，重者导致颗粒无收。根据浸染部位的不同可以分为苗瘟、叶瘟、节瘟、穗茎瘟、枝梗瘟、谷粒瘟等。病原菌为稻梨孢，属半知菌亚门真菌，菌丝内生，分生孢子梗 3~5 根丛生，具 2~4 个隔膜，直或稍弯曲，顶端曲状，上生分生孢子，分生白子无色，洋梨形，常有 1~3 个隔膜，基部钝圆，并有脚胞，无色或淡褐色，具 2 隔膜。病菌以分生孢子或菌丝体在带病稻草或稻谷上越冬，成为翌年初浸染源，借气流、风雨传播，进而扩展发病，形成中心病株，病部分生孢子接气流风雨再次浸染，如此反复浸染。播种带病种子可引起苗瘟，苗瘟多发生在 3 叶前，病苗基部灰黑，上部变褐，卷缩而死，湿度大时病部产生灰黑色霉层。叶瘟多发生在分蘖至拔节期为害，慢性型病斑，开始叶片上产生暗绿色小斑，逐渐扩大为梭形斑，病斑中央灰白色，边缘褐色，病斑多时有的连片形成不规则大斑。常出现多种病斑如急性型病斑、白点型病斑、褐点形病斑等。节瘟多发生在抽穗以后，起初在稻节上产生褐色小点，后逐渐绕节扩展，使病部变黑，易折断。穗颈瘟多在抽穗后，初形成褐色小点，后扩展使穗颈部变褐色，也造成枯白穗。谷粒瘟多发生开花后至籽粒形成阶段，产生褐色椭圆形或不规则病斑，可使稻谷变黑，有的颖壳无症状，护颖受害变褐，使种子带菌。

防治方法：

（1）农业措施。首先是选用抗病品种；及时清除带病植株根系残茬，减少菌源；合理密植，适量使用氮肥，浅水灌溉、促植株健壮生长提高抗病能力。

（2）做好种子处理。种子处理主要是晒种、选种、消毒、浸种、催芽等技术环节或技术措施。种子处理看似简单，可直接影响到水稻生产好坏，需要认真对待。晒种：选择晴天晒种 1~2 天，可以利用阳光紫外线杀死种皮表面部分病菌，提高种子吸水速率、增加种皮的透性、增强内部酶的活性，提高种子的活力和发芽势，利于吸水并保证发芽整齐。选种：将晒过的种子用比重为 1.13 的盐水或硫酸铵选种，去除空秕粒和杂物，提高种子净度，提高出苗率和整齐度。浸种消毒：种子消毒是防止由种子传染的水稻恶苗病、苗瘟病的主要措施。将选好的种子放在大的容器中浸泡，放入消毒药剂，拌种衣剂的不需要翻动，也不需要再加消毒药剂。其他的每天翻动 1 次。浸种的温度最好是 12~14℃，时间在 8 天左右且积温保持在 80~100℃，浸好的种子应该稻壳颜色变深，呈半透明状，透过颖壳可以看到腹白和种胚，稻粒易掐断。催芽：将充分吸胀水分的种子进行催芽，遵循高温（温度保持在 30~32℃）破胸、适温长芽、降温炼芽的原则，当芽长到 2mm 时即可进行播种。适时播植，合理密植：适时播种是培育壮秧的关键。具体时间应根据当地的气候条件、天气变化情况以及不同品种生育期长短来确定。一般在地温超过6℃时即可播种。注意控制播量，过密会造成弱苗、徒长苗，每盘播芽种130~140g。

（3）药剂防治。最佳时间是在孕穗末期至抽穗进行施药，以控制叶瘟，严防节瘟、茎穗瘟为主，需及时喷药防治。前期喷施45%代森铵水剂80~100mL/667m²、或75%百菌清可湿性粉剂100~125g/667m²，70%甲基硫菌灵可湿性粉剂100~140g/667m²，25%多菌灵可湿性粉剂200g/667m²等药剂，分别对水35kg左右均匀喷雾。中期喷施20%三环·多菌灵可湿性粉剂100~140g/667m²，或用21%咪唑·多菌灵可湿性粉剂50~75g/667m²，或用50%三环唑悬乳剂80~100mL/667m²，或用40%稻瘟灵乳油100~120mL/667m²，或用25%咪酰胺乳油40mL+75%三环唑乳油30~40mL/667m²等农药，或用20%稻保乐可湿性粉剂100~120g/667m²，分别对水35kg左右均匀喷雾。在孕穗末期至抽穗期，可喷施20%咪酰·三环唑可湿性粉剂45~65g/667m²，或用35%唑酮·乙蒜素乳油75~100mL/667m²，或用20%三唑酮·三环唑可湿性粉剂100~150g/667m²，或用30%已唑·稻瘟灵乳油60~80mL/667m²，或用40%稻瘟灵可湿性粉剂80~100g/667m²，或用50%异稻瘟净乳油100~150mL/667m²，分别对水40kg喷雾于植株上部。

2. 水稻纹枯病

水稻纹枯病是水稻主要病害之一，发生普遍。病原菌为立枯丝核菌，属半知菌亚门真菌，病菌的无性时期产生菌丝和菌核，菌丝初期无色，后变淡褐色，有分枝，分枝处有明显缢缩，离分枝不远处有分隔，主枝与分枝成锐角，菌核深褐色，圆形或不规则形，表面粗糙多孔如海绵状。有性繁殖体是担孢子（属担子菌亚门伏革菌属）。菌丝白色，老熟时浅褐色，菌丝能在寄主体内生长，也能在寄主表面结成菌核。该病从水稻苗期至灌浆期都可发病，主要以分蘖盛期至抽穗期为害最重，为害叶鞘、叶片和穗部。病害发生时先在叶鞘近水面处产生暗绿色水渍状边缘模糊的小斑点，后渐再扩大呈椭圆形或呈云纹状，由下向上蔓延至上部叶鞘。病鞘因组织受破坏而使上面的叶片枯黄。在干燥时，病斑中央为灰褐色或灰绿色，边缘暗褐色。潮湿时，病斑上有许多白色蛛丝状菌丝体，逐渐形成白色绒球状菌块，最后变成暗褐色菌块，菌核容易脱落土中。也能产生白色粉状霉层，即病菌的担孢子。叶片染病，病斑呈云纹状，边缘退黄，发病快时病斑呈污绿色，叶片很快腐烂，湿度大时，病部长出白色网状菌丝，后汇聚成白色菌丝团，最后形成深褐色菌核，菌核易脱落，高温条件下病斑上产生一层白色粉霉层即纹枯病菌的担子和担孢子，该病严重为害时引起植株倒伏，千粒重下降，秕粒较多，或整株丛腐烂而死亡，或后期不能抽穗，导致绝收。发生特点：纹枯病的发生和为害，受菌源数量、水肥管理、种植密度、品种抗病性和气候等多种因素的影响，其中，影响最大的是水肥管理，长期淹灌深水或氮肥施用过多过迟，使稻株内部纤维素、木质素减少，茎秆变细，组织软弱，不仅有利于该病菌入侵，而且也易倒伏，加重病害。纹枯病以菌核在土壤中越冬，也能由菌丝或菌核在病稻草或杂草上越冬。水稻成熟收割时大量菌核落在田中，成为第二年或下季稻的主要初次浸染源。菌核生活力很强，数量又多，一般发病田块存留在土中每 667$m^2$ 达 5 万～10 万粒，重病田可高达100 万粒以上，春耕插秧后漂浮水面或沉在水底，菌核都能萌发生长菌丝，从气孔处直接穿破表皮侵入稻株为害，在组织内部不断扩展，继续生长菌丝和菌核，进行再次浸染。

防治方法：

（1）农业措施。对发病稻田，加强水肥管理，清除病残体及菌源；做好种子处理，用种衣剂包衣或用广谱杀菌剂按说明用量拌种。

（2）药剂防治。一般掌握在发病初期施药效果最佳，在分蘖盛期田块发病率达 3%～5% 或拔节到孕穗期丛发病率 10% 时用药为好，连续用药喷洒 2～3 次防效较好。发病初期可用 75% 百菌清可湿性粉剂 100～150g/667m²，或用 45% 代森胺水剂 50mL/667m²，或用 70% 甲基硫菌灵可湿性粉剂 100～140g/667m²，或用 25% 多菌灵可湿性粉剂 200g/667m²，对水 40～50kg 均匀喷施，在分蘖盛期（田块丛发病率 3%～5%），可喷施 3% 多抗霉素可湿性粉剂 100～200 倍液、2% 嘧啶核苷类抗生素水剂 500～600mL/667m²，5% 井冈霉素可湿性粉剂 100～150g/667m²、12.5% 井冈·蜡芽菌水剂 120～160mL/667m²，对水 50kg 左右均匀喷施。在孕穗～穗期，应掌握发病株率 3%～4% 时施药。药液要喷在稻株中、下部，采用泼浇法，田里应保持 3～5cm 浇水层。施用井冈霉素时，最好在雨后晴天进行，或在施药后两小时内无大雨时进行。选用 15.5% 井冈·三唑酮可湿性粉剂 100～120g/667m²、5% 井冈霉素水剂 100～150mL/667m²，或用井冈霉素高浓度粉剂 25g，任选一种，对水 50kg 常规喷雾，或对水 400kg 泼浇。也可用 20% 稻保乐可湿性粉剂 100～120g/667m²，30% 已唑·稻瘟灵乳油 60～80mL/667m²，23% 噻氟菌胺胶悬剂 15～30mL/667m²，或选用 38% 恶霜嘧铜菌酯，叶面喷施稀释 1 000～1 500 倍液，灌根稀释 800～1 000 倍，每 667m² 喷雾需要稀释液 50kg，灌根需要稀释液 400kg，浸种或拌种用 1 500 倍液。

### 3. 水稻菌核秆腐病

水稻菌核秆腐病主要是稻小球菌核病和小黑菌核病，又称小粒菌核病或秆腐病（茎朽腐病）。病原菌是半知菌亚门的小球双曲孢和卷喙双曲孢，有性态为子囊菌亚门的小球腔菌。两病单独或混合发生，是水稻成株期茎基部的一种真菌病害，病菌侵害稻株茎基部叶鞘和茎秆，初在近水面叶鞘上生褐色小斑，后扩展为黑色纵向坏死线及黑色大斑，上生稀薄浅灰色霉层，形成椭圆形或纺锤形黑斑，后扩大至整个叶鞘，茎秆上也有大块黑斑，后期的茎基部腐烂，植株青枯，茎腔内有大量小球状黑色颗粒状的菌核。成熟后的菌核在病稻草稻桩散落于或土壤中越冬，可存活多年。栽秧时，附着在秧苗基部，以菌丝从伤口或叶鞘基部侵入寄生。病菌喜高温高湿，故穗期受害比前期重，浸染穗颈，引起穗枯。稻飞虱多的田块病害更重，常造成复合浸染。它们和稻褐色菌核病、稻球状菌核病、稻灰色菌核病等，总称为水稻菌核病或秆腐病。

防治方法：

（1）农业措施。种植抗病品种如选用早广2号、汕优4号、IR24、粳稻184、闽晚6号、倒科春、冀粳14号、丹红、桂潮2号、广二104、双菲、珍汕97、珍龙13、红梅早、农虎6号、农红73、生陆矮8号、粳稻秀水系统、糯稻祥湖系统、早稻加籼系统等；要及时收集病稻草高温沤制，收割时要齐泥割稻；有条件的实行水旱轮作；插秧前打捞菌核，减少菌源；加强水肥管理，浅水勤灌，适时晒田，后期灌跑马水，防止断水过早。多施有机肥，增施磷钾肥，特别是钾肥，忌偏施氮肥。

（2）做好种子、土壤处理。用包衣剂包衣种子或用广谱杀菌剂按种子重量的0.5%药剂拌种，播前平整土地时每667m$^2$施用广谱杀菌剂可湿性粉剂23kg撒施均匀，消灭散落于土壤中的部分病源菌。

（3）药剂防治。在水稻拔节期和孕穗期喷洒40%g瘟散（敌瘟灵）或40%富士一号乳油1 000倍液、5%井冈霉素水剂1 000倍液、70%甲基硫菌灵（甲基托布津）可湿性粉剂1 000倍液、50%多菌灵可湿性粉剂800倍液、50%速克灵（腐霉剂）可湿性粉剂1 500倍液、50%乙烯菌核利（农利灵）可湿性粉剂1 000~1 500倍液、50%异菌脲（扑海因）或40%菌核净可湿性粉剂

1 000 倍液、20%甲基立枯磷乳油 1 200 倍液。

### 4. 水稻白叶枯病

水稻白叶枯病是一种广谱性病害，主要在叶子上表现症状，有叶缘枯萎型、急性凋萎型和褐斑褐变型。叶缘枯萎型：先从叶尖或叶缘开始，先出现暗绿色水浸状线状斑，很快沿线状斑形成黄白色病斑，然后病斑从叶尖或叶缘开始发生黄褐或暗绿色短条斑，沿叶脉上、下扩展，病、健交界处有时呈波纹状，以后叶片变为灰白色或黄色而枯死。常见于分蘖末期至孕穗期发生，病菌多从水孔侵入，籼稻病斑为黄褐色，粳稻病斑为灰白色。田间湿度大时，病部有淡黄色露珠状的菌脓，干后呈小粒状。急性凋萎型：一般发生在苗期至分蘖期（秧苗移栽后 1 个月左右），病菌从根系或茎基部伤口侵入微管束时易发病，病叶多在心叶下 1~2 叶处迅速失水、青卷，最后全株枯萎死亡，或似螟虫为害造成的枯心，其他叶片相继青萎。病株的主蘖和分蘖均可发病直至枯死，引起稻田大量死苗、缺丛。褐斑或褐变型：病菌通过伤口或剪叶侵入，在气温低或不利于发病条件下，病斑外围出现褐色坏死反应带，为害严重时，田间一片枯黄，白枯病是水稻中、后期的重要病害之一，发病轻重及对水稻影响的大小与发病早迟有关，抽穗前发病对产量影响较大。病原菌为黄单孢菌稻致病变种，属细菌性病害，菌体短杆状，两端钝圆，菌体一端生 1~2 根线状鞭毛（单鞭毛），极生或亚极生，革兰氏染色阴性，无芽孢和荚膜。病菌的生育温度最低 10℃，最高 40℃，最适温度 26~28℃，病菌为好气性细菌。病菌对热较敏感，致死温度为 53℃，10 分钟（潮湿状态），在干燥有胶质保护状态下，致死温度为 57℃，10 分钟。病菌的存活期与环境条件关系密切。从各地收集的菌株，在一套鉴别品种上测定，其致病力有强有弱，大致可分为弱、中等、较强及强四大菌群系。发生特点：水稻白叶枯病是叶部的一种细菌性病害，主要在种子和稻草上越冬，成为翌年初次浸染来源，借风雨传播再浸染。新病区以带病谷种为主，老病区以病残体为主。带菌稻种播种后，病菌从根、茎、叶部的伤口或水孔侵入稻体，在维管束的导管中繁殖为害。苗期和分蘖期最易受害。秧苗叶片多表现叶枯症状，拔秧移栽时造成大量伤口，有利于病菌的侵入。另外，用病稻草催芽或扎秧把堵水洞，也是病菌浸染的一个途径。灌溉水和暴风雨是病害传播的重要媒介。其发生、流行与气候、肥水管理、品种等都有密切关系。在感病品种上多出现急性凋萎症状，病斑青灰色水渍状，病叶迅速卷曲凋萎，在抗病品种上产生褐色枯斑。病菌的发育适温 $26 \sim 30℃$，氮肥过多和低洼积水田发病早而重。台风暴雨后，病害常在感病品种上迅速扩散。

防治方法：

（1）农业措施。选择抗病、耐病优良品种；合理施用氮肥，合理密植，防止稻田淹水是防病关键；及时清理病残体并施腐熟有机肥，铲除田边地头病菌寄主性杂草。

（2）做好种子药剂处理。用包衣剂包衣种子，或用温汤浸种、用广谱性杀菌剂拌种。

（3）药剂防治。可用 10%硫酸链霉素可湿性粉剂 $50 \sim 100g/667m^2$、3%中生菌素可湿性粉剂 $60g/667m^2$、20%叶枯唑可湿性粉剂 $100g/667m^2$、50%氯溴异氰尿酸水溶性粉剂 $60g/667m^2$，对水 $50 \sim 60kg$ 均匀喷雾。也可选用 20%噻森铜悬浮剂 $300 \sim 500$ 倍液、40%三氯异氰尿酸可湿性粉剂 2 500 倍液、20%喹菌酮可湿性粉剂 1 000 ~ 1 500 倍液、77%氢氧化铜悬浮剂 $600 \sim 800$ 倍液，每 $667m^2$ 用量 $50 \sim 60kg$ 均匀喷洒，间隔 7 ~ 10 天，交替用药连续喷施 2~3 次防治效果更佳。

5. 水稻矮缩病

水稻苗上的一种病毒性病害，病原为水稻矮缩病毒（简称RDV），属植物呼肠孤病毒组的稻矮缩病毒。病毒粒体呈球状多面体，等径对称，粒体内含有双链核糖核酸。传毒介体有黑尾叶蝉、电光叶蝉、二条黑尾叶蝉和大斑黑尾叶蝉等，病毒在叶蝉体内越冬，叶蝉在看麦娘等禾本科植物上以若虫越冬，翌年春季羽化迁回稻田为害，早稻收获后迁移到晚稻为害，晚稻收获后，迁回到看麦娘、冬稻等 38 种禾本科植物上越冬。循环期最短 14～20 天。病害可在虫体内增殖，并经卵传到子代，该病毒寄生范围广，感病的病叶症状有两种类型，白点型和扭曲型，白点型在叶片上或叶鞘上出现与叶脉平行的虚线状黄白色点条斑，以基部最明显。扭曲型，在光照不足条件下，心叶抽出呈扭曲状，随心叶伸展，叶片边缘出现波状缺刻，色泽淡黄。病株矮缩，不及正常高度的 1/2，分蘖增多，叶色暗绿，叶片僵硬，叶鞘上有黄白色与叶脉平行的继续的条点，偶有散生的。分蘖期和苗期受害的病株矮缩，不能抽穗。抽穗后感染的，结实率和千粒重降低。病株根系发育不良，大多老朽。品种间抗病性差异较大，防治传毒介体昆虫是防病的关键。

防治方法：

（1）农业措施。选择抗病、耐病优良品种；施腐熟有机肥，合理施用氮肥，合理密植，防止稻田幽闭，减少叶蝉寄生；早期发现病株及时拔除并根治传毒害虫介体，铲除田头地边寄主性杂草。

（2）做好种子药剂处理。用包衣剂包衣种子，或用广谱性杀虫剂拌种。

（3）药剂防治。以治虫防病为主要手段，可用 10%异丙威可湿性粉剂 200g/667m$^2$、25%速灭威可湿性粉剂 150g/667m$^2$、50%杀螟松乳油 50mL/667m$^2$+40%稻瘟净乳油 60mL/667m$^2$，对水 50～60kg 均匀喷雾。也可选用 25%甲萘威可湿性粉剂 500 倍液、25%是唑酮可湿性粉剂 2 500 倍液、20%喹菌酮可湿性粉剂 1 000～1 500 倍液、77%氢氧化铜悬浮剂 600～800 倍液，每

$667m^2$ 用量 50~60kg 均匀喷洒，间隔 7~10 天，交替用药连续喷施 2~3 次防治效果更佳。

6. 水稻恶苗病

水稻恶苗病又称白秆病，为水稻广谱性真菌病害之一，病原菌为串珠镰孢菌，无性态属半知菌亚门真菌，有性态是子囊菌亚门的藤仓赤霉菌，子囊壳蓝色，球形；子囊孢子双胞，无色，椭圆形。小分生孢子卵形或扁椭圆形，无色，单胞，呈链状着生。大分生孢子纺锤形或镰刀形，顶端较钝或粗细均匀、有足胞，具有 3~5 个隔膜。从秧苗期至抽穗期均可发病，主要以菌丝和分生孢子在种子内外越冬，其次是带菌稻草。病菌在干燥条件下可存活 2~3 年，而在潮湿的土面或土中存活的极少。病谷所长出的幼苗均为感病株，重的枯死，轻者病菌在植株体内扩展刺激病株徒长，瘦弱，黄化，通常比健株高 3~10cm，极易识别。病株基部节上常有倒生的气生根，并有粉红霉层。病菌发育适温 25℃左右，抽穗扬花期，病菌分生孢子传播至花器上，导致种子带菌。

防治方法：

（1）农业措施。选用无病种子或播种前用药剂浸种是防治的关键措施；及时拔除病株并深埋或销毁；收获后及时清除病残体烧毁或沤制腐熟有机肥；不能用病稻草、谷壳做种子消毒或催芽投送物或捆秧把。

（2）建立无病种子田。加强种子处理，播前晒种、消毒、灭菌要彻底；做好种子包衣或用广谱性杀菌剂拌种。

（3）药剂防治。用 2.5%咯菌睛悬浮剂 200~300mL/$667m^2$、50%多菌灵可湿性粉剂 150~200g/$667m^2$、60%噻菌灵可湿性粉剂 300~500g/$667m^2$，对水 50~60kg 常规喷雾，或用 16%恶线清可湿性粉剂 25g 加 10%二硫氰基甲烷乳油剂 1 000 倍液，或用45%三唑酮·福美双可湿性粉剂 500 倍液、25%丙环唑乳油 1 000

倍液、25%咪酰胺乳油 1 000~2 000 倍液，每 667m² 用稀释液 50~60kg 均匀喷雾。

7. 水稻细菌性条斑病

近几年，该病害有蔓延趋势，主要为害叶片，病原菌为稻生黄单胞菌条斑致病变种，属黄单胞杆菌属细菌，菌体单生，短杆状，极生鞭毛一根，革兰氏染色阴性，不形成芽孢荚膜。细菌性条斑病菌与白叶枯病菌相似，也是黄单孢杆菌属的一种，但在生理、生化反应方面，两者有差异。细菌性条斑病与白叶枯病发病症状基本相同，所不同的是浸染途径主要从根、茎、叶部的气孔侵入，也可由伤口侵入，有时也从机动细胞处侵入。病菌主要在种子和稻草上越冬，成为翌年初次浸染来源，借风雨传播，病菌由气孔侵入稻体后在维管束的导管中繁殖为害。在水稻叶片上，病斑初时为暗绿色水渍状半透明小斑点，很快在叶脉间扩展为暗绿色至黄褐色细条斑，病斑两端呈浸润型绿色，病斑上常溢出大量串珠状黄色菌脓，干后呈胶状小粒。条斑可扩大到宽约 1mm，长约 10mm 以上，其后转为黄褐色。发病严重时，病斑融聚呈不规则的黄褐色至洁白色斑块。病株矮缩，叶片卷曲，烈日下对光看可见许多半透明条斑。苗期和分蘖期最易受害。秧苗叶片多表现叶枯症状，拔秧移栽时造成大量伤口，有利于病菌的侵入。另外，用病稻草催芽或扎秧把堵水洞，也是病菌浸染的一个途径。

防治方法：

（1）农业措施。选用抗（耐）病杂交种；早期发现病叶及早摘除烧毁或深埋，减少菌源；加强秧田、本田管理，科学灌水，培育壮苗，提高抗病能力。

（2）做好种子处理，建立无病种子田。种子用包衣剂包衣，用广谱性杀菌剂拌种，可用 85%三氯异氰尿酸可湿性粉剂 300~500 倍液浸种 12~24 小时，捞出沥水洗净，催芽播种；50%代森铵水剂 500 倍液浸种 12~24 小时，洗净药液后催芽播种。

（3）药剂防治。在暴风雨过后及时排水施药，用50%氯溴异氰尿酸水溶性粉剂 30～60g/667m²、36%三氯异氰尿酸可湿性粉剂 60g/667m²、20%叶枯唑可湿性粉剂 100g/667m²、50%氯溴异氰尿酸水溶性粉剂 60～80g/667m²、70%叶枯净胶悬剂 100～150mL/667m²、20%噻唑锌悬浮剂 100～125mL/667m²、20%噻森铜悬浮剂 100～125mL/667m²，对水 50～60kg 均匀喷雾。或用80%乙蒜素乳油 1 000 倍液、72%农用链霉素可湿性粉剂 3 000～4 000 倍液、77%氢氧化铜粉剂 800～1 000 倍液，每 667m² 用量50～60kg 均匀喷洒，间隔 7～10 天，交替用药连续喷施 2～3 次防治效果更佳。

8. 水稻烂秧病

水稻烂秧病是种子、幼芽和幼苗在秧田期烂种、烂芽和死苗的总称，可分为生理性和传染性两大类，烂种是指播种后不能萌发的种子或播后腐烂不发芽；烂芽是指萌动发芽至转青期间芽、根死亡的现象。一是生理性烂秧，常见有：淤籽播种过深，芽鞘不能伸长而腐烂；露籽种子露于土表，根不能插入土中而萎蔫干枯；跷脚种根不入土而上跷干枯；倒芽只长芽不长根而浮于水面；钓鱼钩根、芽生长不良，黄褐卷曲呈现鱼钩状；黑根根芽受到毒害，呈"鸡爪状"种根和次生根发黑腐烂。二是传染性烂芽又分绵腐型烂秧，低温高湿条件下易发病，发病初在根、芽基部的颖壳破口外产生白色胶状物，渐长出棉毛状菌丝体，后变为土褐或绿褐色，幼芽黄褐枯死，俗称"水杨梅"。立枯型烂芽开始零星发生，后成簇、成片死亡，初在根芽基部有水浸状淡褐斑，随后长出绵罩状白色菌丝，也有的长出白色或淡粉色霉状物，幼芽基部缢缩，易拔断，幼根变褐腐烂。防治水稻烂秧的关键是抓育苗技术，改善环境条件，增强抗病力，必要时辅以药剂防治。

防治方法：

（1）农业措施。改进育秧方式，采用旱育秧稀植技术或采用薄膜覆盖或温室蒸气育秧；精选种子，选成熟度好、纯度高、干净的种子，浸种前晒种；选择高产、优质、抗病性强，适合当地生产条件的品种如楚粳 26、楚粳 27、楚粳 28、楚粳 29、合系 22-2、合系 39、新科 30 号、新科 29、新科 31 等主要栽培品种；抓好浸种催芽关，浸种要浸透，以胚部膨大突起，谷壳呈半透明状，隐约可见月下白和胚为准；催芽要做到高温（36~38℃）露白、适温（28~32℃）催根、淋水长芽、低温炼苗。可施用 ABT4 号生根粉，浓度为 13mL/L，浸种 8~10 小时，捞出后用清水冲洗数次即可，也可在移栽前 3~5 天，对秧苗进行喷雾，浓度同上；提高播种质量，根据品种特性，确定适宜播期、播种量和苗龄；日温稳定在 12℃ 以上时方可露地育秧，播种以谷陷半粒为宜，播后撒灰，保温保湿有利于扎根竖芽；加强水肥管理，芽期以扎根立苗为主，保持畦面湿润，不能过早上水，遇霜冻短时灌水护芽。一叶展开后可适当灌浅水，2~3 叶期灌水以减小温差，保温防冻，寒潮来临要灌"拦腰水"护苗，冷空气过后转为正常管理。

（2）做好种子处理，建立无病种子田。种子用包衣剂包衣，或用广谱性杀菌剂拌种，或用 85% 三氯异氟尿酸可湿性粉剂 300~500 倍液浸种 12~24 小时，捞出沥水洗净，催芽播种；50% 代森铵水剂 500 倍液浸种 12~24 小时，洗净药液后催芽播种。

（3）药剂防治。首选新型植物生长~移栽灵混剂，是一类含硫烷基的叉丙烯化合物，具有促长和杀菌剂的双重功能，起到促根、发苗、防衰和杀菌综合作用，能有效地防治水稻烂秧病。如采用秧盘育秧，每盘（60cm×30cm）用 0.2~0.5mL，一般每盘加水 0.5kg，搅拌均匀溶在水中均匀浇在床土上。或用 30% 甲霜恶霉灵液剂 1 000 倍液，或用 38% 恶霜菌酯 600 倍液，或用广灭灵水剂 1 000~2000 倍液浸种 24~48 小时或用 500~1 000 倍液喷洒。发现中心病株后，首选 25% 甲霜灵可湿性粉剂 800~1 000

倍液或 65%敌克松可湿性粉剂 700 倍液。或用 40%灭枯散可溶性粉剂（40%甲敌粉）150g/667m² 喷雾防治或 240 个秧盘。或先用少量清水把药剂和成糊状再全部溶入 110kg 水中，用喷壶在发病初期浇洒即可。或用 30%立枯灵可湿性粉剂 500~800 倍液，或用广灭灵水剂 500~1 000 倍液，喷药时应保持薄水层。也可在进水口用纱布袋装入 90%以上硫酸铜 100~200g，随水流灌入秧田。

### 9. 水稻矮缩病

水稻矮缩病又称水稻普通矮缩病、普矮、青矮等。水稻在苗期至分蘖期感病后，植株矮缩，分蘖增多，叶片浓绿，僵直，生长后期病稻不能抽穗结实。简称 RDV，称水稻矮缩病毒，属植物呼肠弧病毒组病毒。病毒粒体为球状多面体，等径对称，大小 75nm，粒体内含有双链核糖核酸。病毒钝化温度 40~45℃，稀释限点 1 000~100 000 倍，体外存活期 48 小时。颗毒粒体多集中在病叶的褪绿部分。在白色斑点的叶部细胞内，含有近球形内含空胞的 X 体。病叶症状表现为两种类型。白点型，在叶片上或叶鞘上出现与叶脉平行的虚线状黄白色点条斑，以基部最明显。始病叶以上新叶都出现点条，以下老叶一般不出现。扭曲型 在光照不足情况下，心叶抽出呈扭曲状，随心叶伸展，叶片边缘出现波状缺刻，色泽淡黄。孕穗期发病，多在剑叶叶片和叶鞘上出现白色点条，穗颈缩短，形成包颈或半包颈穗水稻矮缩病毒可由黑尾叶蝉、二条黑尾叶蝉和电光叶蝉传播。以黑尾叶蝉为主。带菌叶蝉能终身传毒，可经卵传染。黑尾叶蝉在病稻上吸汁最短获毒时间 5 分钟。获毒后需经一段循回期才能传毒，循回期 20℃时为 17 天，29.2℃为 12.4 天。水稻感病后经一段潜育期显症，苗期气温 22.6℃，潜育期 11~24 天，28℃为 6~13 天，苗期至分蘖期感病的潜育期短，以后随龄期增长而延长。病毒在黑尾叶蝉体内越冬，黑尾叶蝉在看麦娘上以若虫形态越冬，翌春羽化迁回稻田为害，早稻收割后，迁至晚稻上为害，晚稻收获后，迁至看麦娘、冬稻等38种禾本科植物上越冬。带毒虫量是影响病发生的主要因子。水稻在分蘖期前较易感病。冬春暖、伏秋旱利于发病。稻苗嫩，虫源多发病重。

防治方法：

（1）农业措施。选用抗（耐）病品种如国际26等；连片规模种植，防止叶蝉在早、晚稻和不同熟性品种上传毒；早稻早收，避免虫源迁入晚稻；加强管理，促进稻苗早发，提高抗病能力；推广化学除草，消灭看麦娘等杂草，压低越冬虫源。

（2）做好种子处理，建立无病种子田。种子用包衣剂+病毒灵包衣预防该病，或用广谱性杀虫剂辛硫磷拌种治虫防病，或用25%氯氰菊酯乳剂3 000~4 000倍液浸种12~24小时，催芽播种；50%杀灭菊酯剂4 000倍液浸种12~24小时后催芽播种。

（3）药剂防治。及时防治在稻田黑尾叶蝉、二条黑尾叶蝉和电光叶蝉传播，并要抓住叶蝉迁飞的高峰期，把虫源消灭在传毒之前。可选用25%噻嗪酮可湿性粉剂，每667m² 用药25g或35%速虱净乳油100mL、25%速灭威可湿性粉剂100g，对水50kg喷洒，隔3~5天1次，连防1~3次效果更佳。因为，病毒病目前尚无良好用药，推荐使用病毒灵+稻瘟康1号、2号。按500倍液稀释，进行全株均匀喷雾，以不滴水为宜，7天用药1次。

10. 水稻稻曲病

水稻稻曲病是水稻生长后期穗部发生的一种病害，又称假黑穗病、绿黑穗病、谷花病、青粉病，俗称"丰产果"。该病主要发生于水稻穗部，为害部分谷粒，轻者一穗中出现几颗病粒，重则多达数十粒，病穗率可高达10%以上。病粒比正常谷粒大3~4倍，整个病粒被菌丝块包围，颜色初呈橙黄，后转墨绿；表面初呈平滑，后显粗糙龟裂，其上布满黑粉状物，即为病菌厚垣孢子。受害谷粒内菌丝块渐膨大，内外颖裂开，露出淡黄色块状物，即孢子座，后包于内外颖两侧，呈黑绿色，初外包一层薄膜，后破裂，散生墨绿色粉末，即病菌的厚垣孢子，有的两侧生黑色扁平菌核，风吹雨打易脱落。稻曲病是水稻后期发生的一种真菌性病害，近年来，在全国各地稻区普遍发生且逐年加重，已成为水稻主要病害之一。多在水稻开花以后至乳熟期的穗部发生且主要分布在稻穗的中下部。感病后籽粒的千粒重降低、产量下降、秕谷、碎米增加、出米率、品质降低。该病菌含有对人、畜、禽有毒物质及致病色素，易对人造成直接和间接的伤害。

防治方法：

（1）农业措施。选择抗病耐病品种如南方稻区的广二 104、选 271、汕优 36、扬稻 3 号、滇粳 40 号，北方稻区有京稻选 1 号、沈农 514、丰锦、辽粳 10 号等；建立无病种子田，避免病田留种；收获后及时清除病残体、深耕翻埋菌核；发病时摘除并销毁病粒；改进施肥技术，基肥要足，慎用穗肥，采用配方施肥；浅水勤灌，后期见干见湿。

（2）做好种子处理，建立无病种子田。种子用包衣剂包衣，或用广谱性杀菌剂拌种，可用 85% 三氯异氟尿酸可湿性粉剂 300～500 倍液浸种 12～24 小时，捞出沥水洗净，催芽播种；50% 代森铵水剂 500 倍液浸种 12～24 小时，洗净药液后催芽播种。

（3）药剂防治。该病一般要求用药两次，第一次当全田 1/3 以上旗叶全部抽出，即俗称"大打包"时用药（出穗前 5～7 天），此病的初浸染高峰期，这时防治效果最好，第二次在破口始穗期再用 1 次药，以巩固和提高防治效果。用 2% 福尔马林或 0.5% 硫酸铜浸种 3～5 小时，然后闷种 12 小时，用清水冲洗催芽；抽穗前用 18% 多菌酮粉剂 150～200g，或在水稻孕穗末期每 667m$^2$ 用 14% 络氨铜水剂 250g、稻丰灵 200g 或 5% 井冈霉素水剂 100g，对水 50kg 喷洒。施药时可加入三环唑或多菌灵兼防穗瘟。施用络氨铜时用药时间提前至抽穗前 10 天，进入破口期因稻穗

部分暴露，易致颖壳变褐，孕穗末期用药则防效下降；或用50%
DT可湿性粉剂100~150g，对水60~75kg，孕穗期和始穗期各防
治1次，效果良好。或用40%禾枯灵可湿性粉剂，每667m² 用药
60~75g，对水60kg还可兼治水稻叶枯病、纹枯病等。

11. 水稻胡麻斑病

水稻胡麻斑病又称水稻胡麻叶枯病，全国各稻区均有发生，
从秧苗期至收获期均可发病，地上部稻株均可受害，主要为害叶
片，其次是稻粒。种子芽期受害，芽鞘变褐，芽难以抽出，子叶
枯死。秧苗叶片、叶鞘发病，多为椭圆病斑，如胡麻粒大小，暗
褐色，有时病斑扩大连片成条形，病斑多时秧苗枯死。成株叶片
染病，初为褐色小点，逐渐扩大为椭圆斑，如芝麻粒大小，病斑
中央褐色至灰白，边缘褐色，周围组织有时变黄，有深浅不同的
黄色晕圈，严重时，连成不规则大斑。病叶由叶尖向内干枯，潮
褐色，死苗上产生黑色霉状物（病菌分生孢子梗和分生孢子）。
叶鞘上染病，病斑初椭圆形，暗褐色，边缘淡褐色，水渍状，后
变为中心灰褐色的不规则大斑。穗颈和枝梗染病，受害部位暗褐
色，造成穗枯。谷粒染病，早期受害的谷粒灰黑色扩至全粒造成
秕谷。后期受害病斑小，边缘不明显，病重谷粒质脆易碎。气候
湿润时，上述病部长出黑色绒状霉层，即病原菌分生孢子梗和分
生孢子。病原菌称稻平脐蠕孢，属半知菌亚门真菌。分生孢子梗
2~5个，束状，自气孔伸出，不分枝，稍曲，有隔膜。分生孢子
顶生，倒棍棒形或长圆筒形，微弯，褐色，有3~11个隔膜，有
性态称宫部旋孢腔菌，属子囊菌亚门真菌，仅在培养基上发现，
自然条件下不产生。病菌以菌丝体在病残体或附在种子上越冬，
成为翌年初浸染源。病斑上的分生孢子在干燥条件下可存活2~3
年，潜伏菌丝体能存活3~4年，菌丝翻入土层中经一个冬季后
失去活力。带病种子播种后，潜伏菌丝体可直接侵害幼苗，分生
孢子可借风吹到秧田或本田，萌发菌丝直接穿透侵入或从气孔侵

入，条件适宜时很快出现病症，并形成分生孢子，借风雨传播进行再浸染。

防治方法：

（1）农业措施。深耕灭茬，消灭或降低病源菌。病稻草要及时处理销毁；选择在无病田留种或种子消毒，一般用强氯清500倍液或20%三环唑1 000倍液浸种消毒；增施腐熟有机肥做基肥，及时追肥，增加磷钾肥，特别是钾肥的施用可提高植株抗病力；酸性土壤注意排水，适当施用石灰；要浅灌勤灌，避免长期水淹造成通气不良。

（2）做好种子处理。在无病田留种或种子消毒，用强氯清500倍液或20%三环唑1 000倍液浸种消毒。

（3）药剂防治，用20%三环唑1 000倍液，或用70%甲基托布津1 000倍液，或用50%多菌灵可湿性粉剂800倍液，或用60%多菌灵盐酸盐（防霉宝）可湿性粉剂1 000倍液、50%甲基硫菌灵可湿性粉剂1 000倍液、50%多霉威可湿性粉剂800 ~ 1 000倍液、60%甲霉灵可湿性粉剂1 000倍液，每667m² 需要喷洒稀释液50 ~ 60kg，间隔5 ~ 7天防治1次，连续防治2 ~ 3次效果更佳。或用固体菌剂100 ~ 150g/667m² 或液体菌剂50mL/667m² 对水喷洒种子拌匀，晾干后播（撒）种，或用种衣剂包衣种子。

12. 水稻赤霉病

水稻赤霉病亦称为节黑病，病原菌为禾谷镰孢菌，与小麦赤霉病的病原菌相同，麦类赤霉病的寄主范围广泛，包括大麦、小麦、水稻、玉米、甘蔗、谷、高粱等，麦类赤霉病菌浸染水稻穗部与基部叶鞘，称为水稻赤霉病。水稻赤霉病主要引起苗枯、穗腐、茎基腐、秆腐和穗腐等，从幼苗到抽穗都可受害。其中，影响最严重是穗腐。病情严重时，造成病部以上枯黄，有时不能抽穗或抽出枯黄穗。由禾谷镰孢菌、串珠镰孢菌、半裸镰孢、同色镰孢、燕麦镰孢等浸染水稻形成的病害称为水稻赤霉病。

防治方法：

（1）农业措施。选择抗病耐病优良品种；合理排灌，湿地要开沟排水；收获后要深耕灭茬，减少病源菌基数；适时播种，避开扬花期遇雨；提倡施用酵素菌沤制的腐熟有机肥；采用配方施肥，NPK 合理施肥，忌偏施氮肥，提高植株抗病力。

（2）做好种子处理。在无病田留种或种子消毒，用强氯清 500 倍液或 20%三环唑 1 000 倍液浸种消毒。

（3）药剂防治。用增产菌拌种，每 667m² 用固体菌剂 100~150g 或液体菌剂 50mL 对水喷洒种子拌匀，晾干后播（撒）种。在始花期喷洒 50%多菌灵可湿性粉剂 800 倍液或 60%多菌灵盐酸盐（防霉宝）可湿性粉剂 1 000 倍液、50%甲基硫菌灵可湿性粉剂 1 000 倍液、50%多霉威可湿性粉剂 800~1 000 倍液、60%甲霉灵可湿性粉剂 1 000 倍液，隔 5~7 天防治 1 次，连续防治 2~3 次效果更佳。

## 第二节　水稻虫害防治技术

### 1. 稻飞虱

水稻飞虱种类较多，而为害较大的主要有褐飞虱、灰飞虱、白背飞虱等，全国各地及黄淮流域普遍发生，成虫、若虫群集于稻丛下部刺吸汁液，稻苗被害部分出现不规则的小褐斑，严重时，稻株基部变为黑褐色。由于茎组织被破坏，养分不能上升，稻株逐渐凋萎而枯死，或者倒伏。水稻抽穗后的下部稻茎衰老，稻飞虱转移上部吸嫩穗颈，使稻粒变成半饱粒或空壳，同时，灰飞虱能传播水稻病毒病。使稻株失水或感染菌核病，排泄物常招致多种真菌滋生，影响水稻光合作用和呼吸作用，严重时造成稻株过早干枯。各地因水稻茬口、飞虱种类、有效积温等不同而有较大差异，黄海流域一年发生 3～6 代不等，虫口密度高时迁飞转移，多次为害。

防治方法：

（1）农业措施。实施连片种植，合理布局，防止田间长期积水，浅水勤灌；合理施肥，防止田间封行过早，稻苗徒长隐蔽，增加田间通风透光。

（2）滴油杀虫。每 667m² 滴废柴油或废机油 400～500g，保持田中有浅水层 20cm，人工赶虫，虫落水触油而死亡。治完后更换清水，孕穗期后忌用此法；撒毒土。每 667m² 用 1.5kg 乐果粉、2kg 湿润细土撒施。

（3）药物防治。施药最佳时间，应掌握在小若虫高峰期，水稻孕穗期或抽穗期，每百丛虫量达 1 500 头以上时施药防治。可用 58%吡虫啉 1 000～1 500 倍液，或用 20%吡虫·三唑磷乳油 600 倍液，或用 10%噻嗪·吡虫啉可湿性粉剂 500～800 倍液，每 667m² 需要喷洒稀释药液 50～60kg。注意喷药时应先从田的四周开始，由外向内，实行围歼。喷药要均匀周到，注意把药液喷在稻株中、下部。也可用扑虱灵可湿性粉剂 20～25g，或用 25%优乐得可湿性粉剂 20～25g，或用 20%叶蝉散乳油 150mL，任选一种，分别对水 50～60kg 常规喷雾，或对水 5～7.5kg 超低量喷雾。在水稻孕穗末期或圆秆至灌浆乳熟期，可用 25%噻嗪·异丙威可湿性粉剂 100～120g/667m²、50%二嗪磷乳油 75～100mL/667m²、20%异丙威乳油 150～200mL/667m²、20%仲丁威乳油 150～180mL/667m² 45%杀螟硫磷乳油 60～90mL、25%甲萘威可湿性粉剂 200～260g/667m²，或用 40%乐果乳剂 50mL/667m²，分别对水 50～60kg 均匀喷雾。可兼治二化螟、三化螟、稻纵卷叶螟等。

2. 稻苞虫

稻苞虫又称卷叶虫，为水稻常发性虫害之一，常因其为害而导致水稻大幅度减产。稻苞虫常见的有直纹稻苞虫和隐纹稻苞虫，以直纹稻苞虫较为普遍。发生特点是成虫白天飞行敏捷，喜食糖类如芝麻、黄豆、油菜、棉花等的花蜜。凡是蜜源丰富地区，发生为害严重。每天雌虫平均产卵 120 粒左右，产卵散产，有稻叶背面近中脉处，一张稻叶上产 1~2 粒，多有 6~7 粒。1~2 龄幼虫在叶尖或叶边缘纵卷成单叶小卷，3 龄后卷叶增多，常卷叶 2~8 片，多的达 15 片左右，4 龄以后呈暴食性，占一生所食总量的 80%。白天苞内取食。黄昏或阴天苞外为害，导致受害植株矮小，穗短粒小成熟迟，甚至无法抽穗，影响开花结实，严重时期，稻叶全被吃光。稻苞虫一代为害杂草和早稻，第二代为害中稻及部分早稻，第三代为害迟中稻和晚季稻虫口多，为害重。第四代为害晚稻。世代重叠，第二代、第三代为害最重。

防治方法：

（1）农业措施。合理密植，科学施肥，防旺长、防徒长避免造成田间郁闭；收获后及时清除病残体，深耕翻细整地，使表土实确、地面平整。

（2）药剂防治。以迟中稻田为重点，掌握低龄幼虫盛期，每百丛水稻有虫 10~20 头时施药。每 667m² 用药量 90% 晶体敌百虫 75~100g，或用 50% 杀螟松乳油 100~250mL，或用 Bt 乳剂 150~200mL，分别对水 50~60kg 常规喷雾，或对水 5~7.5kg 低量喷雾。每 667m² 用 90% 晶体敌百虫 150g 加水 80~100kg 喷雾，或用 2.5% 敌百虫粉 2kg 喷粉或敌百虫粉 1kg 加细土 10kg 撒毒土。

3. 稻纵卷叶螟

稻纵卷叶螟是水稻田常见的广谱性害虫之一，我国各稻区均有发生，以幼虫缀丝纵卷水稻叶片成虫苞，叶肉被螟虫食后形成白色条斑，严重时，连片造成白叶，幼虫稍大便可在水稻心叶吐丝，把叶片两边卷成为管状虫苞，虫子躲在苞内取食叶肉和上表皮，抽穗后，至较嫩的叶鞘内为害。严重时，被卷的叶片只剩下

透明发白的表皮，全叶枯死。

防治方法：

（1）农业措施。合理密植，科学施肥，注意不要偏施氮肥和过晚施氮肥，防止徒长；培育壮苗，提高植株抗虫能力。

（2）药剂防治。在水稻孕穗期或幼虫孵化高峰期至低龄幼虫期是防治关键时期，每 $667m^2$ 用 15% 粉锈宁可湿性粉剂 800 ~ 1 000 倍液+90% 敌百虫 1 000 ~ 1 500 倍液喷雾，按 50 ~ 60kg 常规喷雾或超低量喷雾，可有效地防治稻纵卷叶螟、稻苞虫，还可兼治稻纹枯病、稻曲病、稻粒黑粉病等多种穗期病害。应掌握在幼虫 2 龄期前防治效果最好。一般用 31% 唑磷·氟啶脲乳油 60 ~ 70mL/$667m^2$、3% 阿维·氟铃脲可湿性粉剂 50 ~ 60g/$667m^2$、10% 甲维·三唑磷乳油 100 ~ 120mL/$667m^2$、2% 阿维菌素乳油 25 ~ 50mL/$667m^2$。或用 25% 杀虫双水剂 150 ~ 200mL/$667m^2$，或用 50% 杀螟松乳油 60mL/$667m^2$，分别对水 50 ~ 60kg 常规喷雾，或对水 5 ~ 7.5kg 低量喷雾。防治后，要经常检查防治效果，如果虫口密度又上升到防治标准，应再治 1 次。重点防治主害代，每百丛水稻有初卷小虫苞 15 ~ 20 个，或穗期每百丛有虫 20 头时施药。

4. 稻三化螟

三化螟是我国黄淮流域普遍发生的水稻主要害虫之一，常以幼虫钻入稻茎蛀食为害，造成枯心苗。苗期、分蘖期幼虫啃食心叶，心叶受害或失水纵卷，稍褪绿或呈青白色，外形似葱管，称为假枯心，把卷缩的心叶抽出，可见断面整齐，多可见到幼虫，生长点遭到破坏后，假枯心变黄死去成为枯心苗。三化螟是一种单食性的害虫，一般只为害水稻。成虫有强烈的趋光扑灯习性，常在生长嫩绿茂密的植株上产卵。秧田卵块多产于叶尖，大田卵块多产于稻叶中、上部。雌蛾一生可产卵 1 ~ 5 块，卵粒 100 ~ 200 多粒。初孵幼虫称蚁螟，孵化破卵壳后以爬行或吐丝漂移分散，自找适宜的部位蛀入为害。秧苗期蛀入较难，侵入率低。分蘖期极易蛀入，蛀食心叶，形成枯心苗。幼虫一生要转株数次，可造成 3~5 根枯心苗，孕穗到抽穗期为蚁螟侵入最有利时机，也是形成白穗的原因。幼虫转移有负苞转移习性。幼虫老熟后在近水面处稻茎内化蛹越冬，或以幼虫在稻桩结薄茧越冬，翌年 4—5 月在稻桩内化蛹。

防治方法：

（1）农业措施。适当调整水稻布局，避免混栽；选用抗虫性突出的优良品种，做好种子处理。

（2）物理防治。利用黑光灯、共振频率荧光灯+糖醋液诱杀成虫，减少产卵量，降低发生率。

（3）药物防治。在幼虫孵化始盛期，可用 50% 吡虫·乙酰甲可湿性粉剂 80~100g/667m$^2$、21% 丁烯氟氰·三唑磷乳油 80~100mL/667m$^2$、40% 乙酰甲胺磷乳油 100~150mL/667m$^2$、5% 丁烯氟虫晴悬浮剂 50~60mL/667m$^2$，对水 50~60kg 均匀喷雾。在水稻抽穗期，2~3 龄幼虫期，可用 30% 毒死蜱·三唑磷乳油 40~60mL/667m$^2$、30% 辛硫磷·三唑磷乳油 80~100mL/667m$^2$、40% 丙溴·辛硫磷乳油 100~120mL/667m$^2$、20% 毒死蜱·辛硫磷乳油 100~150mL/667m$^2$、15% 甲基毒死蜱·三唑磷乳油 150~200mL/667m$^2$、20% 三唑磷乳油 100~150mL/667m$^2$，分别对水 50~60kg 均匀喷雾，一般间隔 7~10 天后再次交替喷药，防效更佳。

5. 稻二化螟

水稻二化螟是水稻为害最为严重、最为普遍的常发性害虫之一，各稻区均有分布，以幼虫钻蛀植株茎秆，取食叶鞘、茎秆、稻苞等，分蘖期受害，出现枯心苗和苦鞘；孕穗期、抽穗期受害，出现枯孕穗和白穗；灌浆期、乳熟期受害，出现半枯穗和虫伤株，秕粒增多，易倒伏倒折，幼虫蛀入稻茎后剑叶尖端变黄，严重的心叶枯黄而死,受害茎上有蛀孔,孔外虫粪很少,茎内水分多,黄色,倒杆易折断,近年局部地区间歇发生成灾,已成为水稻主要害虫之一。黄淮流域稻区二化螟一年发生3~4代,多以老熟幼虫在稻草、残茬、稻桩、杂草或寄主植物中如油菜、麦类、绿肥滋生滞育越冬,翌年温度回升后开始活动。由于越冬环境复杂、场所不同,所以,越冬幼虫化蛹、羽化时间极不整齐,世代重叠现象明显,为适期防治时间长,难以把握。二化螟寄生天敌有卵期稻螟赤眼蜂、松毛虫赤眼蜂;幼虫期有多种姬蜂、多种茧蜂、线虫、寄生蝇;捕食类天敌有蜘蛛、蛙类、隐翅虫、猎蝽、鸟类。

防治方法:

(1)农业措施。合理安排冬作物,越冬麦类、油菜、绿肥尽量安排在虫源少的地块,减少越冬虫源基数;及时清除田间残留水稻植株根茬,避免造成越冬场所;选用抗虫性突出的优良品种,做好种子处理;冬季烧毁残茬残株,越冬期灌水杀蛹虫。

(2)物理防治。成虫具有趋光性利用黑光灯、共振频率荧光灯+糖醋液诱杀成虫,减少产卵量,降低发生率。

(3)药物防治。以水稻孕穗到齐穗前的稻田为防治重点,在幼虫孵化始盛期到低龄幼虫期为最佳防治时间,可用20%阿维·三唑磷乳油60~90mL/667m²、40%吡虫·杀虫单可湿性粉剂80~120g/667m²、25%三唑磷·毒死蜱乳油150~180mL/667m²、40%辛硫·三唑磷乳油60~80mL/667m²、36%三唑磷·敌百虫乳油80~100g/667m²、46%杀单·苏云菌可湿性粉剂60~75g/667m²、20%唑磷·乙酰甲乳油100~120mL/667m²、25%阿维·毒死蜱乳油80~100mL/667m²、40%柴油·三唑磷乳油100~140mL/667m²、20%阿维·杀螟松乳油80~100mL/667m²、5%丁烯氟虫腈悬浮剂50~60mL/667m²,对水50~60kg均匀喷雾;在水稻分蘖盛期至抽穗期或2~3龄幼虫期,可用15%三唑磷·杀

单微乳剂 $150 \sim 200 \text{mL}/667 \text{m}^2$、50% 噻嗪·杀虫单可湿性粉剂 $60 \sim 70 \text{g}/667 \text{m}^2$、12% 阿维·仲丁威乳油 $50 \sim 60 \text{mL}/667 \text{m}^2$、15% 杀单·三唑磷微乳油 $150 \sim 200 \text{mL}/667 \text{m}^2$、30% 阿维·杀虫单微乳剂 $100 \sim 120 \text{mL}/667 \text{m}^2$、30% 哒嗪·辛硫磷乳油 $100 \sim 150 \text{mL}/667 \text{m}^2$、20% 丙溴·辛硫磷乳油剂 $100 \sim 120 \text{mL}/667 \text{m}^2$、40% 乙酰甲胺磷水剂 $30 \sim 40 \text{mL}/667 \text{m}^2$、25% 杀虫双水剂 $150 \sim 200 \text{mL}/667 \text{m}^2$，或用 25% 杀虫双水剂 $100 \text{mL}$ + Bt 乳剂 $100 \text{mL}/667 \text{m}^2$，对水 $50 \sim 60 \text{kg}$ 常规喷雾，或对水 $5 \sim 7.5 \text{kg}$ 低量喷雾，也可用 5% 杀虫双大粒剂 $1 \sim 1.5 \text{kg}/667 \text{m}^2$ 撒施，一般间隔 $7 \sim 10$ 天后再次交替施药，防效更佳。

6. 稻管蓟马

稻管蓟马很小，成虫为黑褐色，有翅，爬行很快。一生分卵、若虫和成虫 3 个阶段。成虫、若虫均可为害水稻、茭白等禾本科作物的幼嫩部位，吸食汁液，被害的稻叶失水卷曲，稻苗落黄，稻叶上有星星点点的白色斑点或产生水渍状黄斑，心叶萎缩，虫害严重的内叶不能展开，嫩梢干缩，籽粒干瘪，影响产量和品质。若虫和成虫相似，淡黄色，很小，无翅、常卷在稻叶的尖端，刺吸稻叶的汁液。由于稻蓟马很小，一般情况下，不易引起人们注意，只是当水稻严重为害而造成大量卷叶时才被发现，因此，要及时检查，把稻蓟马消灭在幼虫期。

防治方法：

(1) 农业措施。冬春季及早铲除杂草，特别是秧田附近的游草及其他禾本科杂草等越冬寄主，降低虫源基数；科学规划，合理布局，同一品种、同一类型尽可能集中种植；加强田间管理，培育壮秧壮苗，增强植株抗病能力。

(2) 药物防治。防治指标为一般秧田卷叶率达 10% ~ 15%，或百株虫量达 $200 \sim 300$ 头，即需要进行药物防治，选用 2.5% 高效氟氯氢菊酯乳油 2 000 倍液、40% 乐果乳剂 1 500 ~ 2 000 倍液、

40%水胺硫磷乳油 500～800 倍液、90%敌百虫晶体 1 500 倍液、5%丁烯氟虫腈悬浮剂 1 500 倍液、10%吡虫啉 1 500～2 000 倍液，秧田和大田施药后，都要保持水层。防治稻蓟马后要补施速效肥，促使秧苗和分蘖恢复生长。

**7. 稻蝽象**

为害水稻的蝽象种类主要有稻棘缘蝽、稻绿蝽，一般各稻区都有分布为害状，成虫、若虫用口器刺吸茎秆汁液、谷粒汁液，造成植株枯黄或秕谷，减产甚至失收。成虫、若虫具有假死性，成虫具有趋光性，主要为害水稻植株及穗粒，防治适期为水稻抽穗期。

药剂防治：

（1）农业措施。经常清除田间地边及附近杂草，调节播种期，使水稻抽穗期避开蝽象发生高峰期；统一作物布局，集中连片种植。

（2）物理防治。黑光灯＋糖醋液诱杀成虫，减少产卵量，降低发生概率。

（3）药剂防治。防治适期在水稻抽穗期到乳熟期进行，防治指标为百丛（兜）虫量 8.7～12.5 头；在早晚露水未干时喷药效果最好。每 667m² 可选用 80%敌敌畏乳油 75～100mL、或用 40%毒死蜱乳油 50～75mL、或用 20%三唑磷乳油 100mL、或用 2.5%溴氰菊酯 20～30mL、或用 2.5%氯氟氰菊酯乳剂 20～30mL、或用 10%吡虫啉可湿性粉剂 50～75g，分别对水 50～60kg 混匀喷雾。

**8. 水稻叶蝉**

水稻叶蝉是水稻田普遍发生的害虫之一，各稻区均有分布。常见的有小绿叶蝉、黑尾叶蝉，均属同翅目，叶蝉科，寄主作物有水稻、茭白、慈姑、小麦、大麦、看麦娘、李氏禾、结缕草、稗草、棉花、桃、杏、李、樱桃、梅、茄子、菜豆、十字花科蔬菜、马铃薯、甜菜、葡萄等。为害水稻以取食和产卵时刺伤稻株茎、叶、穗、粒等，破坏输导组织，受害处呈现许多棕褐色斑点或条斑，严重时导致被害植株发黄或枯死，甚至倒伏。通常情况下，叶蝉吸食为害往往没有传播水稻病毒病所引起的为害严重。以若虫和少量成虫在冬闲田、绿肥田、田边等处杂草上越冬，翌年随着气温回升逐渐活跃，成为为害源，该虫喜高温干旱，7—8月高温季节为发生高峰期。

防治方法：

（1）农业措施。选择种植抗性品种，尽量避免混栽，减少桥梁田；加强肥水管理，提高稻苗健壮度，防止贪青晚熟。

（2）药剂防治。每 667m² 可选用 10% 吡虫啉可湿性粉剂 25~50g、或用 40% 毒死蜱乳油 50~75mL、或用 20% 三唑磷乳油 100mL、或用 2.5% 高效氟氯氰菊酯乳油 20~30mL、或用 2.5% 溴氰菊酯乳剂 20~30mL、或用 25% 速灭威可湿性粉剂 75~100g，分别对水 50~60kg 混匀喷雾。或者用 2.5% 保得乳油 2 000 倍液、2.5% 敌杀死或功夫乳油 2 000 倍液、50% 抗蚜威超微可湿性粉剂 3 000 倍液、20% 扑虱灵乳油 1 000 倍液，每 667m² 需用稀释液 50~60kg。

## 第三节　水稻田杂草防除技术

我国水稻栽培方式多种多样，优良品种类型复杂多变，适合稻田化学除草剂种类、结构、剂型、有效成分含量、使用要求等差异较大，化学除草是新兴实用技术，它不仅省工、省肥、增产、增收，而且除草效果好，灭草及时，有利于全苗、壮苗，大幅度地减轻劳动强度，为农业生产向深度和广度发展提供了条件。但近年水稻田除草剂推广应用也出现了部分负面影响。使用除草剂出现的残留与药害问题以及超剂量使用、违规乱用、误用、保管不当等致使除草剂污染环境、引起人畜中毒等。因此，化学除草剂使用与管理要讲科学，对不同的水稻田杂草一定要选择适宜对路的除草剂品种，适期、适量施用。

1. 水稻秧田化学除草技术

育秧田播种后，一般是秧苗先出，杂草随后而生，但秧苗的生命力不如杂草强，故杂草往往超过秧苗而影响秧苗的生长；而且秧苗与稗草苗期外形相似，用人工拔除十分困难，应用化学除草既省力，又能使秧苗粗壮，分蘖多。水稻秧田常见的一年生杂草有稗草、鸭舌草、节节草、空心莲子草、水马齿、矮慈姑等，多年生杂草有黑三棱、牛毛毡、异型莎草、眼子菜、野荸荠、野慈姑、四叶萍等。秧田除草，由于育秧期较短，一般使用除草剂方法有以下 3 种。

（1）播种前施用除草剂。需要提前将秧田整好，灌水 3~6cm，促使杂草种子萌动。用 25%除草醚 0.5~0.6kg 与湿润细土 20~25kg 混拌成毒土，均匀撒施于 667m² 秧田中，撒药后 4 天排水播种。也可用 50%杀草丹乳油 300g/667m² 在播前拌成毒土撒施于早、中、晚稻田，除稗草效果均较好。

（2）随播种随施用除草剂。中、晚稻秧田整好后，不催芽播种，早稻秧田最好先催芽后播种，播后灌浅水层。使用 25%除草醚 0.5kg，加湿润细土 20kg，混拌均匀后撒施，保水 2~3 天，见谷芽排水。

（3）出苗后施用除草剂。在秧苗立针现青期后，稗草一叶一心至二叶一心期，选择晴天露水干后施用除草剂。施药前一天或当天上午把田水排干，每 667m² 用 20%敌稗 0.75~1kg，加水 30~40kg 喷雾。喷施要均匀，喷头以距苗高 30~40cm 为宜。喷药后一般晒田 1~2 天，晒田是为了使稗草充分吸收敌稗，使稗草得不到水分的补充，破坏稗草的水分平衡。晒田 1~2 天后灌较浅的水层两昼夜，以水层不淹没秧尖，只淹没稗草生长点为准，过 3 天后稗草即可死亡。还可用 20%敌稗乳油，分两次进行喷雾，第一次用 20%敌稗 0.5kg 对水 30kg 喷雾，晒田 1 天后，再用 20%敌稗 0.5kg 对水 30kg 喷雾，晒田 1 天，然后灌水淹稗。这种分 2 次喷雾的方法，具有提高杀稗效果和避免水稻受损的优点，在稗草 2 叶期前喷施敌稗杀除稗草效果比较理想。如稗草长到 2~3 叶期，每 667m² 可用 25%杀草灵（禾大壮）可湿性粉剂 0.75~1kg，加洗衣粉 10~20g，对水 30~40kg，叶面喷雾。喷药应在无风的晴天进行，喷药前排去田内的水层，喷雾力求均匀，喷药当天不灌水，次日灌浅水层，保持水层 5 天左右，不串灌。双季晚稻秧田期，三棱草多的田块，在拔秧前 7~8 天，每 667m² 喷施 70%二甲四氯 50g，能起到除草脱秧根，提高拔秧效果的作用。

另外，要根据育秧方式不同（水育秧、湿润育秧、旱育秧）而区别对待，水育秧田，主要适用的除草剂有 30%丙·苄可湿性粉剂；17.2%苄·哌丹可湿性粉剂；45%苄·禾敌细粒剂；32%苄·二氯可湿性粉剂；2.5%五氟磺草胺油悬剂；96%禾草特乳油等，施药方法及用量、施药注意事项等按说明书要求使用。

湿润育秧田，主要适用的除草剂有 20%丁·恶（丁草胺+恶草酮）乳油；17.2%苄·哌丹可湿性粉剂；45%苄·禾敌细粒剂；32%苄·二氯可湿性粉剂；12%（25%）恶草酮乳油；60%丁草胺乳油；96%禾草特乳油，48%苯达松水剂等，施药方法及用量、施药后注意事项等按说明书操作。

旱育秧田，主要适用的除草剂有 20%丁·恶（丁草胺+恶草酮）乳油；2.5%五氟磺草胺悬浮剂；30%丙·苄可湿性粉剂；32%苄·二氯可湿性粉剂；35.75%%苄·禾可湿性粉剂，施药方法及用量、施药后注意事项等按说明书操作。

2. 水稻大田化学除草技术

（1）前期杂草防除。插秧后杂草种子集中萌发，此时用药

封闭土表防效显著。药剂如下。

①60%丁草胺乳油100~125 mL/667m²，或用5%丁草胺颗粒剂1~1.25kg/667m²，或10%丁草胺微粒剂0.5~0.6kg/667m²。

②25%杀草丹乳粉0.4~0.6kg/667m²，或用50%杀草丹乳油200~250mL/667m²。

③12.5%恶草灵乳油100mL/667m²。

④96%禾大壮乳油125~150mL/667m²。

⑤50%莎扑隆可湿性粉剂300~450g/667m²。

⑥10%农得时可湿性粉剂15g/667m²。

在水稻移栽后2~4天，用上述药剂中的1种，拌湿润细土20kg，丁草胺等也可拌化肥均匀撒施。施药时田间保持水层3~4cm，施药后保水5~7天。施药时，注意提高整地质量，保持水层，提高草籽萌发整齐度，掌握杂草萌发高峰期用药。田间水层深度以不淹没秧苗心叶为准，严防漏水、串灌。莎扑隆对莎草科杂草有特效，但适于移栽前混土5~10cm，施药量不宜超过450g/667m²。

（2）中后期杂草防除。此期主要防除三棱草和鸭舌草、野慈姑等阔叶杂草，在水稻分蘖末期，即移栽后25~30天进行茎叶喷雾处理。药剂有：20%二甲四氯水剂250mL/667m²，20%二甲四氯水剂150mL/667m²＋20%敌稗乳油150~175mL/667m²，48%苯达松水剂100~150mL/667m²＋20%敌稗乳油100~150mL/667m²，48%苯达松水剂100mL/667m²＋20%二甲四氯水剂150mL/667m²，48%苯达松水剂100~200mL/667m²＋20%氯氟吡氧乙酸乳油40~50mL/667m²。结合分蘖末期排水烤田施药，选择上述药剂中的1种对水30~40kg，采用针对性喷雾，用药后即烤田，烤田结束时上水，按常规管理。

在插秧移栽后20~30天，有些稻田长出很多眼子菜（又称竹叶草）的恶性杂草。当它长出3~5片叶、褐红叶转变绿叶的时候，每 $667m^2$ 用 50%扑草净 40~50g，加湿润细土 15kg，配成毒土撒施，保持 3~6cm 的水层 7 天，效果很好。或用 50%扑草净 40g 加 70%二甲四氯 100g，拌湿润细土 15kg。或用 5.3%丁西颗粒剂（丁草胺 4%+西草净 1.3%）配成毒土。或用 50%乙草胺乳油 15mL/$667m^2$+10%吡嘧磺隆可湿性粉剂 10~15g/$667m^2$ 配成毒土，均匀撒施于田间，施药时要求田间水层 3~5cm 深，保持 7 天左右，不仅能杀灭眼子菜，同时，也能杀死日照飘拂草、节节草、鸭舌草、野慈姑、野荸荠苗等杂草。

对空心莲子草发生严重的稻田块，应选用 20%氯氟吡氧乙酸乳油 50mL/$667m^2$，或用 48%苯达松水剂 150mL+56%二甲四氯钠盐原粉 40~60g/$667m^2$，分别对水 50~60kg 均匀喷雾，要求喷药前 1 天排水，喷药后 1 天灌水，且混用效果好于单用。

# 第四章　甘薯病虫草害防治技术

甘薯具有高产、稳产、适应性广、抗逆性强、营养丰富、用途广泛等特点，是中国仅次于水稻、小麦和玉米的第四大粮食作物。甘薯既可加工成粉丝和薯脯等食品，也可作为很好的饲料和工业原料、生产燃料乙醇、可降解塑料及变性淀粉等。随着经济的发展，能源供应日趋紧张，甘薯作为重要燃料乙醇的原料越来越受到人们的关注。近年，由于甘薯产业的发展，种薯种苗的频繁调运和检疫手段的不完善，甘薯病虫草为害程度加重，且种类发生了变化，给甘薯产业发展带来很大威胁。我国已报道的甘薯病虫草害的种类有 30 余种，包括甘薯真菌性病害（甘薯黑斑病、甘薯根腐病、甘薯软腐病、甘薯蔓割病、甘薯疮痂病等）、甘薯细菌性病害（甘薯瘟病）、甘薯线虫病害（甘薯茎线虫、甘薯根结线虫）、甘薯病毒病等。在甘薯病虫草害治理要按照"预防为主，综合防治"的植保方针，坚持以"农业防治、物理防治、生物防治为主，化学防治为辅"的防治原则进行治理。

## 第一节　甘薯主要病害防治技术

### 1. 黑斑病

分布与为害：甘薯黑斑病是真菌性病害，又称甘薯黑疤病、黑膏药病，属于为害毁灭性的真菌性病害，该病不仅能造成产量的巨大损失，而且病薯中还含有毒素，能引起人畜中毒。黑斑病在我国各甘薯生产区均有发生，主要分布于华南、中南、华东，是国内植物重点检疫对象。一般发病田会导致产量损失 20%~30%，重病田达 70%~80%，个别严重田块甚至绝收。

主要症状：黑斑病在整个生育期均能遭受病菌为害，主要为害块根及幼苗茎基部。苗期病苗生长不旺，叶色淡。病苗基部叶片变黄脱落，苗基部呈水渍状，以后逐渐变成黄褐色乃至黑褐色，地下部分变黑腐烂，脱皮而腐烂，苗易枯死，造成缺苗断垄。继续蔓延发展到茎基部皮层和髓部，变黑腐烂脱皮，只残留丝状维管束组织，茎变中空。

大田生长期病苗栽后不发根。健苗栽后，蔓长 30cm 左右时，病菌从伤口侵入，叶片暗淡无光，茎基和入土部分，伤处呈黄褐色或黑褐色水渍状，最后全部腐烂，有臭味，茎内有时有乳白色的浆液。多数须根出现水渍状，用手拉易掉皮，仅留下线状纤维。有时接近土表处仍可生根，但病株生长不良，干旱时易枯死。病株产量低，并且结出的薯块上往往带有病斑。

薯块初期不表现症状，外表不易识别是否发病。如剖视薯块纵切面，可以看到维管束变淡黄色或褐色到黑色，并呈条纹状，病菌可以从薯块的一端或须根处侵入；横切面可见维管束组织成一淡黄色或褐色的小斑点，发出刺鼻臭辣味。后期整个薯块软腐，或一端腐烂，有脓液状白色或淡黄色菌液，带有刺鼻臭味。收获时可以见到薯蔓白色部分发病变黑，薯块发病产生圆形或近圆形的黑褐色病斑，病部中央稍凹陷，病健交界分明，轮廓明显，上生灰色霉层或刺毛状物，在湿度适宜时，发病部位长出黑色的刺毛状物，病菌能侵入薯肉下层，使薯肉变为墨绿色，病薯变苦，不能食用（图 4-1）。

发病规律：甘薯黑斑病主要浸染来源是带病的种薯、种苗以及带菌的土壤和肥料，病菌孢子随病薯、土壤、病残体越冬。土壤和肥料中如混有病株残余也可传染。此外，灌溉水、农具、人畜活动也会助长病菌传播。黑斑病的发生与温、湿度有密切关

图 4-1 甘薯黑斑病症状

系，田间病菌适宜发病的土壤温度为 15～30℃，25℃最适。因此，在苗床和大田中，温度常保持在 20～30℃，湿度较大情况下发病严重；在种薯储藏前期，因窖内薯块呼吸作用旺盛，造成高温、高湿条件，有利病菌发育、蔓延，易引起烂窖。甘薯皮薄肉脆，在收挖、运输、储藏过程中易造成人为的机械伤口，还因地下害虫造成的虫伤和生育早期干旱，而后期雨水多，薯块猛长引起的生理性裂伤，都会造成病菌侵入，引起发病。

防治方法：防治甘薯黑斑病要抓好培育无病壮苗、大田防病及安全贮藏三个环节。

（1）培育无病壮苗。

①苗床设置：苗床选用新土、无菌土或新苗床育苗，施用净肥及净水。

②建立无病留种地：选择 3 年以上未种过甘薯的地块作留种地；精细挑选种薯，严格剔除病、虫、伤、冻薯块。

③种薯消毒：可用温汤浸种或药剂浸种。温汤浸种：用 50～54℃温水 10 分钟；浸种时，要严格掌握温度。药剂浸种：常用药剂有 45%代森铵水剂 200～400 倍液、70%甲基硫菌灵（甲基托布津）可湿性粉剂 700～1 400 倍液、50%多菌灵可湿性粉剂

1 000 倍液、80% 乙蒜素 1 500 倍液浸薯 10 分钟。也可用 50% 多菌灵可湿性粉剂 800~1 000 倍液浸种 2~5 分钟，1 000~2 000 倍药液蘸薯苗基部 10 分钟。如扦插剪下的薯苗可用 70% 甲基托布津可湿性粉剂 500 倍液浸苗 10 分钟，防效可达 90%~100%，浸后随即扦插。

（2）农业防治。对发病严重的地块，实行 2 年以上轮作，防病效果好，积极防治地下害虫。适时收获，防止冻害。收获时轻刨、轻运；严格剔选薯块，凡有病的、有虫伤口、破伤口及露头青的薯块，不能入窖；运输工具必须消毒；用高湿大屋窖贮藏，甘薯入窖后，加温短时间内使薯堆温度升至 38~40℃，保持恒温 4 天 4 夜，然后降温至 12℃左右，做到安全贮藏。

（3）化学防治。选栽无病壮苗、高剪苗与药剂浸苗，将病菌浸染的薯苗根茎白色幼嫩部分剪掉。药剂浸苗，用 50% 多菌灵可湿性粉剂 3 000 倍液，浸薯苗基部 3~5 分钟；或用 70% 甲基硫菌灵（甲基托布津）可湿性粉剂 4 000 倍液，浸薯苗基部 10 分钟。薯块入窖时，用 50% 多菌灵可湿性粉剂 2 400 倍淋洒薯块，亦能控制黑斑病及贮藏期其他病害。甘薯高温愈合处理是防治黑斑病比较有效的方法，值得提倡。

2. 甘薯贮藏期病害

甘薯贮藏期病害在我国有 10 余种。其中，生理性病害主要是由低温引起的冻害；浸染性病害主要有斑病、茎线虫病、软腐病、干腐病等。贮藏期病害可造成甘薯烂容，其损失约占贮藏量的 10%。

（1）冻害。冻害是甘薯贮藏期腐烂的主要原因之一。薯块在受冻 1 周内，与建薯无明显区别，薯皮略带暗色，失去光泽，用手指轻压有弹性感觉，剖开冻薯可见薯皮附近薯肉迅速变褐，受冻越严重变褐速度越快。受冻部分水浸状，用力挤压，有清水渗出。受冻薯块往往形成硬心、硬皮，且发苦。

（2）浸染性病害。

①软腐病：软腐病俗称水烂，主要浸染薯块，患病初期薯肉内组织无明显变化，发病后薯组织变软，内部腐烂，表皮呈深褐色水渍状，破皮后流出黄褐色汁液带有酒糟味。环境湿度较大时，薯块表面长出茂盛的棉毛状菌丝体，形成厚密的白色霉层，上有黑色的小颗粒，即病菌的孢子囊。病情扩展迅速，环境条件适合时，4~5天全薯腐烂。如果被后入的病菌侵入，则变成霉酸味和臭味，以后干缩成硬块（图4-2）。

**图4-2 甘薯软腐病症状**

②干腐病：贮藏期干腐病有2种类型。一种是在薯块上散生圆形或不规则形凹陷的病斑，内部组织呈褐色海绵状，后期干缩变硬，在病薯破裂处常产生白色或粉红色霉层；另一种干腐病多在薯块两端发病，表皮褐色，有纵向皱缩，逐渐变软，薯肉深褐色，后期仅剩柱状残余物，其余部分呈淡褐色，组织坏死，病部表面生出黑色瘤状突起，似鲨鱼皮状。

③灰霉病：薯块在窖内受冻后易发生，为害程度较轻。初期与软腐病症状相似，但水烂现象较轻，纵切病薯可见许多暗褐色或黑色线条，后期病暮失水干缩形成干硬的僵薯。当窖温在17℃以上时，病部表面生出灰色霉层。

④黑痣病：主要为害薯块的表层。初生浅褐色小斑点，后扩

大形成黑褐色近圆形至不规则形大斑。病重时，病斑硬化，产生微细龟裂。受害薯逐渐失水干缩。潮湿时病部生出灰黑色霉层（图4-3）。

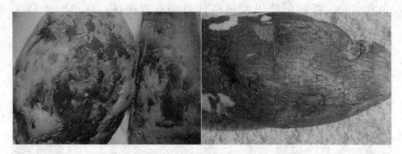

图4-3 干腐病（左） 黑痣病（右）

发病规律：甘薯遭受冻害有2种情况：一是因收获过晚，窖外受冻，入窖后15天左右开始腐烂，称窖外冻害；二是在贮藏中期和后期，由于窖浅或防寒保暖条件差发生冻害造成腐烂。薯块受冻后，易被弱寄生菌浸染，造成腐烂，所以，甘薯贮藏期生理性冻害与浸染性病害密切相关。

甘薯软腐病病菌存在于空气中或附着在被害薯块上或在贮藏窖越冬，在甘薯入窖后发生。病菌由伤口侵入，病部产生孢子囊借气流传播进行再浸染，薯块有伤口或受冻易发病。气温15～25℃，相对湿度76%～86%，有利于发病。气温29～33℃，相对湿度高于95%不利于孢子形成及萌发，但利用薯块愈伤组织形成，因此，发病轻。

灰霉病以菌核在土壤或病残体上越冬越夏。病菌耐低温度，7～20℃大量产生孢子。当温度15～23℃，弱光，相对湿度在90%以上，薯块上有水膜或伤口时易发病。

黑痣病菌主要在病薯块上及薯藤上或土壤中越冬。翌春育苗时，引致幼苗发病，以后产生分生孢子浸染薯块。该菌可直接从表皮侵入，在 6~32℃ 温度范围均可发病，温度较高利其发病。甘薯生长期和贮藏期都可受害，夏秋两季多雨或土质黏重、地势低洼或排水不良及盐碱地发病重。

防治方法：

（1）薯窖消毒。薯块入窖前，对旧窖要刮土见新，用 5g/m³ 硫黄熏蒸一昼夜或用 1：50 的福尔马林药液喷洒窖壁，封闭 2 天后通气。

（2）适时收获。夏薯应在霜降前后收完，秋薯应在立冬前收完，避免冻害，收薯宜选晴天，小心收挖，轻拿轻放，避免薯块受伤。

（3）贮前精选。入窖前精选健薯，剔除伤、病薯及冻薯块。种薯入窖前用 50% 多菌灵可湿性粉剂 500 倍液，浸蘸薯块 1~2 次，晾干入窖。

（4）科学管理。加强温湿度管理，入窖前薯块呼吸作用增强，窖内温度高、湿度大，利于伤口愈合，可保持窖内温度 34~38℃、相对湿度在 80%~85%，持续 3 天。随后让窖内薯堆温度维持在 12~14℃，注意通风。气温下降时要逐渐封闭窖口，加厚覆土，做好保温工作。

（5）在种薯催芽前用复合氨基低聚糖农作物抗病增产剂浸拌种 200 倍稀释液浸种 30 分钟。也可在薯苗扦插前用 50% 多菌灵可湿性粉剂 1 000 倍液，70% 甲基硫菌灵（甲基托布津）可湿性粉剂 1 500 倍液（药液浸至苗的 1/3~1/2 处）浸泡 10 分钟。

3. 茎线虫病

分布与为害：甘薯茎线虫病，俗称核心病、糠心病、糠梆子、空心病、糠皮病等。以河北、京津和山东等省市较为普遍，是一种毁灭性病害，除为害甘薯外，还为害豌豆、花生、菜豆、马铃薯、荞麦、蓖麻、旋花等多种植物。该病主要为害薯块，其次是薯苗和薯蔓基部。该病一般造成田间减产 15%，严重时，可以减产60%，甚至绝收，而且还能造成烂窖、烂床、定植后死苗烂母。

主要症状：苗期受害出苗串低、矮小、发黄。受害部位多靠近土面处薯苗基部白色部分。纵剖茎基部，内有褐色空隙，剪断后不流乳液或很少流白浆。后期侵入部位表皮裂成小口，髓部呈褐色干腐状，剪断后无白浆。严重时苗内部糠心可达秧蔓顶部。苗期症状消失，主蔓茎部表现褐色龟裂斑块，内部呈褐色糠心，病株蔓短、叶黄、生长缓慢，甚至枯死。根部呈现表皮坏裂。薯块受害症状有3种类型：第一种糠皮型：线虫由土壤通过薯块皮层侵入，薯皮皮层呈青色至暗紫色，病部稍凹陷或龟裂。第二种糠心型：线虫是由种薯和薯苗传染的，薯块皮层完好，内部核心，呈褐、白相间的干腐。第三种混合型：生长后期发病严重时，糠心和糠皮2种症状同时发生，在田间容易腐烂（图4-4）。

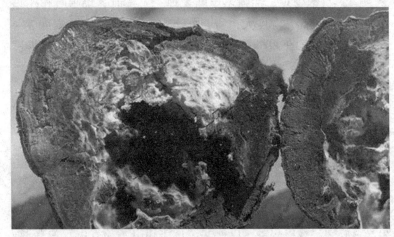

图4-4 甘薯茎线虫症状

发病规律：甘薯茎线虫在薯块、薯茎或土壤及粪肥内越冬，成为次年的浸染来源，主要通过种薯、秧苗、土壤、粪肥传播。

甘薯茎线虫以卵、幼虫、成虫同时存在，只要条件合适，随时随处均可浸染。种薯直栽地发病重于秧栽害薯地。春薯发病重于夏薯。连作地土壤中发病重。甘薯品种间抗病性差异很大，腐烂茎线虫严重发生往往与大面积长期种植高感品种有关。

防治方法：

（1）农业防治。加强植物检疫，保护无病区；病区应建立无病留种地，选用抗病品种；可与棉花玉米、高粱施行 5 年以上轮作，忌与马铃薯、豆类轮作；清除田间病残体，减少线虫在土壤和农家肥中的数量；药剂浸种、浸苗及土壤消毒。

（2）药剂防治。5%甘薯线虫灵颗粒剂施 $1kg/667m^2$，防效达 90%以上。40%甲基异柳磷乳泊 $0.25kg/667m^2$，或用 50%辛流感乳油 $0.25 \sim 0.35kg/667m^2$，均匀拌入 $20 \sim 25kg$ 细土后晾干，插秧时，先将露土施于栽植穴内，然后浇水插秧。5%克线磷颗粒剂 $1.5 \sim 2kg/667m^2$，或用 3%g 百威颗粒剂 $2 \sim 3kg/667m^2$，或用 3%甲基异柳磷颗粒剂 $2.5 \sim 3.5kg/667m^2$，对细土 $25 \sim 30kg$ 拌匀，先将毒土施到栽植穴内，然后再浇水插秧。

4. 根腐病

分布与为害：甘薯根腐病又称烂根病，已经成为制约我国甘薯生产的三大严重病害之一，一般发病地块减产 10% ~ 20%，重病地块植株成片死亡甚至造成绝产。

主要症状：甘薯根腐病在苗床发病症状较轻，出苗率低，出苗晚，幼苗叶色淡，生长缓慢，须根上有褐色丙斑，拔秧时容易从病部折断。根系是大田发病时主要浸染部位，幼苗须根尖端或中部出现赤褐色或黑褐色病斑，横向扩展环绕一周后蔓延至地下茎，形成褐色凹陷纵裂的病斑，病部以下的根段很快变黑腐烂。地下茎感染后成黑斑表皮纵裂，病轻者地上秧蔓节间缩短、矮化，叶片发黄，地下茎近土表能生出新根但多数不结薯，即使结薯薯块也小。发病重的地下根茎全部变黑腐烂，病薯块表面粗糙，布满大小不等的黑褐色病斑，中后期龟裂，皮下组织变黑。茎叶发病株茎叶较健株伸长慢分枝多，生长节间缩短，每节叶腋处都能现蕾开花，叶片皱缩增厚，逐渐变黄翻卷由下向上干枯脱落，最后仅剩生长点 2~3 片嫩叶，严重至整株枯死形成大片死苗。薯块表皮初期不破裂、多畸形，有凹陷褐色至黑色病斑圆形，至中后期纵横龟裂及脱落，皮下组织变黑疏松并浸染整个薯块。

发病规律：甘薯根腐病主要为土壤传染，田间扩展靠流水和耕作活动。遗留在田间的病残体也是初浸染来源。一般沙土地比黏土地发病重，连作地比轮作地发病重。

防治方法：

（1）农业措施。选用抗病良种，如徐薯 18、徐薯 22、苏薯 3 号、苏薯 7 号、豫薯 8 号、鲁薯 5 号、豫薯 13、商薯 19、苏渝 303 等中高抗根腐病品种对甘薯根腐病的防治主要是采用抗病品种。与小麦、玉米、棉花等作物轮茬 3 年以上；及时清除田间病残体。

（2）药剂防治。育无菌种苗育苗时选用无病、无伤、无冻的种薯并用 50% 硫菌灵可湿性粉剂 800~1 000 倍液浸种杀菌对苗床进行全面消毒杀菌，培育无菌种苗，定植前用药液浸苗蘸根杀菌。在薯苗生长前期即 5 月上旬和下旬，用 40% 多菌灵可湿性粉剂或 50% 硫菌灵可湿性粉剂 800~1 000 倍液连续 2 次进行叶面喷雾防治防效较好。

5. 蔓割病

分布与为害：甘薯蔓割病又称甘薯枯萎病、甘薯萎蔫病蔓枯病、茎腐病等。该病是我国各大薯区常见的真菌性病害之一，土壤带菌及带病种薯、种苗是引起苗田和大田发病的浸染源，主要为害茎蔓和薯块。病害在田间呈随机分布，发病率高达 30% 以上，一般减产 10%~20%，重者达 50% 以上，对甘薯高产、稳产威胁极大。

主要症状：甘薯蔓割病主要浸染茎蔓、薯块。苗期染病主茎基部叶片变黄，茎基部膨大纵向破裂，横剖可见维管束变为黑褐色，裂开处呈纤维状。薯块染病薯蒂部呈腐烂状，横切病薯上部，维管束呈褐色斑点，病株叶片从下向上逐渐变黄后脱落，最后全蔓干枯而死，临近收获期病薯表面产生圆形或近圆形稍凹陷浅褐色斑，比黑疤病更浅，贮藏期病部四周水分丧失，呈干瘪状（图4-5）。

**图4-5 甘薯蔓割病症状**

发病规律：病菌以菌丝和厚垣孢子在病薯内或附着在遗留于土中的病株残体上越冬，为初浸染病源。病菌从伤口侵入，沿导管蔓延。病薯、病苗能进行远距离传播，近距离传播主要靠流水和农具。土温27~30℃，降水次数多，降水量大利于该病流行。连作地、沙地或沙壤土发病重。

防治方法：

（1）农业防治。选种抗病品种，加强检疫，禁止从病区调入薯种、薯苗；选用无病种薯，无病土育苗，栽插无病壮苗；合理施肥，施用有机肥，适量灌水，雨后及时排除田间积水；重病地块与其他非寄主作物进行3年以上轮作，水旱轮作效果更好；发现病株及时拔除，集中烧毁或深埋。

（2）药物防治。温汤浸种，用50℃左右温水保持温度浸10

分钟左右即可，培育无病壮苗；药剂浸种，用50%甲基托布津可湿性粉剂600倍液或80%多菌灵1 000倍液浸薯种，栽植前用50%多菌灵1 000倍液浸苗5~10分钟；发病初期用72%农用链霉素600倍液、50%恶霉灵锰锌600倍液喷雾或灌根，灌根每株用药量以250g为宜，隔5~7防治1次，连续2~3次。

6. 瘟病

分布与为害：甘薯瘟病是由青枯菌引起的一种具毁灭性的细菌性甘薯病害，也称甘薯青枯病、细菌性枯萎病，属国内检疫范畴的甘薯病害，多发生在长江以南各薯区，是甘薯的毁灭性病害。又发病轻的减产30%~40%，重的可达70%~80%，甚至绝产。

主要症状：整个生长期都能为害，但各个时期的症状不同。苗期发病叶尖稍凋萎，基部呈水渍状，后逐渐变成黄褐色乃至黑褐色，剖视其维管束，可见到维管束变黄，继变褐色，同时地下细根变黑，脱皮腐烂，若继续扩展则茎基部皮层和髓部变黑腐烂脱皮，只残留丝状维管束组织，茎中变空，严重的青枯死亡。成株期病薯子叶萎蔫，叶色正常但不能正常结薯，后期叶片枯萎，地下茎腐烂发臭，茎内有时可见到乳白色的浆液，继而茎叶干枯变黑，全株枯死，但叶片仍然挂在茎上不脱落。根细，小薯块与茎基部变色、腐烂，轻拔易断。薯块早期感病的植株，一般不结薯或结少量根薯，后期感病时根本不结薯。感病轻的薯块症状不明显，但薯拐呈黑褐色纤维状，根梢呈水渍状，手拉容易脱皮。中度感病的薯块，病菌已侵入薯肉，蒸煮不烂，失去食用价值，群众称为"硬尸薯"。感病重的，薯皮发生片状黑褐色水渍状病斑，薯肉为黄褐色，严重的全部烂掉，带有刺鼻臭味（图4-6）。

发病规律：甘薯瘟是一种系统性维管束病害，病原细菌随病残体遗落土中，或潜伏于病苗、病薯组织中越冬。南方各薯区在4月下旬至10月末的高温、高湿季节，都是传播发病时期，6—

**图 4-6　甘薯瘟病症状**

9 月是发病盛期。传播媒介很广，通过病苗、病薯、带菌土、肥料和流水等都能相互交叉感染，远距离传播主要源于带菌种薯、种苗的调运。该菌主要浸染根部，病菌经由伤口侵入，进入维管束组织，在导管及相邻组织内迅猛增殖和广泛散布，由此产生输水导管的阻塞和破坏，并最终导致植物枯萎。

防治方法：

（1）严格检疫。严格执行植物检疫法规，对可能传播病菌的途径予以封锁、切断，以保护无病区免受病害的威胁。搞好病情调查，划分病区，禁止疫区薯（苗）出境上市销售。

（2）农业防治。建立无病留种地；用无病薯块、薯苗和净肥、净水培育。严格进行种薯、种苗、工具消毒；选用抗病品种，如湘薯 7555、闽抗 329、华北 48、广薯 62、湘薯 75-55、闽抗 330 等.；合理轮作，水旱轮作，或与小麦、大豆、玉米、棉花、花生等作物间、轮作，但不能与马铃薯、辣椒、烟草、茄子等茄科作物轮作；适量灌水，雨后及时排除田间积水；病株拔除深埋，撒石灰粉和石硫合剂处理病株附近土壤。

（3）药剂防治。栽前可用 72%农用硫酸链霉素 4 000 倍液浸苗 10 分钟，结合栽后泼浇，对前期发病有一定抑制作用。发病初期喷洒高锰酸钾 600 倍液；20%喹菌酮悬浮剂 1 000 倍液；

30%氧氯化铜悬浮剂 600~800 倍液；77%氢氧化铜可湿性粉剂 600~800 倍液。

7. 病毒病

分布与为害：甘薯病毒病在我国主要薯区均有发生，病毒薯产量减产 20%~50%，甚至引起"种性退化"现象，严重的导致绝收，对甘薯的产量及品质影响极大，是甘薯生产面临的严重威胁。

主要症状：甘薯病毒病一般在苗期和大田期发生，症状与病原种类、甘薯品种、生育阶段及环境条件有关。可分 6 种类型：第一种褪绿斑点型：苗期及发病初期叶片产生明脉或轻微褪绿半透明斑，生长后期斑点四周变为紫褐色或形成紫环斑，多数品种沿脉形成紫色羽状纹。第二种花叶型：苗期染病初期叶脉呈网状透明，后沿叶脉形成黄绿相间的不规则花叶斑纹。第三种卷叶型：叶片连缘上卷，严重时卷成杯状。第四种叶片皱缩型：病苗叶片少，叶缘不整齐或扭曲，有与中脉平行的褪绿半透明斑。第五种叶片黄化型：形成叶片黄色及网状黄脉。第六种薯块龟裂型：薯块上产生黑褐色或黄褐色龟裂纹，排列成横带状或贮藏后内部薯肉木栓化，剖开病薯可见肉质部具黄褐色斑块(图 4-7)。

图 4-7 甘薯病毒病症状

发病规律：薯苗、薯块均可带毒并随种薯调运进行远距离传播。田间带毒薯苗作为毒源，由农具或蚜虫、烟粉虱及嫁接等途径传播，发生和流行程度取决于种薯、种苗带毒率和传毒介体种群数量，此外，还与土壤、耕作制度、栽植期有关活力传毒能效及甘薯品种抗性。

防治方法：

（1）农业措施。选用抗病毒病品种及其脱毒苗如徐薯18号、鲁薯3号、鲁薯7号、北京553等。用组织培养法进行茎尖脱毒，培养无病种薯、种苗；加强田间管理，合理施肥灌水，提高抗病毒力，加强对介体昆虫的防治；大田发病植株及时拔除，并补栽健康薯苗。

（2）药物防治。发病初期每667m² 选用3%啶虫脒微乳剂0.9~1.8g配成1 000倍液喷雾，或用25%噻虫嗪水分散颗粒剂10~20g配成3 000~4 000倍液喷雾或灌根，每隔10天左右喷洒1次，连续2~3次。

8. 褐斑病

分布与为害：甘薯褐斑病又称角斑病，主要是由立枯丝核菌引起的一种真菌病害，主要为害甘薯的叶片。

主要症状：叶片初发病产生水渍状小斑点，病斑初时黄绿色，后变为黄褐色或深褐色，中间淡褐色。湿度大时，病斑上产生淡灰色稀疏霉状物。后病斑逐渐扩展，受叶脉限制病斑多呈角状或不规则形。发病严重时，叶片上布满病斑，致使叶片黄枯脱落。

发病规律：病菌以菌丝体或分生孢子随病残体越冬。翌年越冬病菌产生分生孢子传播至甘薯叶片上浸染引起发病。发病后病叶上产生分生孢子借气流传播，进行田间再浸染，病害不断扩展蔓延。病菌喜高温多湿条件，病菌发育适宜温度25~28℃。在高温季节遇上阴天多雨或云雾重时，病害往往严重发生。

防治措施：

（1）农业措施。做好田间栽培管理，精细整地，起垄栽培，合理密植，适时灌溉；施用有机肥，合理配方施肥，注意氮磷钾合理配比；雨后及时排除田间积水，降低田间湿度。与非寄主作物如花生、玉米、绿豆等作物进行两年以上轮作。彻底清除田间病残并随之深翻土壤。

（2）药物防治。发病初期喷布药剂防治。药剂可选用70%甲基托布津可湿性粉剂800倍液，或用50%混杀硫悬浮剂600倍液，或用50%多霉灵可湿性粉剂1 500倍液，或用80%福美双可湿性粉剂400~600倍液，或用40%抑霉威可湿性粉剂500倍液，或用80%大生可湿性粉剂800倍液交替喷雾防治，3天喷1次，连续防治2~3次。

## 第二节　甘薯主要虫害防治技术

甘薯害虫严重影响甘薯的产量和品质，因此，要重视害虫的综合防治。甘薯地上部害虫主要有甘薯麦蛾、甘薯天蛾、斜纹夜蛾、甘薯象甲 甘薯卷叶蛾 甘薯叶甲等。地下害虫种类主要有蟋蟀、蝼蛄、地老虎、蛴螬、金针虫五大类。这些害虫全是杂食性，可同时为害很多作物，因此，要采取综合防治方法进行防治。

1. 甘薯地上常见害虫

（1）甘薯麦蛾。甘薯麦蛾又称甘薯卷叶蛾，为鳞翅目麦蛾科昆虫，主要为害甘薯、蕹菜和其他旋花科植物。以幼虫吐丝卷叶，幼虫啃食叶片、幼芽、嫩茎、嫩梢，或把叶卷起咬成孔洞，发生严重时仅残留叶脉。甘薯麦蛾在我国除新疆维吾尔自治区、宁夏回族自治区、青海、西藏自治区等省区，其余各地都有发生，尤以南方薯区发生较重。

形态特征：成虫体长4~8mm，翅展约15mm，黑褐色。前翅狭长，锈褐色，中室内有两个眼状纹，其外部灰白色，内部黑褐色，翅外缘有1列小黑点。幼虫细长纺锤形，长6~15mm，头部浅黄色，躯体淡黄绿色，可见体内呈暗紫色。头稍扁，黑褐色；前胸背板褐色，两侧黑褐色呈倒八字形纹；中胸到第二腹节背面黑色，第三腹节以后各节底色为乳白色，亚背线黑色。蛹纺锤形，黄褐色。

发生规律：华北、浙江省年发生3~4代，江西省、湖南省5~7代，福建省、广东省8~9代，以蛹在叶中结茧越冬。每年3月中、下旬成虫开始出现，4月中旬春薯开始出现大量幼虫卷叶为害，7—8月发生最多，直至11月下旬均可见此虫为害。成虫有趋光性，夜间产卵在嫩叶背面的叶脉交叉处。幼虫行动活泼，老熟时在卷叶或土缝中化蛹。7—9月温度偏高，湿度偏低年份常引起大发生。

（2）甘薯天蛾。甘薯天蛾又名鳞翅目，天蛾科；别名旋花天蛾、白薯天蛾、甘薯叶天蛾。分布在全国各地，以蕹菜、扁豆、赤豆、甘薯为寄主。为害特点幼虫食叶，影响作物生长发育。该虫近年在华北、华东等地区为害日趋严重。

形态特征：成虫体长50mm，翅展90~120mm；体翅暗灰色；肩板有黑色纵线；腹部背面灰色，两侧各节有白、红、黑3条横线5前翅内横线、中横线及外横线各为2条深棕色的尖锯齿状带，顶角有黑色斜纹；后翅有4条暗褐色横带，缘毛白色及暗褐色相杂。卵球形，直径2mm，淡黄绿色。幼虫老熟幼虫体长50~70mm，体色有2种：一种体背土黄色，侧面黄绿色，杂有粗大黑斑，体侧有灰白色斜纹，气孔红色，外有黑轮；另一种体刀绿色，头淡黄色，斜纹白色，尾角杏黄色。蛹长56mm，朱红色至暗红色，口器吻状，延伸卷曲呈长椭圆形环，与体相接。翅达第四腹节末。

发生规律：在北京市年发生1代或2代，在华南年发生3代，以老熟幼虫在土中5~10cm深处作室化蛹越冬。在北京地区成虫于5月或10月上旬出现，有趋光性，卵散产于叶背。在华南于5月底见幼虫为害，以9—10月发生数量较多，幼虫取食荞菜叶片和嫩茎，高龄幼虫食量大，严重时，可把叶食光，仅留老茎。在华南的发育，卵期5~6天，幼虫期7~11天，蛹期14天。

（3）甘薯田斜纹夜蛾。该虫别名莲纹夜蛾。分布极广，我国几遍各省区，以长江流域及以南地区受害重。以甘薯、棉花、烟草等99科209种植物。幼虫食叶为主，也咬食嫩茎、叶柄，发生时常把叶片和嫩茎吃光，造成严重损失。

形态特征：成虫体长14~20mm，翅展35~40mm，头、胸、腹均深褐色，胸部背面有白色丛毛，腹部前数节背面中央具暗褐色丛毛。前翅灰褐色，斑纹复杂，内横线及外横线灰白色，波浪形，中间有白色条纹，在环状纹与肾状纹间，自前缘向后缘外方有3条白色斜线，故名斜纹夜蛾。后翅白色，无斑纹。前后翅常有水红色至紫红色闪光。卵扁半球形，直径0.4~0.5mm，初产黄白后转淡绿，孵化前紫黑色。卵粒集结成3~4层的卵块，外覆灰黄色疏松的绒毛。幼虫体长35~47mm，头部黑褐色，胴部体色因寄主和虫口密度不同而异：土黄色、青黄色、灰褐色或暗绿色，背线、亚背线及气门下线均为灰黄色及橙黄色。从中胸至第九腹节在亚背线内侧有三角形黑斑1对，其中，以第一、第七、第八腹节的最大。胸足近黑色，腹足暗褐色。蛹长15~20mm，超红色，腹部背面第四至第七节近前缘处各有一个小刻点。臀棘短，有一对强大而弯曲的刺，刺的基部分开。

发生规律：河北省年生3~4代，山东省4代，河南省、江苏省、浙江省4~5代，湖北省5代，江西省6代，福建省7~8代，广东省8~9代。世代重叠，以蛹在土中越冬。成虫把卵产在叶背，卵层成块状，表面覆有黄色鳞毛，初孵幼虫群集于叶背取食下表皮及叶肉，低龄阶段靠吐丝卜坠随风飘移传播，2~3龄后分散活动。成虫对黑光灯趋性强，幼虫具假死性，老龄幼虫有成群迁移、转移为害的习性。

（4）甘薯绮夜娥。该虫别名谐夜峨、白薯绮夜蛾。分布在黑龙江、内蒙古、河北、河南、新疆、江苏、广东等省区。寄主有甘薯、田旋花等。低龄幼虫啃食叶肉成小孔洞，3龄后沿叶缘食成缺刻。

形态特征：成虫体长8~10mm，翅展19~22mm。头、胸暗赭色，下唇须黄色，额、颈板基部黄白色，翅基片及胸背有淡黄纹；腹部黄白色，背面略带褐色；前翅黄色，中室后及臀脉各有1黑纵条伸至外横线，外横线黑灰色，粗；环纹、肾纹为黑色小圆斑，前缘脉有4个小黑斑，顶角有一黑斜条为亚端线前段，在臀角处有1条曲纹，缘毛白色，有一列黑斑；后翅烟褐色，中室有一小黑斑。卵馒头形，污黄色。末龄幼虫体长20~25mm，体细长似尺蠖，淡红褐色，第八腹节略隆起，体色变化较大，分为头部褐绿色型，头部黑色型，头部红色型等。头部褐色型具灰褐色不规则网纹，额区浅绿色，体青绿色，背线、亚背线系不大明显的褐绿色，气门线黄绿色较宽，中部有深色细线。

发生规律：一年发生2代，以蛹在土室中越冬，翌年7月中旬羽化为成虫，产卵于寄主嫩梢的叶背面，卵单产；初孵幼虫黑色，3龄后花纹逐渐明显，幼虫十分活跃。

（5）甘薯全翅羽蛾。该虫别名甘薯褐色羽蛾、圆鸟羽蛾、甘薯鸟羽蛾、中国台湾圆翅鸟羽蛾。分布在中国东南、华南和中国台湾等地。甘薯是其主要寄主。初孵幼虫潜入未展开的嫩叶内啮害，有的吐丝把薯叶卷成小虫苞匿居其中啃食，受害叶留下表皮，严重的无法展开即枯死，轻者叶皱缩或叶脉基部遗留食痕，也有的食成缺刻或孔洞。

形态特征：成虫体长6mm，翅展15mm，全身及后翅黄褐色，前翅灰黄色，近外缘具褐斑，顶角呈弯钩状。前翅、后翅均不分支，翅上无羽状鳞毛。卵长椭圆形，浅绿色。末龄幼虫体长9mm左右，绿色，背线紫红色，体节上生有很多小毛瘤，瘤上生细短刚毛。蛹长 8~9mm，暗绿色，背脊尖突，背线紫褐色。

发生规律：我国东南、华南年生 7~8 代，中国台湾 12 代，末龄幼虫在薯叶基部叶脉汇集处或薯叶半卷处缀薄丝化蛹，蛹期 8~20 天，羽化后的成虫喜隐蔽在茂密的薯叶下，静止时前翅平张，后翅收拢在前翅之下，交配后把卵产在叶背，卵期 6~19 天。幼虫食害甘薯新梢嫩叶，幼虫期 20 多天。蛹期 8~20 天，成虫寿命 10 多天，长的可达 40 多天。

(6) 甘薯肖叶甲。甘薯肖叶甲是鞘翅目肖叶甲科昆虫，别名甘薯金花虫。该虫在我国各地均有分布，主要为害甘薯、蕹菜、棉花、小旋花等。幼虫为害土中薯块，成虫为害甘薯、蕹菜等幼苗顶端嫩叶、嫩茎，致幼苗顶端折断，幼苗枯死。

形态特征：成虫体长 5~6mm，宽 3~4mm，体短宽，体色变化大，有青铜色、蓝色、绿色、蓝紫、蓝黑、紫铜色等。不同地区色泽有异，同一地区也有不同颜色。幼虫黄白色，体长 9~10mm，头部浅黄褐色，体粗短圆呈圆筒状，有的弯曲，全体密布细毛。

发生规律：江西、福建、浙江、四川等省年发生 1 代，以幼虫在土下 15~25cm 处越冬，四川省、福建省有的在甘薯内越冬，浙江省尚见当年羽化成虫在石缝及枯枝落叶里越冬。幼虫在翌年 5 月始蛹，6 月中下旬成虫盛发，大量为害。7 月上中旬交尾产卵，成虫羽化后先在土室里生活几天，后出土为害，尤以雨后 2~3 天出土最多，10:00 和 16:00~18:00 为害最烈，中午隐蔽在土缝或枝叶下。成虫飞翔力差、有假死性、耐饥力强。初孵幼虫孵化后潜入土中啃食薯块的表皮，相对湿度低于 50%，幼虫停止活动，土温低于 20℃，幼虫钻入土层深处造室越冬。

(7) 甘薯蜡龟甲。该虫又名甘薯褐龟甲、甘薯大龟甲。北起江苏省、河南省、甘肃省，南至中国台湾、海南、广东、广西壮族自治区、云南等省区，东临滨海，西达四川、西藏自治区等省区。寄主为甘薯等旋花科植物。成、幼虫食叶成缺刻或孔洞，边食边排粪便，虫口多时满田薯叶穿孔累累，影响生长。

形态特征：雌成虫体长 9.5mm，肩宽约 8.1mm；雄体长 9mm，肩宽 7.3mm，全体茶褐色。前胸背板上生很多弯曲纵隆脊。鞘翅边缘近肩角处生 1 黑斑并向盘区中部延伸向敞边处靠近。后侧角、缝角也有 1 黑斑，肩瘤上一般无黑斑。鞘翅上具很多小刻点驼顶突起很高，四周生隆起脉纹。雌虫较雄虫粗糙，前胸背板、鞘翅边缘具网状纹。触角黄褐色，9～11 节黑色。卵长 1.5mm，宽 0.5～0.7mm，椭圆形，褐色，两端瘦削。末龄幼虫体长 7.5～8mm，黑褐色，腹部两侧各生 8 对黄褐色枝刺。前胸背板前方具半圆形呈不规则凹陷的眼斑 1 对，尾叉向背上翻卷，尾部上举。蛹体浅黄褐色。前胸背板扁平，周缘具硬刺。

发生规律：黄淮流域一年发生 2～4 代，世代重叠。以成虫在杂草、土缝或越冬薯的茎蔓处越冬。广东省翌年 3 月中旬成虫出现，福建省 5 月上中旬成虫始见，9 月上中旬成虫盛发，高温干旱该虫盛发。幼虫活动范围不大，发生多的薯叶洞孔累累，影响甘薯生长发育。该虫在中国台湾卵期 10 天，幼虫期 20 天，蛹期 10 天，成虫多把卵产在叶片上。

（8）甘薯跳盲蝽。甘薯跳盲蝽俗称甘薯蛋。为害豇豆、菜豆、大豆、花生、白菜、萝卜、黄瓜、丝瓜、茄子、甘薯等。

形态特征：叶片上刺吸汁液，刺吸处留下灰绿色小点。产卵于叶脉两侧组织内，有些外露，卵盖上覆盖粪便。成虫体长约 2.1mm，黑色。头黑色有光泽；触角细长，黄褐色。前胸背板短宽，前缘和侧缘直，后缘向后突出呈弧形。小盾片为等边三角形。前翅革区黑褐色，膜区烟色。足黄褐至黑褐色，后足腿节特别粗、内弯。腹部黑色具白色毛。卵香蕉形，浅绿色至桃红色。若虫初孵时桃红色，后变灰褐色，具紫色斑点。

发生规律：河南省年发生 3～4 代，以卵在寄主植物组织中越冬。成虫能飞善跳，喜欢在湿度大的菜地为害，卵产在寄主叶脉两侧的组织里，有时有外露，卵盖常有粪便覆盖。若虫孵化后与成虫在成长的叶片背面为害。高温期停止取食。夏季完成一个世代约25天。田间发生世代重叠，第一代5月至7月下旬，第二代6月下旬至8月下旬，第三代7月下旬至9月下旬，第四代由8月中旬至10月下旬，第五代由9月中旬至12月中旬，以最后一代产的卵越冬。

(9) 甘薯小龟甲。该虫别名甘薯台龟甲、甘薯青绿龟甲。分布在福建、海南、广东、广西壮族自治区、云南、贵州、四川、江西、湖南、湖北、浙江、江苏等省区和中国台湾。寄主为甘薯、蕹菜及旋花科植物。成、幼虫食叶成缺刻或孔洞。

形态特征：成虫体长4.2~5.6mm，半圆球形，体背拱隆，黄绿色至青绿色，具金属光泽，前胸背板、两鞘翅四周全向外延伸成"龟"状，延伸部分具网状纹，前胸背板后方中央有2条紧靠的黑斑纹，有的合并在一起，鞘翅背面隆起处边缘有一黑色至黑褐色"V"形斑，中缝处有1纵纹，粗细不等，有的消失。触角11节，浅绿色，有的末端有2~3节黑褐色，向后伸过鞘翅肩角处。卵长1mm左右，深绿色，长椭圆形。末龄幼虫体长5mm，长椭圆形，体背中间生隆起线，虫体四周生棘刺16对，前边2个同生在一个瘤上，后边2个很长，为其余棘刺2倍，1对尾须。蛹长5mm左右，体扁长方形，浅绿色，前胸背板大，四周具小刺，头部隐蔽在其下。

发生规律：黄淮流域翌年3~5代，以成虫在杂草、枯叶下、石缝或土缝中越冬，浙江气温14℃以上时，越冬成龟甲到甘薯苗上为害，5月中下旬繁殖第一代，各代成虫盛发期如下：一代6月下旬至7月上旬，二代7月下旬，三代8月中下旬，四代9月下旬至10月上旬，于10月下旬至11月中旬开始越冬。每年6月中下旬至8月中下旬受害重。羽化后1~2天后开始取食，寿命长，浙江 1 代 29 天，2 代 63 天，3 代 74 天，4 代 181 天。羽化后 1 周交尾产卵，产卵期长：福建省晋江 6~103 天，每雌产卵量 497~697 粒，少者 35 粒，最多 2 315 粒，卵散产在叶脉附近，幼虫共 5 龄，老熟幼虫于薯叶荫蔽处不食不动，经 1~2 天尾部黏附在叶背面化蛹，蛹期 5~9 天。

（10）甘薯白羽蛾。该虫别名白鸟羽蛾。寄主为甘薯。幼虫取食甘薯藤蔓嫩叶，但不潜入未展开嫩叶内为害，食痕成网状小孔或造成叶片穿孔或干枯，影响生长发育。

形态特征：成虫体长 8mm，翅展 18mm，全体白色密被白鳞片，前翅、后翅似白色鸟羽，前翅距翅基 2/5 处分为 2 支，其上杂有 2~3 个黑色斑点，末端后卷；后翅 3 支，周缘具白鳞毛。4~7 腹节腹面两侧各具黑斑 1 对。足细长，后足尤为突出。卵长 3.5mm，扁长圆形，浅蓝色。幼虫共 5 龄，末龄幼虫近老熟时暗绿色，体长 10mm 左右，各节上均生毛瘤，前胸、中胸、后胸节上各具 4 对，第一至第八腹节上各有 5 对，瘤上生刚毛。蛹长 10mm，头端方平，体背各节上具 2 对毛瘤并有 3~4 个紫色斑点，全体苹果绿色。

发生规律：年生 5~6 代，以蛹或少数幼虫在枯薯叶或过冬薯苗地上越冬。翌年 6—7 月薯田出现幼虫，秋季尤多，到了 12 月下旬田间仍可见到。老熟幼虫喜在枯叶或新鲜甘薯叶上化蛹，羽化后成虫白天在薯田飞翔，羽化当天即交配，经 2~3 天后，把卵产在嫩叶叶背侧脉边，单产或 2~3 粒在一起。完成一个世代需时 20 多天。喜冷凉气候。

（11）甘薯灰褐羽蛾。该虫别名甘薯羽蛾。分布在华北地区；欧洲、非洲、北美。寄主主要是甘薯。幼虫在卵壳附近啃食叶肉，留下叶表呈半透明状的孔洞或咬穿呈不规则的破洞，很少从叶缘取食。

形态特征：成虫体长 9mm，翅展 20~22mm，体灰褐色，触角淡褐色，唇须小，向前伸出。前翅灰褐色披有黄褐色鳞毛，自横脉以外分为2支，翅面上具2个较大黑斑点，后缘具分散的小黑斑点。后翅分为3支，周缘缘毛整齐排列；腹部前端有三角形白斑，背线白色，两侧灰褐色，各节后缘有棕色点，雄性外生殖器抱器，右瓣狭长，左瓣椭圆形，顶端生满刺。雌性外生殖器仅具表皮突1对。卵翠绿色，扁圆形，表面具小刺，近孵化时变为褐绿色。末龄幼虫体长9~11mm，头褐绿色，隐在前胸背板下。体浅绿色，背线深绿，亚背线至气门下线间黄绿色，腹面浅黄色；各体节毛序处具黄色斑点和毛瘤，毛瘤上具数根褐绿色长毛，气门浅黄色。胸足浅绿色，端部褐色，腹足褐绿色细长。蛹长7~8mm，腹面扁平，纺锤形，浅绿色，复眼红褐色。

发生规律：华北一年发生2代，以蛹越冬。幼虫4龄，1龄3~5天，2龄3~4天，3龄3~4天，4龄5~6天，幼虫老熟后移至主脉附近结茧化蛹，蛹期5~7天，成虫多在5:00~8:00羽化，经3:00—5:00交配后，喜在14:00飞舞在薯田产卵，成虫趋光性强，卵多产在甘薯嫩梢及嫩叶背面主脉附近，一般每叶只产1粒。卵期3~4天。

（12）甘薯茎螟。该虫别名甘薯蠹野螟、甘薯蠹蛾、甘薯藤头虫。分布福建、海南、广东、广西壮族自治区等省区和中国台湾。寄主为甘薯、砂藤及旋花科植物。幼虫蛀入薯茎内为害，造成茎部中空形成膨大的虫瘿，影响养分输送，引起凋萎，影响生长发育。

形态特征：成虫体长13~16mm，雄虫翅展30~37mm，雌虫30~40mm，头、胸、腹部灰白色。下唇须伸向头部前方，较头部长2.5~3倍，复眼大且黑。前翅浅黄色，翅基褐色，中央具网状斑纹，多不规则，近外缘处生有波状横纹2条，雄虫体色常较雌虫深。卵扁椭圆形，浅绿色，产后2~3天变为黄褐色，表生小红点。初孵幼虫头部黑色，2龄后变为黄褐色，老熟时呈红褐色。体黄褐色略紫，第二节以后各节具大小斑点 12 个，其中，气门上下两旁 4 个，背面 4 个，呈梯形排列。蛹浅黄色至棕红色，头部突出，翅芽达第四腹节末端，胸背中央纵隆起，腹部末端钝圆，具 8 根刺钩。

发生规律：广东省年生 4~5 代，以老熟幼虫在冬薯或残留薯内越冬，翌春 3 月上中旬化蛹，3 月中、下旬进入成虫发生期。第 1 代为 4 月上旬至 5 月中旬，2 代在 5 月下旬至 7 月上旬，3 代为 7 月中旬至 8 月中旬，4 代为 9 月中旬至 10 月下旬，第 5 代为 11 月上旬。成虫白天隐蔽，夜间活动，有趋光性，羽化后当天晚上交配产卵，产卵期 6~7 天，卵散产在芽、叶柄或茎的分杈处，个别几粒排成一列，卵期 4~10 天。初孵幼虫从叶柄、叶芽、茎部钻入为害。从嫩茎钻入的幼虫，为害一段时间后，又爬出钻入主茎为害，幼虫喜向下蛀食，老熟后常钻到表土下的茎或根茎处，也有的钻至薯块里。茎部受害处膨大成虫瘿，常排出虫粪，是识别该虫重要特征之一。幼虫老熟后在近土面茎基部蛀孔处结白或黄色薄茧化蛹。

2. 主要虫害防治技术

（1）农业防治。冬季耕翻，破坏越冬环境，促使越冬蛹死亡，减少越冬虫源。结合田间管理，及时提蔓铲除杂草。深耕细耙消灭部分蛹。人工摘除卵块和捕杀幼虫，收集初孵幼虫集中的叶片毁灭等，均有压低虫口密度，减轻为害的作用。

（2）物理防治。设立诱虫灯诱杀成虫，在各代成虫发生初盛期，尚未大量产卵前，可采用黑光灯、糖醋液或杨树枝诱杀，成虫，以减少田间虫源。并可兼作预测预报资料，糖醋液中可加少许敌百虫。规模化农场采用每 2hm² 设立诱虫灯 1 盏，即能有效控制；应用性诱剂，应用性诱剂是一种省工、省本，对人畜和有益昆虫无毒害以及无污染环境的植保新技术，值得推广应用。如甘薯小象虫雄虫和斜纹夜蛾成虫等发生期，应用相对应的性诱剂整片田设诱杀点 30~60 个/ hm² （视发生量而定），即能有效控制本代为害；插黄板，设隔虫网，烟粉虱防治上可在秋季田间插黄板，为害田片四周架设隔虫网控制为害。

（3）化学防治。在耕地整畦时，用 3% 辛硫磷颗粒剂 3kg/667m² 拌细土 25~30kg 均匀撒施于土表，然后翻入土中杀死部分蛴螬、叶甲类幼虫、金针虫等地下害虫。甘薯地上部害虫主要有麦蛾、甘薯天蛾、斜纹夜蛾等。发生程度与气象条件有关，一般年份不用喷药，虫害发生较重时可喷雾防治。可用 80% 敌敌畏0.1kg/ 667m² 或敌杀死 50g/667m² 对水 50kg 喷雾，或 90% 敌百虫0.1~1.5kg/ 667m² 喷雾防治甘薯天蛾，或用 48% 毒死蜱 80~100mL/667m²，或用甲维盐 10mL/ 667m² 加高效氯氟氰菊酯10mL/ 667m² 喷雾防治，或用 1% 甲氨基阿维菌素苯甲酸盐乳油1 500~2 000 倍喷雾防治，或用 5% 氯虫苯甲酰胺悬浮剂 2 000~3 000 倍液喷雾防治。是育苗期主要传毒昆虫，可以喷洒 22.4%螺虫乙酯悬浮剂 2 000~3 000 倍、10% 烯啶虫胺水剂 1 000~2 000 倍防治烟粉虱。

（4）生物防治。注意保护利用自然天敌。斜纹夜蛾常见的天敌有寄生于卵的广赤眼蜂；寄生于幼虫的小茧蜂和寄生蝇。此外，天敌还有步行甲、蜘蛛及多角体病毒等，对斜纹夜蛾都有一定的抑制作用，应注意保护利用。

## 第三节　甘薯主要杂草防治技术

随着甘薯用途进一步向多样化和专用型发展，甘薯已经成为重要的粮食、饲料、工业原料及新型能源用作物，在我国粮食安全和能源安全中将起着非常重要的作用。但杂草为害一直是影响甘薯优质高效生产的一个重要因素，生产中杂草不仅通过与甘薯竞争光、水、肥而抑制作物生长，而且为病害蔓延提供了适宜的环境，影响甘薯采收。在甘薯生产中，每年因杂草引起减产5%～15%，严重的地块，减产50%以上，给甘薯生产带来极大损失。

甘薯田的杂草种类虽然因地区不同而异，但主要杂草基本和产区的其他旱地杂草相似。由于甘薯为春季和夏季种植，前茬作物主要为玉米、大豆、花生，甘薯种植时土壤经翻耕，整地等，为杂草生长创造了较好环境，使杂草发芽早，发生量大。在甘薯的生育期内杂草发生有3个高峰期，第一个高峰期为5月中下旬，此时土壤温度回升较快，杂草处于萌发盛期，杂草群落主要以阔叶杂草为主，杂草种类主要有反枝苋、藜、小藜、饭包草、苘麻、马齿苋、牛筋草、马唐、狗尾草，杂草群落主要以牛筋草、马唐、反枝苋、马齿苋等为主。第二个高峰期为6月中下旬，此时正值雨季，降水量大、温湿度高，一年生禾本科杂草生长旺盛，杂草群落以一年生禾本科杂草为主。杂草种类相对较多，主要有马唐、牛筋草、稗草、狗尾草、反枝苋、饭包草、铁苋菜、马齿苋、鳢肠等。第三个高峰期在7月下旬至8月下旬，此时前期未能控制的反枝苋、苘麻、稗草等具有一定空间生长优势，生长旺盛，与甘薯争夺光照及养分。

目前，甘薯生产中的杂草控制主要依靠农业措施和化学除草。农业措施对甘薯安全，对土壤环境无破坏，但费工费力，效率较低。化学除草可以根据不同生长期，选用对甘薯安全、防效好的药剂进行土壤处理或茎叶处理。

1. 农业措施

（1）合理轮作。利用各种耕翻、耙、中耕松土等措施进行播种前、出苗前及各生育期等到不同时期除草，能杀除已出土的杂草或将草籽深埋，或将地下茎翻出地面使之干死或冻死。这是我国北方旱区目前使用最为普遍的措施。

（2）生物除草。这是利用动物、昆虫、病菌等方法防除某些杂草。

（3）物理除草。这是利用水、电、激光、微波等物理方法消除杂草。利用覆盖、遮光、高温等原理，用塑料薄膜覆盖种菜，铺纸种稻，秸秆覆盖种植等方法进行除草，根据不同情况和条件因地制宜地应用，都有一定效果。例如，免耕种植中的覆盖物及地膜覆盖中的塑料薄膜本身就有遮光、抑制部分杂草发芽的作用，还有地膜覆盖栽培中的塑料薄膜夏天能使地面土温上升到50℃以上，可将大部分杂草幼芽杀死。

2. 化学防除

（1）扦插前化学防除。在甘薯扦插前，土壤墒情适宜，可用如下除草剂及推荐用量（有效成分）进行土壤处理。乙草胺 $75\sim100g/667m^2$；精异丙甲草胺 $20\sim30g/667m^2$；敌草胺 $50.0\sim70.0g/667m^2$；二甲戊灵 $50\sim60g/667m^2$。以上药剂对水 $30\sim40kg/667m^2$，进行土壤处理。施药后，扦插时尽量不要翻动土层。

（2）生长期化学防除。对于未能采取封闭除草或化学除草失败的甘薯田，应在杂草幼苗期（$2\sim5$ 叶期）时，可用如下除草剂进行茎叶处理防治禾本科杂草。精喹禾灵 $25\sim30g/667m^2$；高效氟吡甲禾灵 $2.5\sim4.3g/667m^2$；精噁唑禾草灵 $5\sim7.5g/667m^2$。以上药剂对水 $30\sim45kg/667m^2$，进行茎叶处理。

在甘薯扦插 2 周后，可在扦插前化学防除药剂中添加如下除草剂及推荐用量（有效成分）进行定向喷雾，以增加对阔叶杂草防效。苯达松 $75\sim90g/667m^2$；砜嘧磺隆 $1.2\sim1.54g/667m^2$。以上药剂对水 $30\sim40$ $kg/667m^2$，按相关规定进行定向喷雾，不应喷到甘薯嫩叶之上。

# 第五章 谷子病虫草害防治技术

## 第一节 谷子病害防治技术

查阅报道资料可知我国谷子病害种类有 20 多种，笔者根据多年观察，河南省谷子的常见病害有白发病、谷叶斑病、谷锈病、谷瘟病、纹枯病及谷子褐条病等。

1. 谷子白发病

该病是一种分布十分广泛的病害，病原菌为禾生枝梗霜霉，属鞭毛菌亚门真菌。该病害在幼苗期至抽穗期均可发生，幼苗被害后叶表变黄白色或干枯，叶背有灰白色霉状物，称灰背，霉状物不断繁殖导致谷子叶片干枯死亡，类似花白苗，谷穗抽不出苞叶而整株枯死。旗叶期被害株顶端 3~4 片叶变黄，并有灰白色霉状物，称为白尖。此后叶组织坏死，只剩下叶脉，呈头发状，故称白发病。病株穗呈畸形，粒变成针状，俗称刺猬头。

防治方法：

（1）农业防治措施。选用抗病品种、加强田间管理，选用抗病品种是最经济有效的措施，尤其对气传流行性病害更加有效；施足底肥，培育壮苗，增施磷钾肥，可有效提高谷苗的抗病能力；播种前铲除田间和田块周围杂草，减少灰飞虱、蚜虫、蟋蟀等传毒害虫的栖息场所，可有效降低病毒病及苗期害虫的咬食为害；出苗后应注意及时清除田间病株，防止病菌传播为害。

（2）做好种子处理。可用 35%甲霜灵可湿性粉剂按种子重量的 0.3%拌种；或者用 50%甲霜酮（甲霜灵·三唑酮）可湿性粉剂按种子重量的 0.3%~0.4%拌种。做好种子处理是防治该病害最经济有效的措施之一。

（3）药剂防治。要在关键时期防治效果较好，一般用 50%多菌灵可湿性粉剂 600~800 倍液在抽穗前及扬花后喷雾防治，或者用 58%甲霜灵·代森锰锌可湿性粉剂 600 倍液喷洒防治，或者用 72%霜脲·锰锌可湿性粉剂 600~800 倍液喷洒防治。

2. 谷子叶斑病

谷子叶斑病常见的有灰斑病、条斑病，叶斑病主要为害叶片，灰斑病的病原菌称为栗尾孢，属半知菌亚门真菌，叶片上病斑椭圆形至梭形，大小 2~3cm，中部灰褐色，边缘褐色至红褐色。后期病斑上生出小黑粒点，即病菌分生孢子器；条斑病的病原菌为甘蓝黑腐黄单胞菌半透明致病变种，属于细菌，菌体杆状，单生或双生，极生单鞭毛，无荚膜，无芽孢，好气性，革兰氏染色阴性，症状是在叶片上产生与叶脉平行的深褐色短条状有光泽的病斑，周围有黄色晕圈，病斑边缘轮廓不明显。

防治方法：

（1）农业防治。及时拔除清理田间感病植株，定期轮作，选用抗病品种，加强田间管理，防治（止）传染。

（2）种子处理。做好种子及土壤处理减少病原菌基数，一般广谱性杀菌剂、抑菌剂都有防治效果。

（3）药剂防治。发病初期 70%甲基硫菌灵可湿性粉剂 500 倍液，或用 36%甲基硫菌灵悬浮剂 500~600 倍液，或用 50%多菌灵可湿性粉剂 600~800 倍液，或用 60%防霉宝超微可湿性粉剂 800 倍液，或用 50%琥胶肥酸铜可湿性粉剂 500 倍液，或用 30%碱式硫酸铜悬浮剂 400 倍液，或用 47%加瑞农可湿性粉剂 700 倍液，或用 12%绿乳铜乳油 600 倍液等喷洒均可，严重时，最好每隔 7~10 天喷 1 次，连续防治 2~3 次效果更佳。

3. 谷子锈病

谷子锈病的病原菌为单胞锈菌，属担子菌亚门真菌，夏孢子或冬孢子的单细胞形状不一，前者多呈椭圆形、后者多呈球形、长球形、多角形，黄褐色。以夏孢子和冬孢子越冬、越夏，成为初浸染源，病菌借气流传播，高温多雨、高湿有利于病害发生，密度过大发病重。主要发生在谷子生长的中后期，多在谷子抽穗后的灌浆期，主要为害叶片，在叶片两面特别是背面散生大量红褐色圆形或椭圆形的斑点，可散出黄褐色粉状孢子，像铁锈一样，是锈病的典型症状，发生严重时可使叶片枯死。

防治方法：

（1）选用抗锈品种。抗锈品种如朝425、豫谷11、复1等能有效提高产量和品质。

（2）种子处理。播种前对种子进行包衣剂包衣，或用15%粉锈宁可湿性粉性按种子重量的2%拌种，能有效降低发病率，提高植株抗锈病能力。

（3）药剂防治。发病初期，喷洒20%三唑酮乳油800~1 000倍液稀释液，或喷洒40%氟硅唑乳油9 000倍液。当病叶率达1%~5%时，可用15%粉锈宁可湿性粉剂800倍液进行喷药，隔7~10天后酌情进行第二次喷药，也可用50%萎锈灵可湿性粉剂1 000倍液喷雾防治。

4. 谷子谷瘟病

该病各谷子产地均可发生，为广布性病害。病原菌为谷子梨孢，属半知菌亚门真菌，分生孢子梨形或梭形，叶片典型病斑为梭形，中央灰白或灰褐色，叶缘深褐色，在谷子的各个生育期均可发生。常以分生孢子在病草、病残体和种子上越冬，成为翌年初浸染源，感病叶片病斑上形成分生孢子，分生孢子借气流传播进行再浸染，潮湿时，叶背面发生灰霉状物，穗茎为害严重时变成死穗、籽粒干瘪。

防治方法：

（1）农业防治。及时将田间病草处理干净，科学施肥，忌偏施氮肥，要合理密植，密度不宜过大，维持田间通风透光良好，提高抗病能力。

（2）种子处理。做好种子及土壤处理，减少病菌源。

（3）药剂防治。发病初期、抽穗期、齐穗期，分别在田间喷65%代森锌500～600倍液，或用甲基托布津200～300倍液喷施叶面防治；或在谷子封垄前，用40%稻瘟灵乳油1 000倍液，或用20%三环唑可湿性粉剂1 000倍液全田喷雾1～2次。拔节到抽穗前可再喷1次，同时，可添加72%农用链霉素4 000倍液和4.5%高效氯氰菊酯乳油1 000倍液进行混合喷雾，可兼防褐条病、粟灰螟、玉米螟、黏虫、粟芒蝇等。

5. 谷子褐条病

谷子褐条病为广谱性病害，病原菌为燕麦（晕疫）假单胞菌，属假单胞杆菌属细菌。主要为害谷子叶片、茎秆、穗粒，常在拔节以后，尤其是在遇到高温高湿寡照的天气，最容易感染该病，病菌主要在病残体或病种子上越冬，成为初浸染源，病菌借水流、暴风雨传播蔓延，多从谷子植株表面伤口或自然孔口侵入，特别是幼苗受伤或受淹后发病重。其病状主要表现为，病菌先侵害嫩芽叶，早期病状呈透明水渍状小点，长0.5mm。病斑很快与中脉平行扩展成为水渍状的黄褐色条纹病斑。条斑中央出现红色小点，不久整个病斑都变成红色，周围有狭窄的黄晕。发病严重时，叶片病斑互相联合，叶肉组织被破坏，大部分叶片早枯。

防治方法：

（1）农业措施。要及时剥除老叶，田间深埋或带出田头集中烧毁，减少传播源；收获后及时除去无效茎以及过密和生长不良劣株；合理密植，增强田间通风透气程度，降低温度和湿度。

（2）选用抗病品种。做好种子消毒与杀菌工作，用包衣剂包衣种子或用广谱性高效杀细菌剂拌种。

（3）药剂防治。发病初期时，可用72%农用链霉素或20%噻菌铜悬浮剂进行叶面喷施，每7天1次，最好连防2~3次。病害较重的地块，要剥除老叶，除去无效茎以及过密和生长不良植株，通风透光，降低湿度。也可用72%农用硫酸链霉素4 000倍液加1%~2%的磷酸二氢钾进行喷雾，预防谷子褐条病的发生。也可用72%农用硫酸链霉素4 000倍液或20%噻森铜悬浮剂进行喷雾，7天/次，最好连防2~3次。

6. 谷子纹枯病

谷子纹枯病的病菌为立枯丝核菌，属半知菌亚门真菌。以菌丝和菌核在病残体或在土壤中越冬。主要为害茎部叶鞘，谷子自拔节期开始发病，首先在叶鞘上产生暗绿色、形状不规则的病斑，其后，病斑迅速扩大，形成长椭圆形云纹状的大块斑，病斑中央部分逐渐枯死并呈现苍白色，而边缘呈现灰褐色或深褐色，时常有几个病斑互相愈合形成更大的斑块，有时达到叶鞘的整个宽度，使叶鞘和其上的叶片干枯。在多雨潮湿气候下，若植株栽培过密，发病较早的病株也可整株干枯。病菌常自叶鞘浸染其下面相接触的茎秆，导致病株自浸染茎秆处折倒。发病程度与环境、温湿度关系密切，该病发生呈现暴发性；氮肥施用过多，播种密度过大，均有利于病害发生。随着谷子中低秆、密植型高产新品种的培育和推广以及水肥条件的强化，谷子田间小气候的湿度增加，使纹枯病的发生日趋严重，成为谷子生产上的主要障碍之一，应重视谷子纹枯病的防治。

防治方法：

（1）农业防治。选用抗纹枯病优良品种，虽然谷子品种资源中，免疫和高抗品种类型较少，但品种间抗病性、耐病性存在着明显的差异，选用抗病性耐病性较强的品种是经济有效的最基本措施；在栽培管理上，要及时清除田间病残体，减少病源菌的浸染概率，主要包括根茬的清理和深翻土地；适期晚播，以缩短浸染和发病时间；适期播种，合理密植，及时除草，改善田间通风透光条件，降低田间湿度；科学配方施肥，多施用有机肥，合理施用氮肥，增施磷、钾肥，改善土壤微生物的结构，增强、提高植株抗病能力。

（2）种子处理。药剂拌种选用内吸传导性杀菌剂，如三唑醇、三唑酮进行拌种（用量为种子量的0.03%），可有效控制苗期浸染，减轻为害程度，或用2.5%适乐时（咯菌腈）悬浮剂按种子量的0.1%拌种；用种衣剂加新高脂膜进行拌种处理，可有效隔离病毒感染，提高种子发芽率。

（3）药剂防治。用50%可湿性纹枯灵、新高脂膜，对水400~500倍或用5%井冈霉素水剂600倍，于7月下旬或8月上旬，当病株率达到5%~10%时，在谷子茎基部彻底喷雾防治1次，7~10天后再防治第二次，效果更好；或用20%稻保乐（三环唑·多菌灵·井冈霉素）可湿性粉剂100~120g/667m$^2$；12.5%烯唑醇可湿性粉剂35~50g/667m$^2$；4.5%井冈霉素·硫酸铜水剂90mL/667m$^2$；50%氯溴异氰脲酸可溶性粉剂40g/667m$^2$，对水40~50kg进行均匀喷雾。

7. 谷子粒黑穗病

该病各地谷子产区均有发生，主要为害穗部，病原菌为谷子黑粉菌，属担子菌亚门真菌，以冬孢子附着在种子表面上越冬。翌年带菌种子播种萌芽后，冬孢子也萌发侵入幼芽，随植株生长侵入，最后侵入穗部，破坏子房，形成黑粉粒。冬孢子在土温12~25℃均可萌发浸染。一般在抽穗前不显症状，多在抽穗后不久，穗上出现子房肿大成椭圆形、较健粒略大的菌瘿，外包一层黄白色薄膜，内含大量黑粉，即病原菌冬孢子。膜较坚实，不易破裂，通常全穗子房都发病，少数部分子房发病，病穗较轻，在田间病穗多直立不下垂。

防治方法：

（1）农业措施。建立无病留种田，使用无病种子。

（2）种子处理。用40%拌种双可湿性粉剂按种子量的0.3%拌种，或用50%可美双可湿性粉剂，或用80%多菌灵可湿性粉剂，按种子重量的0.3%拌种。也可用苯噻清按种子重量的0.05%~0.2%拌种。或用粉锈宁（或50%g菌丹）可湿性粉剂按种子重量的0.2%剂量拌种效果都很好。

（3）实行合理的轮作。一般3~4年要倒茬更换地块，减少土壤菌源。

8. 谷子红叶病

谷子红叶病是由大麦黄矮病毒（Barley yellow dwarf virus）引起的一种病害，主要为害谷子、玉米、黍以及部分禾本科杂草，属我国北方谷区比较常见和普遍的一种病毒性病害。主要由玉米蚜进行持久性传毒，麦二叉蚜、麦长管蚜、苜蓿蚜等也能传毒，但传毒能力较低。大麦黄矮病毒，不能经由种子、土壤传播，也不能通过机械传播。症状表现：谷子紫秆品种类型发病后叶片、叶鞘、穗部颖壳和芒变为红色、紫红色，新叶由叶片顶端先变红，出现红色短条纹，逐渐向下方延伸，直至整个叶片变红，有时沿叶片中肋或叶缘变红，形成红色条斑。幼苗基部叶片先变红，向上位叶扩展；成株顶部叶片先变红，向下层叶片扩展。谷子青秆品种类型发病后叶片上、叶鞘上产生黄色条纹，叶片黄化，症状发展过程与紫秆品种相同。重病株不能抽穗，或虽抽穗但不结实。

防治方法：

（1）农业防治。选用抗病、耐病品种，常选用抗性突出的晋谷34号、鲁谷10号、冀谷20号、谷丰1号、P14A、P354、NP-157、摩里谷、大同黄谷1号、衡研百号、柳条青、红胜利、花旗系列谷种等；播种前及生长期间，及时清除杂草，减少传播虫源和滋生条件；加强田间管理，增施肥料，氮、磷、钾肥配合使用，合理灌溉，培育壮苗，提高抗病能力。

（2）种子处理。用病毒灵等杀菌药剂，按种子重量的0.5%拌种，堆闷4~6小时后播种较好。或在种子处理的同时在定苗前用1.8%阿维菌素乳油2 000倍液和4.5%高效氯氰菊酯乳油1 000倍液混配进行全田喷雾，灭杀传毒介体灰飞虱和蚜虫，同时，兼治红蜘蛛。

（3）药物防治。每667m²用50%除蚜雾可湿性粉剂100g，或者用50%抗蚜威可湿粉剂10g，或者用70%吡虫啉水剂20g，对水15kg喷雾，或者用10%吡虫啉10g加2.5%功夫20~30mL对水15kg喷雾防治，及早动手，在春季蚜虫迁入谷田之前，喷药防治田边杂草上的蚜虫效果更为理想。

9. 谷子黑粉病

谷子黑粉病的病原菌为狗尾草黑粉菌，属担子菌亚门真菌，主要为害穗部，孢子堆生在子房内，孢子壁黄褐色，一般部分或全穗受害，籽粒染病受害，感病穗短小、常直立。病菌以冬孢子附着在种子表面越冬，成为翌年的初浸染源，冬孢子萌发先产生菌丝，在土壤温度12~25℃适宜侵入幼苗，土壤过干过湿不利于发病。

防治方法：

（1）农业防治。选用抗病、耐病品种，收获后播种前及生长期间，及时拔除病株及杂草，减少病菌传播、降低传播病虫源基数；加强田间管理，培育壮苗，提高抗病能力。

（2）种子处理。用广谱杀菌药剂，按种子重量的0.5%拌种堆闷4~6小时后播种较好。或在种子处理的同时在定苗前用1.8%阿维菌素乳油2 000倍液和4.5%高效氯氰菊酯乳油1 000倍液混配进行全田喷雾，灭杀传毒介体灰飞虱和蚜虫，同时，兼治红蜘蛛。

（3）药物防治。用50%多菌灵可湿性粉剂对水稀释500~600倍液喷洒，或者用5%井冈霉素水剂600倍液喷洒，防治效果都较为理想。

## 第二节　谷子害虫防治技术

谷子主要害虫有粟灰螟、玉米螟、粟芒跳甲虫、粟茎蝇、黏虫、粟茎跳甲、粟缘蝽、蓟马及蚜虫等。

1. 粟灰螟、玉米螟（两者俗称钻心虫）

粟灰螟、玉米螟均属鳞翅目，螟蛾科。一般每年发生2~3代，以幼虫蛀食谷子茎秆基部，苗期受害形成枯心苗，穗期受害遇风雨易折倒，常常形成穗而不实、白穗或使谷粒空秕，成为北方谷区的主要蛀茎害虫，以老熟幼虫在谷茬内或谷草、玉米残茬及玉米秆中越冬。

防治方法：

（1）选种。选用抗虫品种，有效降低发病株率，发现枯心苗后及时拔出，携带出田外深埋。

（2）调节播种期。可采用早播诱集田，集中防治，也可因地制宜调节播种期，设法使苗期避开成虫羽化产卵盛期，以减轻为害。

（3）秋耕时，清除谷茬。谷子收获后及播种前，结合耕整地，拾净、清除谷子根茬、谷草、杂草等，集中深埋沤肥或烧毁，因为，谷茬、谷草和地边杂草是该虫害的主要过冬场所。

（4）药物防治。应选择在成虫产卵盛期—卵孵化盛期—幼虫蛀茎前施药，用3%呋喃丹500~700g，加细土颗粒30kg，搅拌均匀，顺垄撒施在谷苗的根际。或用40%水胺硫磷乳油100mL、5%甲萘威粉剂1.5~2kg加少量水与20kg细土拌匀，顺垄撒施在谷子植株心叶或根际处。或选用1.5%乐果粉剂2kg，拌细土20kg制成毒土，撒在谷苗根际，形成药带。或用2.5%溴氰菊酯乳剂2 000倍液喷于谷子苗的叶背面，对各代幼虫均可起到良好的防治效果。或6月上、中旬，用50%辛硫磷乳油100mL，加适量水后与20kg细土搅拌均匀，每667m²撒施毒土40kg左右，可有效防治粟灰螟、玉米螟为害，减少枯心苗。

2. 负泥甲

负泥甲属鞘翅目，负泥甲科。别名粟叶甲、谷子负泥甲、粟负泥虫。幼虫、成虫均为害，成虫沿叶脉啃食叶肉，形成白条状，不食下表皮。幼虫钻入心叶内啃食叶肉，叶面出现宽白条状食痕，造成叶面枯焦，出现枯心苗。

防治方法：

（1）农业防治。合理轮作，避免重茬，秋耕整地，清除田间地边杂草，适时播种。

（2）拌种处理。播种前用35%呋喃丹胶悬剂或50%甲胺磷乳油或50%甲基1605乳油按种子重量0.2%药量拌种。或者用50%水胺硫磷乳油或50%辛硫磷乳油按种子重量0.2%药量拌种。也可在播种时每667m²用3%映喃丹颗粒剂2kg处理土壤。

（3）药剂防治。谷子出苗后4~5叶或定苗时喷洒药剂如5%高氯氰菊酯乳油3 000倍液；或者5%顺式氯氰菊酯乳油2 000倍液；或者用25%菊酯（乐果氰戊菊酯·乐果）乳油1 500倍液；或者用2.5%溴氰菊酯乳油2 500倍液，每667m²喷对好的药液75kg。也可喷2.5%敌百虫粉或1.5%甲基对硫磷粉剂或3%速灭威粉剂，每667m² 1.5~2kg。

（4）播种前用（也可在播种时）每667m²用3%g百威颗粒剂2kg处理土壤。或喷撒2.5%敌百虫粉剂或1.5%乐果粉剂或3%速灭威粉剂，每667m²用量1.5~2kg。

3. 黏虫

黏虫又称五色虫、剃枝虫、行军虫等，属鳞翅目夜蛾科，具有迁飞性、杂食性、暴发性，是全国性重大农业害虫。在我国谷子产区普遍发生，除谷子外可食害小麦等百余种植物，主要以幼虫为害谷子叶片，咬食成缺刻，大发生时能将叶片啃食干净，仅留叶脉，造成减产，甚至绝收。

防治方法：

（1）物理防治。于成虫发生期在田间插草把，大草把（直径 5cm）每隔 10m 插一把，每天早晨捕杀潜伏在草把中的成虫。还可在田间设置黑光灯+糖醋液诱杀成虫。

（2）熏蒸防治。80%敌敌畏乳油 300mL 加水 2L，均匀喷洒在 7~10kg 锯末、麦糠或 20kg 细土上，拌匀后行间撒施。

（3）化学防治。黏虫的防治以药剂防治低龄幼虫为主，在幼虫三龄盛期以前用用 Bt 乳剂 200 倍或 20%氯虫苯甲酰胺悬浮剂 3 000 倍液，或用 20%除虫脲悬浮剂 800 倍液，或用 10%氟啶脲乳油 1 500 倍液喷雾，或用 20%氰戊菊酯乳油 1 000~1 500 倍液，或用 4.5%高效氯氰菊酯乳油 1 500 倍液，或用 48%毒死蜱乳油 1 000 倍液，任选一种药剂喷雾防治均可。辅助措施是以田间草把诱集成虫和卵块，集中销毁，减少为害。防治指标为每平方米有虫 20~30 头。

4. 粟凹胫跳甲

粟凹胫跳甲又俗称粟茎跳甲，属鞘翅目，叶甲科。分布在各地，以幼虫和成虫为害刚出土的幼苗。幼虫为害，由茎基部咬孔钻入，枯心致死。当幼苗较高，表皮组织变硬时，便爬到顶心内部，取食嫩叶，顶心被吃掉，不能正常生长，形成丛生。成虫为害，则取食幼苗叶子的表皮组织，吃成条纹，白色透明，甚至干枯死掉。

防治方法：

（1）农业防治。要因地制宜选用、种植抗虫品种；改善耕作制度，合理轮作，避免重茬；适期晚播，躲过成虫盛发期可有效减轻受害株率和受害程度；加强田间管理，培育壮苗增强植株抗虫能力；间苗、定苗时注意拔除枯心苗，集中深埋或烧毁；清除田间及周边杂草，收获后深翻土地，减少越冬虫源。

（2）做好种子处理。播种前用种子重量 0.2% 的 50% 辛硫磷乳油拌种；做好土壤处理，播种时，用 3% 氯唑磷颗粒剂 2kg/667m² 处理土壤。

（3）药剂防治。在越冬代成虫产卵盛期或田间初见枯心苗时进行，用 2.5% 功夫乳油或 20% 灭扫利乳油 2 000 倍液或 2% 阿维菌素乳油 2 000~3 000 倍液喷雾防治。在谷子苗期或谷子定苗时喷洒 5% 高效氯氰菊酯乳油 2 500 倍液、5% 顺式氰戊菊酯乳油 2 500 倍液、2.5% 溴氰菊酯乳油 3 000 倍液。或使用 5% 甲维盐水分散粒剂 2 500 倍液、4.5% 高效氯氰菊酯乳油 1 500 倍液；或用 10% 氯氰菊酯乳油、40% 乐果乳油、80% 敌敌畏乳油，3 种药剂等量混合，每 667m² 各用 50~100mL，配成 1 000 倍液喷洒，重点对谷子茎基部喷雾。

5. 粟缘蝽

粟缘蝽属半翅目，缘蝽科，全国各谷子产区都有为害与分布。以成、若虫具有很发达的刺吸式口器，常刺吸谷子叶部汁液或穗部未成熟籽粒的汁液，影响谷子发育代谢生长、产量和质量。华北一年发生 2~3 代，以成虫潜伏在杂草丛中、树皮缝、墙缝等处越冬。翌年春季恢复活动，先为害杂草或蔬菜，7 月间春谷抽穗后转移到谷穗上产卵，卵呈圆筒状，上方有一盖状物，常排列整齐的产在叶子上。2~3 代产卵则多在夏谷和高粱穗上，成虫活动遇惊扰时迅速起飞，在无风的天气时喜欢在穗外向阳处活动。一般夏谷比春谷受害严重。

防治方法：

（1）农业防治。因地制宜种植抗虫品种；尽量机耕后再播种；如为重茬播种，必须事先清洁田园。秋收后也要注意拔除田间及四周杂草，减少成虫越冬场所。根据成虫的越冬场所，在翌年春季恢复活动前，人工进行捕捉、施药，效果都很好。

（2）及时浇水。出苗后及时浇水，可消灭大量若虫。

（3）药剂防治。成虫发生期喷撒 2.5% 敌百虫粉剂 1.5kg/667m²；或喷洒 40% 乐果乳油 1 500 倍液；或用 50% 马拉硫磷乳油 1 000 倍液；或用 40% 氧乐果乳油 1 500 倍液；或用 50% 杀螟丹可湿性粉剂 1 500 倍液；或用 20% 甲氰菊醋乳油 3 000～3 500 倍液；或用 2.5% 溴氰菊酯乳油 2 000 倍液等药剂。或用 5% 高效氯氰菊酯乳油 1 500～2 000 倍喷雾。或用 70% 艾美乐可湿性粉剂 2g/667m²+2.5% 敌杀死乳油 25mL/667m²；25% 阿克泰水分散颗粒剂 4～6g/667m²；2.5% 敌杀死乳油 20～30mL/667m²，对水 30kg 喷雾。

6. 粟磷斑叶甲

粟磷斑叶甲主要为害谷子的叶片，为鞘翅目，肖叶甲科。我国各地都有分布，山西、河北、河南、辽宁等省粟产区发生较重。主要为害禾本科、菊科、豆科、藜科、旋花科、唇形花科、锦葵科等 14 科 40 多种植物。幼虫取食谷子的叶片，常咬成缺口或仅留叶脉，甚至吃光。还会潜入叶内，取食叶肉组织，或在叶面形成虫瘿，严重影响谷子的生长、产量、品质。

防治方法：

（1）农业措施。选用抗、耐病虫品种；合理轮作倒茬，减少虫源；做好深冬耕晒垡，降低越冬虫源。

（2）人工措施。在谷子生长期间经常深入田间观察，发现田间植株体有粟磷斑叶甲为害症状，即在谷子心叶有枯白斑时人工捕杀幼虫，用手从下向上捏心叶或叶鞘，可消灭 70% 以上幼虫。

（3）药剂防治。用 48% 毒死蜱乳油 500～800 倍液、或用

2.5%溴氰菊酯乳油 1 500～2 000 倍液、或用 4.5%高效氯氰菊酯乳油 800～1 000 倍液；或用 Bt 乳剂 200 倍，或用 90%晶体敌百虫 500～1 000 倍喷雾，或用 2.5%敌百虫粉 1.5～2.5kg/667m² 喷粉，效果均较好。

### 7. 双斑萤跳甲

双斑萤跳甲，为鞘翅目，叶甲科昆虫，以散产卵在表土下越冬，主要为害豆类、马铃薯、苜蓿、玉米、谷子、向日葵、茼蒿、胡萝卜、十字花科蔬菜、杏树、苹果等作物。对谷子苗期在土中为害根部，以成虫为害叶片，使叶片发白或发黄，有的失去表皮，甚至叶肉，影响光合作用，抽穗至成熟期爬上谷穗，吸食谷粒，使谷粒干瘪。一般 8 月进入盛发期，中下旬开始为害谷粒，致使谷粒空瘪。

防治方法：

（1）农业措施。及时铲除田边、地埂、渠边杂草，秋季谷子收获后及时深翻灭卵，均可减轻受害；施充分腐熟的有机肥，减少虫卵。

（2）药剂防治。该虫害发生严重的可喷洒 50%辛硫磷乳油 1 500 倍液，或用菊酯类（氯氰菊酯、杀灭菊酯、三氟氯氰菊酯等）农药 1 500 倍喷雾，或用 45%吡毒乳油 1 500 倍喷雾，每 667m² 喷配置好的药液 50kg。可同时兼治黏虫、玉米螟、蓟马、金龟子等。干旱地区可选用 27%巴丹粉剂，每 667m² 用药 2kg，采收前 7 天停止用药。

### 8. 红蜘蛛

谷子红蜘蛛，为蜘蛛纲叶螨科害虫，成、若虫都可为害谷子，由于生活习性和体型不同，一般分为长腿红蜘蛛和圆红蜘蛛 2 种类型。

（1）长腿红蜘蛛。若虫有足 4 对，红或橙黄色，均细长，第一对足特别发达，中垫爪状，具 2 列黏毛。体较长约长 0.6mm，宽约 0.45mm。被害叶片表面出现黄白小点，严重时导致植株矮小，发育不良，重者干枯死亡。

防治方法：

①农业防治：采用轮作倒茬，合理灌溉，播种前及时浅耕灭茬等降低虫源。

②药物防治：用 2.0% 天达阿维菌素或 15% 哒螨灵乳油 20mL/667m$^2$，或用 15% 扫螨净乳油 15~20mL/667m$^2$，分别对水 30~45kg 常规喷雾，防治效果较好。

（2）谷子圆红蜘蛛。该虫别名麦叶爪螨、麦圆蜘蛛，为杂食性，多寄主性害虫，主要寄主为麦类、谷子、红花草、油菜、芥菜、马铃薯、豌豆、蚕豆等。以成、若虫吸食谷子植株叶片汁液，受害处出现细小白点，后变黄，严重时，导致植株发育不良，矮小，严重的全株干枯。谷子圆蜘蛛多在水浇地易发生。

防治方法：

①农业防治：因地制宜进行轮作倒茬；麦收后播种夏谷应及时浅耕灭茬；冬春进行灌溉，可破坏其适生环境，减轻为害。

②种子处理：播种前用 75% 辛硫磷乳剂 0.5kg 对水 5~10kg，拌谷种 100kg，拌后堆闷 12 小时后播种。

③药剂防治：达到防治指标时可用 2% 混灭威粉剂或 1.5% 乐果粉剂，每 667m$^2$ 用 1.5~2.5kg 喷粉，也可掺入 30~40kg 细土，以制作的毒土撒入防治；虫口数量大时喷洒 40% 氧化乐果乳油或 40% 乐果乳油 1 500 倍液，每 667m$^2$ 喷对水稀释好的药液 75kg；或选用波美 0.3~0.5 度石硫合剂；或用 50% 硫悬浮剂每 667m$^2$ 用 300~400g 对水 60kg 喷雾，可有效地防治红蜘蛛，同时还可兼治白粉病和锈病；也可喷洒 15% 哒螨灵乳油 2 000~3 000 倍液或 20% 绿保素（螨虫素十辛硫磷）乳油 3 000~4 000 倍液、36% 瞒蝇乳油 1 000~1 500 倍液，药效较佳。

9. 谷子蓟马

谷子蓟马在国内各大区及中国台湾都有分布，除为害谷子外，还为害麦类、稻、高粱、玉米及其他禾本科植物。叶片被害后出现银灰色条纹，严重时，使叶片枯干。蓟马较喜干燥条件，在低洼窝风而干旱的谷地发生多，干旱少雨有利于发生，在缺水肥条件下受害偏重。多在叶片反面为害，造成不连续的银白色食纹并伴有虫粪污点，叶正面相对应的部分呈现黄色条斑。成虫在取食处的叶肉中产卵，对光透视可见针尖大小的白点。为害多集中在自下而上第二至第六叶上，还传染病毒等菌源为害植株代谢。

防治方法：

（1）农业措施。播种前清除前茬秸秆，及时除草；合理轮作倒茬，减少虫源；结合间、定苗，注意拔除虫苗并带出田外处理；适时灌水施肥，加强团间管理，促进幼苗健壮早发。

（2）药剂防治。在前茬小麦后期结合防治麦蚜、黏虫时兼治；一般谷子田可结合防治黏虫时兼治。严重地块要用10%吡虫啉可湿性粉剂2 000倍液，或2.5%溴氰菊酯乳油2 000倍液，或40%乐果乳油1 500倍液喷雾。

10. 谷子蚜虫

常见谷榆蚜 Tetraneuraulmi（Linnaeus），属同翅目，棉蚜科。别名榆四脉棉蚜、高粱根蚜。主要寄主有榆树、高粱、谷子、糜子等禾本科植物。常为害高粱、玉米、谷子等幼嫩部，造成黄化。为害榆树时形成红色袋状竖立在叶面上的虫瘿。

防治方法：

（1）农业防治。彻底清除谷茬、谷草和杂草，减少虫源。

（2）做好种子处理。用辛硫磷按种子重量的0.3%农药剂量拌种，重发区或地块也可用50%辛硫磷乳油1 500倍液灌根。

（3）药物防治。为害严重时，用40%乐果乳油25~30mL对水 50kg 喷洒，或用稀释液浇淋顶（根）部，或用 4.5% 高效氯氰菊酯乳油 1 500 倍液喷雾防治、90% 敌敌畏 1 000 倍液喷洒防治，每 667m$^2$ 需要稀释液 40~50kg。

11. 谷子叶蝉

叶蝉属同翅目，叶蝉科，别名条沙叶蝉、条斑叶蝉、火燎子、麦吃蚤、麦猴子等。分布全国各地，寄主作物有小麦、大麦、黑麦、青稞、燕麦、莜麦、糜子、谷子、高粱、玉米、水稻等。叶蝉虫体不大，以成、若虫刺吸作物茎叶、根部而受到损坏，致使受害部位伤流液外渗、幼苗变色，生长受到抑制，代谢受到破坏及干扰，并常常传播病毒，为害幼嫩组织。

防治方法：

（1）农业防治。合理密植，增施基肥、种肥，合理灌溉，改变田间小气候，增强作物长势，抑制该虫发生。也可利用叶蝉天敌如叶蝉缨小蜂、赤眼蜂进行生物防治。

（2）合理规划。科学安排茬口，实行农作物大区轮换种植，及时清除田间杂草，减少虫源。

（3）药剂防治。用 1.5% 乐果粉剂、4% 敌马粉剂，每 667m$^2$ 用药 1.5~2kg 喷雾或撒施，或用 48% 毒死蜱乳油 500~800 倍液、2.5% 溴氰菊酯乳油 1 500~2 000 倍液、4.5% 高效氯氰菊酯乳油 800~1 000 倍液，效果较好。

12. 谷子飞虱

谷子飞虱有白背飞虱、灰背虱，均属同翅目飞虱科，以成虫、若虫群集于谷子基部，刺吸茎叶组织汁液。在飞虱虫量大，受害重时引起谷子植株倒伏，造成严重减产或失收。7—8 月常为害谷叶、谷粒，传播病菌，影响产量和产品质量。

防治方法：

（1）农业防治。结合秋耕和春耕清除谷子残茬深埋或烧毁，对越冬谷草及早铡碎或封闭处理。

（2）田间管理中。及时拔除杂草，合理密植，减少滋生环境条件，降低虫源传毒为害概率。

（3）药剂防治。用48%毒死蜱乳油500~800倍液、2.5%溴氰菊酯乳油1 500~2 000倍液、4.5%高效氯氰菊酯乳油800~1 000倍液，效果较好。

# 第三节　谷子草害防治技术

北方谷子田间常见的主要草害有画眉草、马唐、旱稗草、虎尾草、牛筋草、千金子、蓼、藜、小蓟、谷莠草、荠菜、泽泻、苘麻、苣荬菜、狗尾草、田旋花、刺儿菜、苋（反枝苋、铁苋菜）、莎草、马齿苋、鬼针草、葎草、苍耳、地肤等；鸟害主要是麻雀；鼠害主要是田鼠。

谷子耐旱性强、适应性广，种植范围大，各地环境条件差别较大、生态类型复杂，谷子又是密植作物，易生杂草种类多，人工除草劳动强度大、费工费时。采用化学除草，省力省工省时，防治效率高，因此在生产实践中深受群众欢迎。

化学除草，关键要把握好4点，一是要选择适宜对路除草剂；二是要掌握好使用剂量和方法；三是要注意使用后的药效观察与使用技术改进；四是选用抗除草剂品种，如张杂3号、张杂5号、张杂6号、张杂8号、张杂9号、张杂10号等。

1. 谷子田常用的除草剂

（1）谷友原名谷草灵，谷田专用除草剂，是以单嘧磺隆为主要成分配制成的两元复合谷田除草剂，可以作为谷田除草剂单独使用，推荐剂量为120~140g/667m$^2$（44%可湿性粉剂），若土壤墒情适宜，对单双子叶杂草都具有良好的防效，当土壤干旱时，除草效果较差，遇到连阴雨时，容易使谷苗产生药害。以单嘧磺隆为主要成分配制成的两元复合谷田除草剂。填补了我国谷田专用除草剂的空白，对谷田阔叶杂草的防效达到90%以上。

（2）单嘧磺隆为高效除草剂，于谷子播种后、出苗前均匀喷施于地表；防治对象为一年生单双子叶杂草。推荐使用剂量120～140g/667m$^2$。最高140g/667m$^2$。每667m$^2$对水50 kg。适宜的土壤含水量、良好的整地条件有利于发挥最大药效。单嘧磺隆除草剂对恶性难治杂草—碱茅有特效，其防治效率可达95%以上，不仅对禾本科杂草有较好效果，也对谷田阔叶杂草的防治效率达到90%以上。是目前在谷田大面积应用的较为理想的化学除草剂，一般情况下可以实现谷田1次施药，能够防除谷子整个生育期的杂草，而且对谷子比较安全。

（3）拿扑净适宜在3叶期施用的除草剂，每667m$^2$用量100mL，对水50kg均匀喷雾，除灭谷子假杂苗和单子叶杂草效果较好。

（4）2,4-滴丁酯适合防除阔叶类杂草，一般每667m$^2$谷田地用72% 2,4-滴丁酯乳油40～50mL，对水40～50 kg均匀喷雾，对后茬作物安全。

2. 常见除草方法

（1）播后苗前施药，主要防除禾本科杂草和阔叶杂草。用44%谷友可湿性粉剂，每667m$^2$地120～140g，对水40～50kg，均匀喷雾土表，对谷苗和后茬作物均安全，对常见恶性杂草—碱茅有特效，其防除效率最高可达97.4%，为目前能够在谷田大面积应用的高效首选除草剂，1次施药能够防除谷田整个生育期的杂草，对谷子安全；或用50%扑灭津可湿性粉剂每667m$^2$150g，对水40～50kg，均匀喷雾土表，对后茬作物安全，但对谷苗在拔节前略有抑制生长作用，对产量无明显影响。

（2）出苗后施药防除禾本科杂草，在谷苗2～3叶期，每667m$^2$谷田地用50%稗草烯乳油300～400mL，对水30～40kg均匀喷雾，对后茬作物安全。防除阔叶杂草，在谷苗4～5叶期，阔叶杂草大部出齐时，每 $667m^2$ 谷田地需用 72% 2,4-滴丁酯乳油 $40\sim50mL$，对水 $30\sim40kg$ 均匀喷雾，对后茬作物安全。在 $6\sim7$ 叶期施用谷草灵除草剂，每 $667m^2$ 用量 140g，对水 50kg 均匀喷雾，可兼顾灭除禾本科杂草、阔叶杂草。

3. 相关注意事项

（1）施药要严格掌握药量和喷药时间，不重喷、不漏喷，保证药效。

（2）注意安全操作，特别是高温天气下喷药要穿长袖衣服，注意风速、风向，防止除草剂药液飘移到邻近作物田产生药害。

（3）喷施除草剂后的药械要用碱水彻底洗刷干净后再作它用，防止引发除草剂药害。

4. 防鼠害

防鼠害是谷子高产高效的重要措施之一，傍晚在为害处或鼠洞附近撒施毒饵，如 0.005% 溴敌隆玉米渣毒饵、0.05% 敌鼠钠盐玉米渣毒饵、0.005% 溴鼠灵玉米渣毒饵，也可放置粘鼠板、捕鼠器等。

5. 防鸟害

防鸟害是谷子高产高效的有效措施之一，为害谷子的鸟类主要是麻雀，常采用的有效防治方法是选用比较抗鸟害的品种，如穗上刚毛较长，或穗下垂鸟不容易取食；在谷田挂彩条旗、扎草假人、设粘鸟网、扣防鸟网、放鞭炮、鸣枪等；大面积连片种植。

# 第六章 大豆病虫草害防治技术

据资料显示，全世界报道的大豆病害有 120 余种，其中，真菌病害 60 多种，细菌病害 10 余种，病毒病害 28 种，线虫病害 20 余种，寄生植物 2 种，植原体病害 3 种。

## 第一节 大豆病害防治技术

大豆是我国主要的粮食、油料、经济作物，是人类生存、社会发展必不可缺的重要农产品之一。目前，我国已报道的病害有 50 多种，生产中较常见的病害有：大豆灰霉病、大豆细菌性斑点病、大豆霜霉病、大豆猝倒病、大豆立枯病、紫斑病、灰斑病、褐斑病、叶斑病、黑点病、锈病、灰星病、菌核病、轮纹病、炭枯病、耙点病、枯萎病、纹枯病、荚枯病、茎枯病、黑痘病、黑点病、赤霉病、白粉病、疫病、细菌角斑病、细菌斑疹病花叶病、胞囊线虫病、根结线虫病。

### 1. 大豆霜霉病

大豆霜霉病的病原菌为东北霜霉，属鞭毛菌亚门真菌，孢囊梗由气孔伸出，单生或数根丛生，无色，呈二叉状分枝，小枝顶生孢子囊。孢子囊淡黄褐色，单胞，椭圆形。卵孢子黄褐色，近球形，内具 1 卵球。该病主要为害幼苗、叶片、荚和子粒。幼苗受害后，当第一片真叶展开后，沿叶脉两侧出现褪绿斑块。叶片上病斑多角形或不规则形，背面密生灰白色霜霉状物。成株叶片表面呈圆形或不规则形，边缘不清晰的黄绿色星点，后变褐色，叶背生灰白色霉层。豆荚病斑表面无明显症状，剥开豆荚，其内部可见不定型的块状斑，病粒表面黏附灰白色的菌丝层，内含大量的病菌卵孢子。病菌以卵孢子在种子上和病叶里越冬，成为来年初浸染菌源。每年6月中下旬开始发病，7—8月是发病盛期，多雨年份常发病严重。

防治方法：

（1）农业防治。选用抗病品种，精选种子，淘汰除病粒；及时将病株残体清除田外销毁以减少菌源，生长期间及时排除积水，实行2~3年轮作等均可减轻霜霉病的发病率。

（2）播种前做好种子处理。用90%三乙膦酸铝可湿性粉剂按种子量的0.3%拌种，或用3.5%甲霜灵粉剂按种子量的0.3%拌种；或用50%福美双可湿性粉剂、40%乙膦铝可湿性粉剂、25%甲霜灵可湿性粉剂按种子量的0.5%拌种；或用72%霜霉威水剂、70%敌磺钠可湿性粉剂按种子量的0.1%~0.3%拌种。

（3）药剂防治。在大豆开花期，喷施50%福美双可湿性粉剂500~800倍液，或用65代森锌可湿性粉剂500~1 000倍液，或75%百菌清可湿性粉剂500~800倍液。田间发病时可用40%三乙磷酸铝可湿性粉剂300溶液或25%甲霜灵800倍液喷洒，或用72%杜邦克露（霜脲氰·代森锰锌）可湿性粉剂800倍液，每667m² 用药液40kg左右，间隔10天左右喷洒1次，连喷2~3次防治效果更佳。

2. 大豆灰斑病

大豆灰斑病又称蛙眼病、斑点病。病原菌为大豆尾孢菌，属半知菌亚门真菌，分生孢子梗成束从气孔伸出，不分枝，浅褐色，有隔膜，顶部孢痕明显，分生孢子倒棒状，无色透明，有多个隔膜。大豆灰斑病是广谱性病害，尤以东北三省为害严重，也是我省间歇发生的流行病害。可减产5%~50%不等，且造成蛋白质含量降低。主要为害叶片，也能浸染茎、荚。叶片病斑初为红褐色斑点，逐渐扩展成圆形、椭圆形，中央灰色，边缘红褐色的蛙眼状病斑。严重时，病斑融合，叶片干枯脱落，茎上病斑椭圆形，中央褐色，边缘深褐色或黑色，中部稍凹陷。荚上病斑圆形或椭圆形，边缘红褐色，中央灰色。以菌丝体或分生孢子在病残体或种子上越冬，翌年春季成为初浸染源，在田间主要靠气流风雨传播，田间湿度大易重度发病。

防治方法：

（1）农业防治。选用抗病耐病品种，但要注意多年连续种植一个抗病品种之后，会引起生理小种变化，使抗病品种丧失抗性，因此，要几个抗病品种交替使用，以延长品种的使用年限。

（2）田间管理及种子处理。及时清除病残体，收获后及时翻耕土地，减少越冬菌量；加强田间管理，合理密植，培育壮苗，提高抗病性；做好种子处理，消灭杂草、减少病菌源，降低田间湿度，降低感病概率。

（3）做好种子处理。用大豆包衣剂包衣种子；或用50%福美双可湿性粉剂、或用50%多菌灵可湿性粉剂按种子量的0.3%拌种。

（4）药剂防治。防治施药的关键时期是始荚期至盛荚期。用50%异菌脲可湿性粉剂100g/667m$^2$、25%丙环唑乳油40mL/667m$^2$+50%代森铵水剂30mL+70%甲基硫菌灵可湿性粉剂100~150g/667m$^2$混合防治，间隔10天左右再喷洒1次，防治效果更为理想。也可用2.5%溴氰菊酯乳油，每667m$^2$用40mL与50%多菌灵可湿粉每667m$^2$用100g混合，可兼防大豆食心虫与灰斑病。

7月下旬至8月初大豆初荚期，每公顷用磷酸二氢钾2 250~3 000g加米醋1.5kg加80%多菌灵微粒剂750g或50%多菌灵可湿性粉剂1 500g或40%多菌灵胶悬剂1 500mL混合喷雾。每公顷喷雾量人工喷雾器300kg，机动喷雾器200kg。

### 3. 大豆褐斑病

大豆褐斑病的病原菌为大豆壳针孢，属半知菌亚门真菌。分生孢子器埋生于叶组织里，散生或聚生，球形，器壁褐色，膜质。分生孢子无色、针形，直或弯曲，具有横隔膜。大豆褐斑病是广谱性病害，只为害叶片，子叶病斑不规则形，暗褐色，上生很细小的黑点。真叶病斑棕褐色，轮纹上散生小黑点，病斑受叶脉限制呈多角形，严重时，病斑融合成大斑块，导致叶片变黄干枯脱落。病菌以孢子器或菌丝体在病组织或种子上越冬，成为翌年初浸染源，种子带菌引起幼苗子叶发病，病菌靠风雨传播，先浸染底部叶片，后重复浸染向上蔓延，遇温暖多雨多雾高湿结露易发病重。

防治方法：

（1）选择抗病耐病的优良品种。实践表明选择抗病耐病品种是经济有效的基本措施。

（2）田间管理。实行 3 年以上轮作，加强田间管理，做好土壤与种子处理，减少病源菌基数，及时处理残茬病株以及田间杂草。

（3）药剂防治。发病初期可用，可用 50%多菌灵可湿性粉剂 100g/667m$^2$、50%异菌脲可湿性粉剂 100g/667m$^2$、25%丙环唑乳油 40mL/667m$^2$，或用 70%甲基硫菌灵可湿性粉剂 100～150g/667m$^2$、50%代森铵水剂 1 000 倍液喷洒防治，均具有防效好，成本低，操作简单的优点。

（4）种子包衣或拌种。用多克福种衣剂或富尔豆来包衣，或多菌灵加福美双，每千克种子用有效成分 2.4g 药剂或 2.5%适乐时悬浮种衣剂按种子量的 0.15%拌种，均具有很好的防效，且成本低，操作简单。

### 4. 大豆紫斑病

大豆紫斑病的病原菌为菊池尾孢，属半知菌亚门真菌。分生孢子梗丛生，不分枝，暗褐色，有横隔，顶部近截形，孢痕明显，分生孢子无色，鞭状至圆筒形，顶端稍尖，具分隔。大豆紫斑病属广谱性病害，在我国大豆产区普遍发生，常在大豆结荚前后发病。主要为害豆荚和豆粒，也为害叶子和茎秆，豆荚病斑近圆形，灰黑色，边缘不明显，豆粒上的病斑紫色，形状不定，仅限于种皮，不深入内部。叶片上的病斑初为紫色圆形小点，散生，扩展后形成多角形褐色或浅灰色斑。生有黑色霉状物，茎秆上形成长条状或梭形红褐色病斑，严重时，整个茎秆变成黑紫色，病斑融合成大斑块而导致茎秆变黑干枯。病菌以菌丝体潜伏在种皮内或以菌丝体和分生孢子在病残体组织上越冬，成为翌年初浸染源，种子带菌，引起幼苗子叶发病，病苗或叶片上产生的分生孢子借靠风雨传播进行初浸染和再浸染，大豆开花期和结荚期多雨气温偏高，温暖多雨多雾高湿容易发重度发病。

防治方法：

（1）农业措施。实践表明大豆收获后及时深秋耕，加强田间管理，合理密植。

（2）做好土壤与种子处理。实行定期轮作，减少病源菌基数，及时处理残茬病株以及田间杂草。种子处理应选用高效包衣剂包衣种子，或者用50%福美双可湿性粉剂按种子重量的0.3%拌种，防效都较好。

（3）药剂防治。该病最佳防治时期为大豆开花始期、蕾期。在开花始期（发病初期），可用50%多·霉威可湿性粉剂1 000倍液，或用50%多菌灵可湿性粉剂800倍液+65%代森锌可湿性粉剂600倍液、70%甲基硫菌灵悬浮剂800倍液+80%代森锰锌可湿性粉剂600倍液、50%异菌脲可湿性粉剂100g/667m$^2$、25%丙环唑乳油40mL/667m$^2$对水喷雾均具有较好防效。在结荚期、嫩荚期再各喷1次，防治效果更佳。

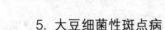

## 5. 大豆细菌性斑点病

病原菌为丁香假单胞菌大豆致病变种，属细菌，菌体杆状，有荚膜，列芽孢，极生 1~3 根鞭毛，革兰氏染色阴性。主要为害幼苗、叶片、叶柄、茎及豆荚。幼苗感染病后子叶生半圆形或近圆形褐色斑。叶片感染病后初生褪色不规则形小斑点，水渍状，扩大后呈多角形或不规则形，病斑中间深褐色至黑褐色，外围具一圈窄的褪绿晕环，病斑融合后成枯死斑块。病菌在种子和病残体上越冬，成为翌年初浸染源，播种带菌种子能引起幼苗发病，病叶上的病原菌借靠风雨传播，引起多次再浸染。越冬后病叶上的细菌也可浸染幼苗和成株期叶片，发病后也可借风力、雨传播，结荚后病菌侵入种荚，直接侵害种子，严重影响大豆产量与质量。

防治方法：

（1）农业措施。与禾本科作物实行定期轮作，减少病源菌基数，施用充分腐熟的有机肥，大豆收获后及时深秋耕，加强田间管理，合理密植，培育壮苗增强抗病能力，及时处理残茬病株以及田间杂草。

（2）做好土壤与种子处理。种子处理应选用高效包衣剂包衣种子，或者用 50% 福美双可湿性粉剂按种子重量的 0.3% 拌种，防效都较好。

（3）药剂防治。发病初期可用 72% 农用链霉素可溶性液剂 500 倍液、新植霉素 500 倍液、30% 碱式硫酸铜悬浮液 400 倍液、30% 琥胶肥酸铜可湿性粉剂 $60g/667m^2$，或用 50% 多菌灵可湿性粉剂 800 倍液+65% 代森锌可湿性粉剂 600 倍液、70% 甲基硫菌灵悬浮剂 800 倍液+80% 代森锰锌可湿性粉剂 600 倍液、50% 异菌脲可湿性粉剂 $100g/667m^2$、25% 丙环唑乳油 $40mL/667m^2$ 喷雾均具有较好防效。每 10 天喷 1 次，连喷 2~3 次防治效果更佳。

6. 大豆病毒病

大豆病毒病又称大豆花叶病，在我国各大豆产区普遍发生，为广谱性病害之一。病原菌为大豆花叶病毒，属马铃薯Y病毒组病毒，病毒粒体线状。该病是整株系统浸染性病害，病症变化差异性较大，常见的花叶类型有轻度花叶型，叶片生长基本正常，只表现轻微淡黄色斑块；重花叶型，叶片也呈黄绿相间的花叶斑块，皱缩畸形，叶脉弯曲，叶肉呈紧密泡状突起，暗绿色；皱缩花叶型，叶片呈现黄绿相间的花叶，并皱缩呈畸形，沿叶脉呈泡状突起，叶缘向下卷曲或扭曲，植株矮化。种子带毒是该病初浸染源，病毒可在蚕豆、豌豆、等作物体上越冬，蚜虫、叶蝉、飞虱是传播病毒源的主要载体。

防治方法：

(1) 农业措施。播种无病毒种子或低毒种子，适当调整播种期，躲过蚜虫传播高峰盛期，在蚜虫、叶蝉、飞虱迁飞前喷药防治。

(2) 种子处理。播种前用3%g百威颗粒剂5~6kg/667m$^2$与大豆种子分层播种，或用病毒灵按种子量的0.3%左右拌种，可有效抑制或杀灭病毒活性。

(3) 药物防治。蚜虫迁飞前用10%吡虫啉可湿性粉剂30~40g/667m$^2$、3%啶虫脒乳油30mL/667m$^2$、2.5%溴氰菊酯（或杀灭菊酯）乳油40mL/667m$^2$对水40~50kg均匀喷雾，或用50%抗蚜威可湿性粉剂2 000倍液喷雾。发生严重的地块，可在发病初期加喷1次2%宁南霉素水剂100~150mL/667m$^2$、0.5%菇类蛋白多糖水剂300倍液、1.5%植病灵乳油1 000倍液。

7. 大豆黑斑病

大豆黑斑病的病原菌为链格孢，属半知菌亚门真菌。分生孢子梗单生或数根束生，暗褐色，分生孢子倒棒形，褐色或青褐色，3~6个串生，有纵隔膜1~2个，横隔3~4个，横隔处有缢缩现象。大豆黑斑病属广谱性病害，大豆产区普遍发生。主要为害叶片、豆荚，叶片染病初生圆形至不规则形病斑，中央褐色，四周略隆起，暗褐色到灰黑色，边缘明显，后病斑扩展或破裂，叶片多反卷干枯，湿度大时表面生有密集黑色霉层，即病原菌分生孢子梗和分生孢子。豆荚染病生圆形或不规则形的病斑，密生黑霉。病菌以菌丝体以及分生孢子在病叶上或病荚上越冬，成为翌年初浸染源，在田间借风雨传播进行初浸染和再浸染，大豆生育后期特别是开花期和结荚期多雨气温高，多湿容易发该病。

防治方法：

（1）农业措施。大豆收获后及时清除病残体，集中烧毁或深埋，及时深秋耕，加强田间管理，合理密植，培育壮苗。

（2）做好土壤与种子处理。实行定期轮作，减少病源菌基数，及时处理残茬病株以及田间杂草。种子处理应选用高效包衣剂包衣种子，或者用50%福美双可湿性粉剂按种子重量的0.3%拌种，防效都较好。

（3）药剂防治。该病最佳防治时期为大豆生育中后期。在发病初期，可用80%代森锰锌可湿性粉剂500~600倍液，或用58%甲霜灵·锰锌可湿性粉剂500倍液、50%异菌脲可湿性粉剂600倍液、70%甲基硫菌灵悬浮剂800倍液、25%丙环唑乳油2 000倍液每667m² 喷雾40~50kg，均具有较好防治效果。在结荚期、嫩荚期再各喷1次，或者交替用药，防治效果都会更佳。

8. 大豆疫霉根腐病

该病的病原菌为大豆疫霉，属鞭毛菌亚门真菌，有性世代产生卵孢子，卵孢子球形、厚壁，单生在藏卵器内，卵孢子发芽长出芽管，形成菌丝体或胞囊，胞囊无乳头状突起。大豆各生育时期均可发病，出苗前染病，易引起种子腐烂或死苗。出苗后染病，引致病部根腐或茎腐，造成幼苗萎蔫或死亡。成株染病，初期茎基部变褐、腐烂，病部环绕茎蔓延，下部叶片叶脉间黄化，上部叶片褪绿，造成植株萎蔫、凋萎叶片悬挂在植株上。该病以卵孢子在土壤中存活越冬成为翌年初浸染源，以风、雨为传播途径，土壤黏重、积水、湿度高、多雨、重茬的发病就重些，否则，发病就轻些。近年大豆种植面积增大，重迎茬比例加重，根腐病现象较为常见，一般减产量 5% ~ 90% 不等，严重的甚至绝产。

防治方法：

（1）农业措施。加强田间管理，做好土壤处理、种子处理，减少病源菌基数，及时处理残茬病株以及田间杂草，雨后及时排除田间积水。

（2）选种。选择抗病耐病的优质、高产品种，选择抗病耐病品种是经济有效的措施之一。

（3）药剂防治。用 35% 甲霜灵粉剂按种子重量的 0.3% 拌种或用大豆包衣剂多可福种衣剂或富尔豆来包衣种子，或多菌灵加福美双按种子重量 0.15% ~ 0.3% 拌种，必要时可喷洒或浇灌 25% 甲霜灵可湿性粉剂 800 倍液，58% 甲霜灵·代森锰锌可湿性粉剂 600 倍液，或用 64% 杀毒矾（恶霜灵·代森锰锌）可湿性粉剂 500 倍液、72% 霜脲氰·代森锰锌可湿性粉剂 600 倍液，均具有防效好，成本低，操作简单的优点。

9. 大豆赤霉病

该病菌主要为害豆荚、籽粒和幼苗子叶，病原为大豆粉红镰孢，也称尖镰孢菌，属半知菌亚门真菌，大型分生孢子镰刀形、两端细削，橙红色，大型分生孢子梭形或镰刀形，无色，两端渐尖削，多具隔膜 3 个，小型分生孢子卵形，无色，具 1 个隔膜。该病以菌丝体在病荚或种子上越冬，翌年产生分生孢子进行初浸染和再浸染。发病适温 30℃ 左右，大豆结荚时遇高温多雨或湿度大时发病重。以风、雨、雾为发病条件或传播途径，开花期湿度高、多雨的发病就重，反之发病就轻些。

或胞囊，胞囊无乳头状突起。大豆各生育时期均可发病，出苗前染病，易引起种子腐烂或死苗。出苗后染病，引致病部根腐或茎腐，造成幼苗萎蔫或死亡。成株染病，初期茎基部变褐、腐烂，病部环绕茎蔓延，下部叶片叶脉间黄化，上部叶片褪绿，造成植株萎蔫、凋萎叶片悬挂在植株上。根腐病现象较为常见，一般减产量 5%~90%不等，严重的甚至绝产。

防治方法：

（1）选种。选择抗病耐病的优质、高产品种，选无病种子播种是最经济有效的措施之一。

（2）加强田间管理。雨后及时排水、改善田间小气候，减少田间湿度，种子收后及时晾晒，降低贮藏库里湿度，及时清除发霉豆子。

（3）药剂防治。用 35%甲霜灵粉剂按种子重量的 0.3%拌种或用大豆专用包衣剂包衣种子，或多菌灵加福美双按种子重量 0.15%~0.3%拌种。现蕾—初花期—盛花期，连续喷洒 2~3 次 60%多菌灵盐酸盐水溶性粉剂 600 倍液，或用 25%甲霜灵可湿性粉剂 800 倍液，58%甲霜灵·代森锰锌可湿性粉剂 600 倍液，或用 64%杀毒矾（恶霜灵·代森锰锌）可湿性粉剂 500 倍液、72%霜脲氰·代森锰锌可湿性粉剂 600 倍液，均具有防效好，成本低、操作简单的优点。

10. 大豆线虫病

线虫病（根结线虫病、胞囊线虫病）主要为害大豆根系。根系发育不良，侧根少，须根多，须根上着生许多黄白色针头大小的颗粒，肉眼可见，后期变为褐色脱落。受线虫为害后根系变弱、大豆根瘤变少，严重时根系变褐腐朽，病株地上部矮小、节间短、花芽少，枯萎，结荚少，叶片发黄。大豆胞囊线虫病称大豆胞囊线虫，属线形动物门胞囊线虫属线虫。雌雄成虫腹部膨大呈鸭梨形，头部尖，乳白色，后变黄褐色，卵长椭圆形，一侧稍凹，皮透明。常以内藏卵及 1 龄幼虫的胞囊在土壤内和寄主根茬内越冬，带有胞囊的土块夹杂在种子中也可越冬。翌年春季变暖，卵开始孵化，2 龄幼虫冲破卵壳进入土壤内，后钻入根部，在根皮层中发育为成虫，在田间传播主要通过田间作业时农机具或人畜携带的胞囊土壤，另外，农作物病残体、粪肥、水流、风雨等也可以传播胞囊，种子中的胞囊是大豆胞囊线虫远距离传播的主要途径。

防治方法：

（1）加强检疫。选用抗病品种，与禾本科作物轮作，增施底肥、充分腐熟有机肥，增施种肥，培育壮苗，提高单株抗病力。

（2）做好种子处理。用 35% 乙基硫环磷或 35% 甲基硫环磷按种子重量的 0.5% 拌种，或用大豆专用包衣剂包衣种子。

（3）药物防治。用 5%g 线磷颗粒剂 $3\sim4kg/667m^2$、3% 百克威颗粒剂 $4kg/667m^2$ 拌适量细土在播种时撒入播种沟内可有效减少线虫病浸染和为害；同时，还可防治地下害虫、潜叶蝇的为害、还有效兼防蓟马、跳甲、蚜虫等早期害虫。

11. 大豆菌核病

大豆菌核病原为核盘菌，属子囊菌亚门真菌，菌丝结成粒状菌核，圆柱状或鼠囊状，内部浅白色，表面黑色。子囊盘盘状，浅褐色，肉质，上生子囊，子囊棒状，无色，内含 8 个子囊孢子，子囊孢子单胞，无色，椭圆形。从苗期到成熟期均可发病，以花期受为害重，苗期感病茎基部褐变，呈水渍状，湿度大时会长出絮状白色菌丝，叶片上初生暗绿色水渍状斑，后扩展为圆形至不规则形病斑，病斑中心灰褐色，边缘暗褐色，外有黄色晕圈，湿度大时产生絮状白色菌丝，叶片腐烂脱落。茎秆多从主茎中下部分叉处开始发病，病部水渍状，褐色，后褪为浅褐色至近白色，病斑形状不规则，常环绕茎部向上下扩展，易倒折。湿度

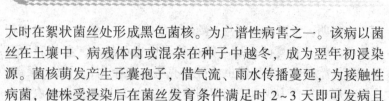

大时在絮状菌丝处形成黑色菌核。为广谱性病害之一。该病以菌丝在土壤中、病残体内或混杂在种子中越冬，成为翌年初浸染源。菌核萌发产生子囊孢子，借气流、雨水传播蔓延，为接触性病菌，健株受浸染后在菌丝发育条件满足时 2~3 天即可发病且显现出病症。

防治方法：

（1）农业措施。雨后及时排水，降低田间湿度；氮磷钾肥配方使用，避免过多、单一施用氮肥；及时清除和烧毁残病株减少菌源。

（2）预防为主。在大豆 2~3 片复叶期，每公顷用增产菌浓缩液 50mL 加米醋 1.5L 加 80%多菌灵微粒剂 750g 或 50%多菌灵可湿性粉剂 1 500g 或 40%多菌灵胶悬剂 1 500mL 混合喷雾，15~20 天后再喷洒 1 次。

（3）药物防治。最佳防治施药时期是在大豆开花结荚期。在发病初期选用 50%乙烯菌核利可湿性粉剂 80g/667m$^2$、或用 50%腐霉利可湿性粉剂 80~100g/667m$^2$、或用 40%菌核净可湿性粉剂 50~60g/667m$^2$、或用 12.5%治萎灵 100g/667m$^2$、或用 50%异菌脲可湿性粉剂 70~100g/667m$^2$，分别对水 40~50kg 均匀喷雾。交替用药间隔 10 天左右连喷 2~3 次防治效果更佳。

12. 大豆炭疽病

大豆炭疽病为广谱性病害，各大豆产区普遍发生，主要为害茎和豆荚。茎上病斑为近圆形或不规则形，初生暗褐色，后期变为灰白色，病斑包围茎后，导致茎枯死。豆荚上的病斑近圆形，红褐色，后变为灰褐色，病斑上产生许多小黑点，排列成轮纹状，即病菌的分生孢子盘。病原菌为大豆小丛壳，属子囊菌亚门真菌，子囊壳球形，多个聚生在皮层子座内。子囊长圆形至棍棒形，子囊孢子单胞，无色，无性阶段产生孢子盘，四周生许多黑色或深褐色刚毛。常以菌丝在带病种子上或落于田间病株组织内越冬，翌年播种后直接侵害子叶，在潮湿条件下分生孢子，借风雨传播浸染。生产上苗期低温或土壤过分干燥，容易造成幼苗发病。成株期温暖潮湿利于该菌浸染流行，河南7—8月高温、多雨、高湿时炭疽病发生就相对较严重，反之，发病就轻。

防治方法：

（1）农业措施。雨后及时排水，降低田间湿度；氮磷钾肥配方使用，避免过多、单一施用氮肥；收获后及时清除和烧毁残病株减少菌源，深翻耕地。

（2）播种前做好种子处理。一般用40%卫福胶悬剂（福美双+萎锈灵）250mL拌种子100kg。或用80%多菌灵微粒剂或50%多菌灵可湿性粉剂按种子量的0.3%~0.5%拌种，或50%福美双可湿性粉剂按种子量的0.3%拌种，或70%并森锌可湿性粉剂按种子量的0.4%拌种，堆闷3~4小时候播种。

（3）药物防治。最佳防治施药时期是在大豆开花结荚期。在开花始期，喷施50%多菌灵可湿性粉剂600倍液、或用80%炭疽福美（福美双·福美锌）可湿性粉剂800~1 000倍液，或用25%溴菌晴可湿性粉剂2 000倍液，或用47%春雷霉素·氧氯化铜可湿性粉剂800~1 000倍液，或用50%异菌脲可湿性粉剂70~100g/667m² 对水40~50kg均匀喷雾。间隔10天左右交替用药，连喷2~3次防治效果更佳。

### 13. 大豆耙点病

大豆耙点病各大豆产区时常发生，主要为害叶、叶柄、茎、豆荚和籽粒。叶片染病产生圆形至不规则形斑，浅红褐色，病斑四周多具浅黄绿色晕圈，大斑常有轮纹，造成叶片早落；叶柄、茎染病产生长条形褐色斑；豆荚染病，病斑圆形，稍凹陷，中间暗紫色，四周褐色，严重的豆荚上密生许多黑色霉层点。病原菌为山扁豆生棒孢，属半知菌亚门真菌，分生孢子梗单生或数根束生，直立或分枝，褐色，具1~20个隔膜。基部细胞膨大，分生孢子圆筒形至棍棒形，淡褐色，正直或微弯，脐部明显，平截形，有3~15个隔膜，孢壁较厚，单生或26个串生。厚壁孢子无色、近球形。常以菌丝或分生孢子在病株残体上越冬，成为翌年传播菌源。也可在休闲地土壤里存活2年以上仍有较强的感病力。在多雨和潮湿条件下发病严重，除为害大豆外，还可浸染蓖麻、棉花、豇豆、黄瓜、菜豆、小豆、辣椒、芝麻、番茄、西瓜等作物。

防治方法：

（1）农业措施。选用抗病、耐病优良品种；加强留种田与留种仓储管理，保障无菌种子；雨后及时排水，降低田间湿度；氮磷钾肥配方使用，避免过多、单一施用氮肥；收获后及时清除和烧毁残病株、深耕深翻，减少菌源；与禾本科作物实行定期轮作。

（2）做好种子消毒处理。一般用40%卫福胶悬剂（福美双+萎锈灵）250mL拌种子100kg。或用80%多菌灵微粒剂或50%多菌灵可湿性粉剂按种子量的0.3%~0.5%拌种，或用50%福美双可湿性粉剂按种子量的0.3%拌种，或用70%并森锌可湿性粉剂按种子量的0.4%拌种，堆闷3~4小时候播种。

（3）药物防治。在发病初期，喷施50%多菌灵可湿性粉剂600倍液、或用80%炭疽福美（福美双·福美锌）可湿性粉剂800~1 000倍液，或用25%溴菌晴可湿性粉剂2 000倍液，或用47%春雷霉素·氧氯化铜可湿性粉剂800~1 000倍液，或用50%异菌脲可湿性粉剂70~100g/667m² 对水40~50kg均匀喷雾。间隔10天左右交替用药，连喷2~3次防治效果更佳。

14. 大豆荚枯病

大豆荚枯病为广谱性病害，各大豆产区时常发生，主要为害豆荚、也能为害茎和叶片。豆荚染病，病斑初为暗褐色，后变为苍白色，病斑呈近圆形，上轮生许多小黑点，幼荚常脱落，老荚染病萎垂不落，病荚大部分不结实，发病轻的虽能结荚，但籽粒小，常易干缩，味苦。茎染病产生灰褐色不规则形病斑，上生无数小黑粒点，病部以上干枯，导致茎枯死。病原菌为豆荚大茎点菌，属半知菌亚门真菌，分生孢子器散生或聚生，埋生在病部表皮下，露有孔口，分生孢子器黑褐色，球形至扁球形，分生孢子长椭圆形至长卵形，单胞，无色，两端钝圆。以菌丝体在带病种子或分生孢子器在病残体上越冬，成为翌年初浸染菌源，多年连作地块，田间残留病残体及周边杂草上越冬菌量多的、地势低洼、排水不良、在潮湿条件下发病就重，反之，则发病较轻。

防治方法：

（1）农业措施。雨后及时排水，降低田间湿度；氮磷钾肥配方使用，避免过多、单一施用氮肥；收获后及时清除和烧毁残病株减少菌源，深翻耕地，施用充分腐熟的有机肥。

（2）播种前做好种子处理。一般用50%多菌灵可湿性粉剂或用50%福美双可湿性粉剂按种子量的0.3%~0.4%拌种，或用80%多菌灵微粒剂按种子量的0.3%~0.5%拌种，或用70%丙森锌可湿性粉剂按种子量的0.4%拌种，堆闷3~4小时候播种。

（3）药物防治。最佳防治施药时期是在大豆开花始期，喷施50%多菌灵可湿性粉剂600倍液、或用70%甲基硫菌灵可湿性粉剂800~1 000倍液，或用50%咪鲜胺锰盐可湿性粉剂2 000倍液，或用47%春雷霉素·氧氯化铜可湿性粉剂800~1 000倍液，或用25%嘧菌酯悬浮剂1 000~1 500倍液均匀喷雾。间隔10天左右交替用药，连喷2~3次防治效果更佳。

## 第二节　大豆虫害防治技术

大豆的虫害有：豆荚螟、大豆食心虫、豆小卷叶蛾、短额负蝗、苜蓿盲蝽、三点盲蝽、牧草缘蝽、斑须蝽、点峰缘蝽、大豆蚜虫、大青叶蝉、华阿鳃金龟、大黑鳃金龟、暗黑鳃金龟、黑绒金龟、砂潜、粟鳞斑叶甲、蒙古土象、大灰象、二条叶甲、中国豆芫菁、斑鞘豆叶甲、双斑荧叶甲、豆秆黑潜蝇、豆根蛇潜蝇、小地老虎、豆卷叶螟、大造桥虫、白雪灯蛾、豆天蛾、肾毒蛾、银纹夜蛾、豆卜馍夜蛾、苜蓿夜蛾、红棕灰夜蛾、斑缘豆粉蝶、豆蚀叶野螟、焰叶蛾、蓝灰蝶、豆灰蝶等 30 余种。北方地区常见为害严重的虫害如下。

1. 大豆蚜虫

大豆蚜虫俗称腻虫、蜜虫。蚜虫为害植株的生长点、嫩叶、嫩茎、嫩荚，传播病毒，造成叶片卷缩，生长减缓，结荚数减少，苗期发生严重可致整株死亡。一般持续干旱高温少雨容易重度发生，多集中在大豆的生长点及幼嫩叶背面，刺吸植株汁液，造成伤口为害，植株矮化、降低产量，还可传播病毒病，造成减产和品质下降。一般 6 月中下旬开始在大豆田出现，高温干旱时为害严重。大豆蚜虫繁殖能力较强，在条件适宜情况下，幼蚜虫经 4~5 天就能产仔，全年可繁殖 15 代。一个雌虫能繁殖 50~60 个，大豆蚜虫迁飞扩散有 4 次高峰；第一次是在大豆苗期，第二次是在大豆圆棵期，第三次是在初花期，第四次是在 9 月上旬盛花期。一般应在 7 月上旬进行防治最为适宜。

防治方法：

（1）农业措施。及时铲除田间、地边杂草，减少虫源滋生。

（2）种子处理。药剂拌种可以明显减少幼苗期蚜虫为害，有利于培育壮苗，为丰产打好基础，用种衣剂包衣种子，或用 40%甲基异柳磷乳剂按种子量的 0.3%拌种，可有效防治苗期蚜虫。

（3）药剂防治。大豆蚜虫的防治指标为每株 10 头以上或卷叶率 5%以上，用 40%乐果乳油 800 倍，或用 40%氧化乐果乳油 1 000 倍，或用 50%辛硫磷乳油 1 500~2 000 倍液，或用 20%杀灭菊酯 2 000 倍液。或每 667m$^2$ 用 10%溴氟菊酯乳油 15~20mL，50%抗蚜威可湿性粉剂 10g，10%吡虫啉可湿性粉剂 15~20g，2.5%功夫乳油 30mL，对水 40~50kg 喷雾。

2. 大豆食心虫

大豆食心虫，又称大豆蛀荚螟，是大豆常发性的害虫之一，以幼虫蛀食豆荚，幼虫蛀入前均作一白丝网罩住幼虫，一般从豆荚合缝处蛀入，被害豆粒咬成沟道或残破状。此害虫幼虫爬行于豆荚上，蛀入豆荚，咬食豆粒，造成大豆粒缺刻、受害，重者可吃掉豆粒大半，被害籽粒变形，荚内充满粪便，品质变劣。有效防治的关键时期是成虫羽化成蛾—产卵期。

防治方法：

（1）农业防治。生产中最有效的防治措施是选择抗虫类品种；其次是轮作换茬和收获后、播前多次深翻细耙；及时清除田间杂草、残茬病株，减少虫源。

（2）种子处理。按种子量 0.5%~0.7%加 40%乐果乳油或辛硫磷乳油拌种，稍晾干及时播种，或用大豆包衣剂包衣种子。

（3）药剂防治。大豆开花结荚期为该虫防治关键时期，成虫发生盛期用 80%敌敌畏乳油 1 000 倍液喷雾。或每 667m$^2$ 用 80%敌敌畏乳油 150g 浸沾 20cm 长的高粱秆、玉米秆 40~50 根，每隔 5~10m 插一根。每 667m$^2$ 用 2.5%敌杀死、5%来福灵、2.5%功夫、20%速灭杀丁等菊酯类农药，或用 10%氯氰（溴氰）菊酯乳油、5%顺式氰戊菊酯乳油、20%甲氰菊酯乳油等对水 40kg 均匀喷雾。

3. 大豆卷叶螟

大豆卷叶螟是大豆生产上的主要害虫，除为害大豆外，还为害绿豆、花生等豆科植物。近年来随着冬季气温升高，其越冬虫量增加，在大豆田逐年加重发生。大豆卷叶螟以幼虫为害豆叶、花、蕾和豆荚，幼虫蛀入花蕾和嫩荚，被害蕾易脱落，被害荚的豆粒被虫咬伤，蛀孔口常有绿色粪便，虫蛀荚常因雨水灌入而腐烂。幼虫为害叶片时，3龄前喜食叶肉不卷叶，3龄后开始卷叶，4龄幼虫将豆叶横卷成筒状，潜伏在其中为害，有时数张叶片卷在一起，常引起落花落荚。成虫昼伏夜出，有趋光性，喜在傍晚活动，卵散产于大豆叶背，幼虫老熟后在卷叶中化蛹。据有关资料介绍，大豆卷叶螟一年发生2~3代，6月下旬至7月上旬进入越冬代成虫盛发期，7月上中旬为越冬代成虫产卵盛期，7月中旬至8月上旬进入一代幼虫发生盛期，7月下旬至8月上旬为害最重，田间卷叶株率大幅度增加，严重发生田块卷叶株率达90%以上，8月中下旬进入化蛹盛期，8月下旬至9月上旬为1代成虫发生期，9月是2代幼虫为害盛期。田间世代重叠，常同时存在各种虫态。多雨湿润的气候有利于大豆卷叶螟发生；生长茂密的豆田、晚熟品种、叶毛少的品种，施氮肥过多或晚播田受害较重。

防治方法：

（1）农业措施。及时清理田园内的落花、落蕾和落荚、病残植株体，以免转移为害。

（2）选种。选择抗虫、耐虫品种，或转基因品种；播前做好种子药剂拌种处理。

（3）药剂防治。药剂防治是当前防控大豆卷叶螟的重要手段，应在各代卵孵化盛期是防治大豆卷叶螟的关键时期。一般在查见田间有1%~2%的植株有卷叶为害时开始防治，每667m² 可选用的药剂有2.5%高效氟氯氰菊酯乳油35mL，或用10%高效氯氰菊酯乳油15~20mL，或用5%氰戊菊酯乳油20mL，或用35%辛·唑乳油50mL，或用15%茚虫威悬浮剂10mL，或用5%丁烯氟虫腈悬浮剂5~10mL，或用1.8%阿维菌素乳油20mL等，对水30~40kg喷雾。每隔7~10天防治1次，交替用药连续防治2次效果更好。

### 4. 大豆红蜘蛛

红蜘蛛为广谱性害虫，属于叶螨科，对大豆的为害也较严重，其为害特点是成螨和若螨常群集于叶背面结丝成网，吸食叶片汁液。大豆叶片受害初期叶正面出现黄白色斑点，3~5天以后斑点面积扩大，斑点加密，叶片开始出现红褐色斑块。随着为害加重，叶片变成锈褐色，似火烧状，严重时，叶片卷曲、脱落。卵：球形，浅黄白至橙黄色。幼螨：足3对，体圆形，黄白色，取食后卵圆形浅绿色，体背两侧出现深绿长斑。若螨：足4对，淡绿至浅橙黄色，体背出现刚毛，后期与成螨相似。成虫为红色小型蜘蛛，卵圆形或梨形，一般呈橙红或锈红色，体背有刚毛细长。初为点片发生，后爬行或吐丝下垂借风雨扩散，高温干旱天气有利于大发生。

防治方法：

（1）农业措施。清除田间病残体，杂草等螨虫生存处的虫源，能有效降低发生程度。利用生物多样性和生态平衡机理，总结完善以虫治虫食物链，培育相克的物种。

（2）药剂防治。当红蜘蛛点片发生时，选择药效好、持效期长，并且无药害的药剂。如1.8%虫螨克乳油2 000~3 000倍液，或用73%灭螨净2 000~3 000倍液，或用20%螨克乳油2 000倍液，或用80%三氯杀螨醇800~1 000倍液。前述任选一种药剂，均可达到防治效果。也可用生物药剂阿维菌素、仿生农药1.8%农克螨乳油2 000倍液喷洒，每667m$^2$均匀喷洒稀释药液60kg左右，防治效果均较好，交替用药防效更理想。

### 5. 大豆天蛾

豆天蛾俗名豆虫（丈母虫），分布广泛，每年发生1~2代，以老熟幼虫在9~12cm土层越冬，翌年春暖上移化蛹。以幼虫为害大豆叶片，造成缺刻或孔洞，轻则吃成网孔，重者将豆株吃成光杆，不能结荚，影响产量。一般在6月中旬化蛹，7月上旬羽化成虫盛期，7月中下旬至8月上旬为成虫产卵盛期，7月下旬至8月下旬为幼虫发生盛期，初孵化幼虫有背光性，白天潜伏叶背，1~2龄为害顶部咬食叶缘成缺刻，一般不迁移，3~4龄食量大增即转株为害，这时是防治适期，5龄是暴食阶段，约占幼虫期食量的90%。生长期间若雨水协调则有利于豆天蛾发生，大豆植株生长茂密，低洼肥沃的田块，豆天蛾成虫产卵多，为害重。

防治方法：

（1）农业措施。收获后播种前，深耕翻能减少虫源基数；合理间作、轮作可降低该害虫为害程度和虫口密度。设置黑光灯+糖醋液诱杀成虫，可减少豆田的落卵量，减轻为害。

（2）药剂防治：防治豆天蛾幼虫的适期应掌握在3龄前用4.5%高效氯氰菊酯1 500~2 000倍液，或用50%辛硫磷乳油1 000倍液，或用20%杀灭菊酯乳油2 000倍液，或用2.5%溴氰菊酯乳油2 000倍液，或用25%甲氰菊酯乳油1 000倍液，每667m$^2$用稀释药液50~75kg均匀喷雾。

6. 大豆造桥虫

大豆造桥虫种类较多，黄淮流域以银纹夜蛾、斜纹夜蛾为多，属间隙爆发为害的杂食性害虫。幼虫为害豆叶为主，也咬食叶柄、蚕食嫩尖、花器和幼荚，大发生时可吃光叶片造成落花落荚，子粒不饱满，严重影响产量。造桥虫每年可发生多代，尤其以7月上中旬到8月中旬为害最重。成虫昼伏夜出，趋光性强，喜在生长茂密的豆田内产卵，卵多散产在豆株上部叶背面。幼虫幼龄时仅食叶肉，留下表皮呈窗孔状。3龄幼虫食害上部嫩叶成孔洞，多在夜间为害。

防治方法：

（1）农业措施。及时翻犁空闲田，铲除田边杂草，在幼虫入土化蛹高峰期时，结合农事操作进行中耕灭蛹，灌溉等措施有效降低田间虫口基数。

（2）药剂防治。掌握卵块至3龄幼虫期前喷洒药剂防治，可用1.8%阿维菌素乳油2 000倍液，或用20%虫酰肼悬浮剂2 000倍液，或用20%杀灭菊酯乳油1 500倍液，或用2.5%溴氰菊酯乳油2 000倍液，或用20%甲氰菊酯乳油3 000倍液，或用48%毒死蜱乳油1 000倍液，或用5%氟啶脲乳油2 000倍液，每667m$^2$喷施前述稀释药液50~60kg，均有较好防效，交替用药2~3次效果更佳，同时，可兼治其他鳞翅目害虫。

7. 豆荚螟

豆荚螟为大豆重要害虫之一，各地均有发生，在河南省、山东省为害最重。以幼虫在豆荚内蛀食籽粒，被害籽粒轻则蛀或缺刻，重则蛀空，被害籽粒内充满虫粪，发褐以致霉烂。黄淮流域一年发生5~6代，主要以蛹在表土中越冬，翌年5月底至6月初始见成虫，以2~4代为田间的主要为害代。

防治方法：

（1）农业措施。适当调整播种期，错开寄主开花期与成虫产卵盛期，可压低虫源，减轻为害；收获后播种前，及时清除田间残茬、病株及寄生杂草并深耕翻，减少虫源基数；利用成虫较强的趋光性，设置黑光灯+糖醋液诱杀成虫，可以减少豆田的落卵量，减轻为害。

（2）选种。选用抗虫品种或种植转基因品种能有效减轻虫害。

（3）药剂防治。防治豆荚螟的最佳适期是大豆始花期至盛花期，即豆荚螟的孵化盛期到低龄幼虫期（3龄前），在始花期、孵化盛期每667m$^2$用10%高效氯氰菊酯15~20mL，或用20%氰戊菊酯乳油20~40mL，或用20%杀灭菊酯乳油20mL，或用2.5%溴氰菊酯乳油20mL，或用1.8%阿维菌素乳油20mL各对水30~50kg喷雾。在大豆盛花期、低龄幼虫期，用2.5%氯氟氰菊酯乳油2 000倍液，或用10%氯氰菊酯乳油3 000倍液，或用

20%氰戊菊酯乳油 2 500 倍液，或用 80%敌敌畏乳油 1 000 倍液，或用 50%杀螟硫磷乳油 1 000 倍液，或用 20%杀灭菊酯乳油 2 000 倍液，或用 2.5%溴氰菊酯乳油 3 000 倍液，或用 1.8%阿维菌素乳油 2 000 倍液均匀喷雾，每667m² 大约用稀释液60kg。

### 8. 大豆黑潜蝇

黑潜蝇属双翅目、潜蝇科，是分布范围较广的豆科蛀食害虫，孵化的幼虫经叶脉，叶柄的幼嫩部位钻蛀入分枝、主茎，蛀食髓部及木质部为害早，造成茎秆中空，受害植株叶片发黄脱落，比健株明显矮化。成株期受害，造成花、荚、叶过早脱落，千粒重降低而减产。若防治不及时，豆株受害率可达 25%~35%，重发年份受害率可达 95%~100%；受害轻的植株矮弱、分枝和荚数少、豆粒小，受害重的整株枯萎、折断，造成严重减产。黄淮流域黑潜蝇一年可发生 4 代，尤其是 2~3 代数量大为害重。幼虫盛期在 6 月下旬末，成虫盛期在 7 月下旬末 8 月初，蛀食为害初花期—盛花期，或大豆末花期至初荚期亦是为害盛期。9 月中旬末，为害晚播大豆和绿豆。

防治措施：

（1）农业防治。选用抗虫、早熟高产品种；不误农时早播，提高植株的抗虫性，以减轻受害程度；及时清理田园内的落花、落蕾、和落荚、病残植株体，以免转移为害。增施腐熟有机肥，适时间苗。

（2）药剂防治。在成虫盛发期和初卵幼虫蛀食前，可采用 10%吡虫啉可湿性粉剂 15~20g/667m²，或用 40%乐果乳油 50~75mL/667m²，亦可用 50%辛硫磷乳油 50mL/667m²，1.8%阿维菌素乳油 10~15mL 对水 50kg 均匀喷洒，防效较好。

在大豆盛花期，防治指标为平均每株有虫 1 头时施药，可选用 90%灭多威可湿性粉剂 3 000 倍液，或用 90%晶体敌百虫 1000 倍液，或用 2.5%溴氰菊酯乳油 1 500~2 000 倍液，或用 20%

菊·马乳油 2 000 倍液，交替用药，每 10 天喷洒一次，连喷 2~3 次防效更佳；对晚播的在夏至后出苗的地块，则要提前到初花期开始喷洒，每 10 天喷 1 次，连喷 2~3 次即可。

9. 大豆蓟马

大豆田蓟马主要有烟蓟马、豆黄蓟马，均属缨翅目，蓟马科。蓟马以幼虫和成虫刺吸式口器穿刺花器并吸取汁液。主要为害幼嫩组织，如叶片、花器、嫩荚果。被害部位蜷曲、皱缩以致枯死，防治指标为大豆 2~3 复叶期，每株有蓟马 20 头或顶叶皱缩。

防治方法：

（1）农业措施。播前深耕细耙，及时铲除田间地边杂草，减少蓟马滋生有利环境，降低虫口密度。

（2）药剂防治。可选用 50%辛硫磷乳油 1 500~2 000 倍液，或用 20%杀灭菊酯 2 000 倍液，或用 25%噻虫嗪水剂 2 000 倍液，或用 25%多杀霉素悬浮剂 1 000 倍液，或用 70%吡虫啉水剂 1 000 倍液，或用 40%乐果乳油 1 500 倍液，每 667m$^2$ 需要稀释药液 60kg，均匀喷雾，尤其是叶背面。

## 第三节　大豆草害防治技术

大豆种植面积大，种植区域广，生态类型多，种植方式、耕作制度、栽培管理水平等差异大，豆田杂草多而复杂，因种植区域不同，主要为害性杂草混生种类不同，因此，各地需要针对杂草特性区别对待，应结合当地实际情况选择高效除草剂。

黄淮流域豆田杂草常见的有春生杂草如野生枸杞、地黄、牛筋草、狗尾草、茜草、播娘蒿、猪秧秧、田旋花、野高粱、小蓟、加拿大蓬等；夏生杂草如画眉草、马唐、旱稗草、虎尾草、千金子、蓼、藜、小蓟、谷莠草、荠菜、泽泻、苘麻、苣荬菜、狗尾草、田旋花、刺儿菜、苋（反枝苋、铁苋菜）、莎草、马齿苋、鬼针草、葎草、苍耳、地肤等。

大豆田化学除草剂一般使用方法多播后苗前使用、出苗后使用等方式。除草剂种类因防治杂草的任务和杂草类型不同而异，一般多分为单子叶类杂草、双子叶类杂草、顽固性杂草类等。

近几年，由于国内外除草剂工业的迅速发展，大豆田除草剂的使用品种有了显著的增加。目前，大豆田登记的除草剂单剂种类在 36 种以上，按化学结构来分，以苯氧类、酰胺类、二苯醚类、有机杂环类的品种使用较多。使用量大、面积较多的品种有：（精）喹禾灵、乙草胺、咪唑乙烟酸（普施特）、氟磺胺草醚（虎威）、氯嘧磺隆（豆威）、烯禾啶（拿捕净）、异丙甲草胺（都尔）、异噁草松（广灭灵）、异丙草胺（普乐宝）、灭草松（苯达松）等。按防除杂草对象来分，用以防除阔叶杂草为主的有 14 个品种；防除禾本科杂草为主的有 15 个品种；禾本科杂草和阔叶杂草都能防除的有 7 个品种。按施药时期来分，苗前及播后苗前、苗后早期施药的有 17 个品种，苗后施药的有 19 个品种。复配除草剂 50 多种（不包括有效成分相同的含量、配比不同的品种），三元复配除草剂 11 种以上。基本上能够满足豆田杂草的化学防除需要。

## 1. 播后苗前除草

最常用的出苗前施用的除草剂有：普施特、广灭灵，这两种对禾本科杂草和一些阔叶杂草都能防除；乙草胺、都尔，主要防除禾本科杂草，还必须与防除阔叶杂草的豆磺隆或赛克混用才有理想效果。使用剂型及用量，5%普施特水剂的用量为每公顷 1.5~2L，48%广灭灵乳剂的用量为每公顷 2~2.5L。为了降低广灭灵用药成本和提高药效，常与乙草胺和赛克混用。其用量每公顷 48%广灭灵乳油 0.75~1L，混加 50%乙草胺乳油 1~2.5L，或者混加 70%赛克可湿性粉剂 0.3~0.5kg。乙草胺、都尔一般不能单用。50%乙草胺乳油的用量每公顷为 1.5~3L，混加 20%豆磺隆可湿性粉剂 50~70g，或者混加 70%赛克可湿性粉剂 0.3~0.6kg。大豆苗前施药，喷液量尽可能大些，有利于地表湿润，提高除草效果，人工背负式喷雾器每公顷喷施稀释液不宜少于450kg，拖拉机喷雾机也不宜少于 600kg。人工施药应选择扇形喷嘴，顺垄喷，保持行走速度一致，不要忽高忽低，要保证喷洒均匀。施用普施特要注意防止对后茬作物的残留药害。第二年只能种豆科作物。第三年也不能种植甜菜、瓜类。因为，大豆出苗时间较快，一般播后 3~5 天就会出苗，特别是夏播大豆，播后苗前施药具体时间要求最好在播种后的 2 天内施药结束。

以禾本科杂草为主的大豆田可以用 50%乙草胺乳油 100~150mL/667m$^2$，或用 72%异丙甲草胺乳油 150~200mL/667m$^2$，或用 72%异丙草胺乳油 150~200mL/667m$^2$，或用 33%二甲戊乐灵乳油 150~200mL/667m$^2$，分别对水 50~80kg 喷雾豆田土表。

草相复杂的大豆田可以选用 50%乙草胺乳油 100mL/667m$^2$+24%乙氧氟草醚乳油 10~15mL/667m$^2$，或用 72%异丙草胺乳油 150mL/667m$^2$+10%氯嘧磺隆可湿性粉剂 5~7.5g/667m$^2$，或用72%异丙草胺乳油 150mL/667m$^2$+15%噻磺隆可湿性粉剂 8~10g/667m$^2$，分别对水 50~80kg 喷雾豆田土表。

2. 出苗后除草

对于前期未能封闭除草的豆田，应在杂草基本出齐且杂草处于幼苗期时应及时喷施除草剂，一般 5%精喹禾乳油 50~75mL/667m$^2$+72%异丙甲草胺乳油 100~150mL/667m$^2$+48%苯达松水剂150mL/667m$^2$，或者 10.8%高效氟吡甲禾灵乳油 20~40mL/667m$^2$+25%三氟羧草醚水剂 50mL/667m$^2$，或者 5%精喹禾灵乳油 50~75mL+24%乳氟羧草醚乳油 20mL/667m$^2$，分别对水 40kg 混均匀尽可能喷洒在豆田土表，最佳时期在大豆出现 2~3 片复叶期施药较好，一般应在早晚气温低、风速小、湿度大时进行。需避开干燥、高温的中午及保证施药后 3~6 小时内不要有大的降雨。另外，最常用的出苗后施用的除草剂有：拿捕净、精喹禾灵、烯草酮等。用 12.5% 拿捕净乳剂每公顷用药量 1~1.5kg；稀释 500 倍液行间喷洒，最好不要直接喷到大豆植株上。喷洒时间最好在大豆 2~4 片羽状复叶期。

遇到大豆苗期以香附子、鸭跖草、马齿苋、龙葵、铁苋、田旋花、等恶性杂草为主时，应选用 10% 乙羧氟草醚乳油 10~30mL/667m$^2$+48 异恶草酮乳油 50mL/667m$^2$，或用 48% 苯达松水剂 150mL/667m$^2$，或者用 25% 三氟羧草醚水剂 50mL/667m$^2$，或者用 25% 氟磺胺草醚水剂 50mL/667m$^2$，分别对水 40kg 均匀喷洒与大豆田行间表土。

施药方法：除草剂施药方法要正确，无论在大豆出苗早期还是晚期，均可采用行间施药方式较为安全，尽管除草剂对幼苗影响很小，但是没有不喷除草剂的处理好。因此，喷施除草剂时尽量不要喷到植株上，喷施除草药时要注意喷布均匀，以减少局部因药量过大而发生药害。另外喷施除草剂药液时还应视草情、土壤墒情、天气状况确定用药量，一般草苗大、墒情差、天气晴朗，可适当加大用药量，或用药量走上限，反之，用药量走下限，适当减少用药量。

3. 除草剂的合理选择

选择大豆除草剂首先要结合当地杂草类型、种植结构、前后茬作物种类等要素综合考虑，原则上应选择杀草谱宽、持效期适中（1.5~3 个月）、对作物安全，不影响后茬作物生长发育和品质、产量的除草剂。以苗前或播后苗前土壤处理为主、苗后处理为辅，尽量采用苗前施药和混土施药法。大豆苗前安全性好的除草剂有速收、都尔（异丙甲草胺）、普乐宝（异丙草胺）、乐丰宝、巨星、宝收（阔叶散）。90% 禾耐斯或乙草胺、90% 圣农施取代 50% 乙草胺。

除草剂的合理使用方法，除草效果高与使用成本经济相兼顾。

（1）土壤处理。播后苗前每公顷用90%禾耐斯（乙草胺、圣农施）1 560～2 500mL加50%速收120～180mL，或用75%宝收15～25mL，或用70%赛克300～600mL，或用80%阔草清48～60mL加72%都尔1 500～3 500mL对水225～300kg喷雾。

（2）茎叶处理。苗后早期在大豆2片复叶期，禾本科杂草2～3叶期，阔叶杂草2～4叶期，大多数杂草出齐时施药；每公顷用12.5%拿捕净1 250～1 500mL加24%g阔乐350～400mL，或用10.8%高效盖草能450～525mL加24%g阔乐350～400mL，或用15%精稳杀得750～1 000mL加25%虎威600～700mL加24%g阔乐250mL对水225～300kg均匀喷雾。

4. 除草剂的正确应用

大豆田可选用的除草剂种类比较多，安全、高效、经济是除草剂应用的追求目标。应用除草剂时，对人、对畜、对作物安全、不易产生药害、不破坏或不污染生态环境这是第一位的，其次是考虑对杂草的防效要好，在防效好的条件下，尽可能选择药费较低的品种。各地要根据大豆田杂草生长的种类、特点，因地制宜地确定对路除草剂品种，如以禾本科杂草为主，就可以用乙草胺、异丙甲草胺、异丙草胺进行苗前土壤封闭；也可以用精喹禾灵、精吡氟禾草灵、高效氟吡甲禾灵进行苗后茎叶喷雾。如大豆田以阔叶杂草为主，就可以用唑嘧磺草胺进行苗前土壤封闭；也可以用氟磺胺草醚、乙羧氟草醚等进行苗后茎叶喷雾。在禾本科杂草和阔叶杂草混生的大豆田，则应选择杀草谱宽的单剂或将杀草谱不同的单剂进行复配，做到禾本科杂草和阔叶杂草兼除。

（1）农业综合防治。选用抗、耐病虫草害，抗、耐除草剂优良品种；定期轮作倒茬、换茬；大豆收获后、播种前多次深翻细耙；及时清除田间杂草、残茬病株，减少病菌源与虫源。

（2）做好种子处理。按种子量0.3%～0.6%加40%乐果乳油拌种（或种子包衣剂、辛硫磷），稍晾干及时播种。

（3）药剂防治。可根据豆田杂草情况针对性选择下列除草剂，按照使用说明书规定剂量和方法要求，适时合理运用。

豆田常用除草剂，见下表。

表　豆田常用除草剂一览表

| 序号 | 中文通用名称 | 商品名 | 序号 | 中文通用名称 | 商品名 |
|------|------------|--------|------|------------|--------|
| 1 | 乳氟禾草克 | 克阔乐 | 2 | （精）噁唑禾草灵 | 威霸 |
| 3 | （精）喹禾灵 | （精）禾草克 | 4 | （精）吡氟禾草灵 | （精）稳杀得 |
| 5 | 高效氟吡甲禾灵 | 高效盖草能 | 6 | 甲草胺 | 拉索 |
| 7 | 乙草胺 | 禾耐斯 | 8 | 异丙草胺 | 普乐宝 |
| 9 | 异丙甲草胺 | 都尔 | 10 | 二甲戊灵 | 施田补 |
| 11 | 氟乐灵 | 茄科宁 | 12 | 仲丁灵 | 地乐胺草胺 |
| 13 | 氯嘧磺隆 | 豆威，豆磺隆 | 14 | 噻吩磺隆 | 宝收 |
| 15 | 唑嘧磺草胺 | 阔草清 | 16 | 三氟羧草醚 | 杂草焚 |
| 17 | 氟磺胺草醚 | 虎威 | 18 | 乙羧氟草醚 | 克草特 |
| 19 | 乙氧氟草醚 | 果尔 | 20 | 扑草净 | 刘草佳 |
| 21 | 嗪草酮 | 赛 g | 22 | 敌草快 | 立收谷 |
| 23 | 烯草酮 | 收乐通 | 24 | 效盖草能 | 灭草松苯达松 |
| 5 | 咪唑喹啉酸 | 灭草喹 | 26 | 灭草敌 | 灭草猛 |
| 27 | 喹禾糠酯 | 喷特 | 28 | 烯禾啶 | 拿捕净 |
| 29 | 咪唑乙烟酸 | 普施特 | 30 | 吡喃草酮 | 快捕净 |
| 31 | 噁草酮 | 农思它 | 32 | 丙炔氟草胺 | 速收 |
| 33 | 异噁草松 | 广灭灵 | 34 | 氟烯草酸 | 利收 |
| 35 | 甲氧咪草烟 | 金豆 | 36 | 尔嗪草酸甲酯 | 阔少 |
| 37 | 精异丙甲草胺 | 金都尔 | 38 | 丁草胺 | 马歇特 |
| 39 | 甲羧除草醚 | 茅毒、茅丹 | 40 | 西玛津 | 田保净 |

**5. 豆田几种顽固性杂草防除技术**

（1）菟丝子是一种寄生性杂草。其叶片退化，以茎缠绕在大豆的植株上，产生吸盘吸取营养，导致大豆植株发黄少结荚或不结荚。菟丝子的化除可在整地后进行，使用 48%仲丁灵（地乐胺）3 750~4 500mL/hm² 对水 300~450kg/hm² 均匀喷雾，然后浅混土 3~5cm，再整地筑畦播种大豆。在大豆生长期间菟丝子为害初期的防治方法：在田间进行普查，发现菟丝子的发病中心后插上标记后用 1∶400 倍的 10%草甘膦稀释液对发病中心进行喷洒控制。由于大豆植株和菟丝子对草甘膦的耐药性不同，药后 4 天菟丝子开始萎蔫，药后 15 天大量死亡。而大豆植株仅叶片黄化，以后能复绿，保产率达 70%左右，对菟丝子的防效在80%以上。由于菟丝子在田间不断发生，所以要间隔 15 天左右再复查防治 1 次。

（2）对香附子、铁苋菜的防除方法，应在铁苋菜 3~4 叶期，每公顷用 80%阔草清 60g，或每公顷用 24%g 阔乐 300~450mL，或每公顷用 10%乙羧氟草醚 150~450mL，或每公顷用 48%苯达松水剂 2 250~3 000mL，或每公顷用 25%氟磺胺草醚水剂 750~1 500mL，分别对水 300~450kg 喷雾，也可在大豆播种后出苗前每公顷使用 70%嗪草酮（赛克）600~750g 对水 300~450kg 喷洒，土壤有机质低于 2%的沙土地不能使用嗪草酮。

（3）对顽固性难治杂草鸭跖草、刺儿菜、田旋花、苣荬菜等的防除，可以选用的除草剂配方如下。

①48%异噁草松 1 000 mL/hm²+25%氟磺胺草醚 1 000mL/hm²。

②48%异噁草松 1 000 mL/hm²+48%灭草松 1 500mL/hm²。应在杂草 3~5 叶期（大豆真叶至第一复叶期）喷洒，鸭跖草一定要在 3 叶期前喷洒。稀释液中加入 1%的植物油型喷雾助剂可以提高防效。喷药需用性能良好的喷雾器械，并使用狭缝式喷头，做到喷洒均匀。对于刺儿菜、苣荬菜等多年生杂草多发的田块，最好在播种前深耕翻，将多年生杂草的地下茎翻入耕作层的下部，以减少出土数量，抑制杂草的发生。

# 第七章　花生病虫草害防治技术

花生是我国重要的油料作物，其高产稳产对国民经济发展有积极意义。近年来，由于种植结构的调整、新技术的推广，随着花生种植面积的扩大，长期的重茬种植和不合理使用农药，导致花生病虫害有逐年加重的趋势，限制了花生的生产。为害花生生产的主要病害有茎腐病、立枯病、冠腐病、白绢病、叶斑病、病毒病等；主要的害虫有地下害虫、新黑地蛛蚧、根结线虫、红蜘蛛、蚜虫、棉铃虫等。采取合理的农业、生物防治，并辅以化学药物防是有效解决花生生产中的病虫害问题，对花生优质高产具有重要意义。

## 第一节　花生主要病害防治技术

### 1. 立枯病

花生立枯病又称叶腐病、烂叶子病，主要分布在北方和长江流域花生产区。在花生各生育期均可发生，主要发生在苗期，容易造成烂种和苗枯；在中后期植株受害造成叶片枯萎腐烂，严重影响花生产量。受害花生一般减产 10% ~ 20%，严重地块减产30%以上。花生播后出苗前染病致种子腐烂而不能出土；幼苗染病时，近地基部发生黄褐色凹陷病斑，病斑绕茎扩展终致幼苗直立枯死；中后期发病，中下部叶片受害较重，叶片受害后产生暗褐色病斑，遇高温高湿病斑加速扩展，导致叶片黑褐色卷缩干枯。根系染病，多数呈腐烂状；菌丝不断扩展蔓延，还可浸染入土果针和荚果，在受病部位产生灰白色棉絮状菌丝体，并形成灰褐色或黑褐色小菌核粒，致荚果腐烂，种仁品质下降，严重时，造成整株枯死（图7-1）。

图7-1　花生立枯病症状

发病规律：病菌以菌核或菌丝体在病残体或土表越冬，播种带菌的种子或在病土中种植花生，都可以引起花生立枯病发生。在合适条件下，菌丝萌发浸染花生。病原菌能通过伤口或直接从寄主表皮组织侵入。产生的菌核可借风雨、水流等进行传播。病菌生长适宜温度范围10~38℃，最适28~31℃。成株期病害主要在花生结荚期发生。发病盛期北方产区为7月底至8月初。如花生植株徒长、过密造成通风透光不良或连续阴雨高温高湿气候条件，有利于发病。偏施氮肥、生长过旺、田间郁闭发病重。一般低洼地、排水条件差、土壤湿度大的花生地病害重。常年连作地病害较为严重。

防治方法：

（1）农业防治。避免连作或与纹枯病重的水稻田轮作，不偏施过施氮肥，增施磷钾肥。搞好排灌系统，及时排除积水，降低田间湿度。合理密植，推行高畦深沟栽培。注意田间卫生，收获时彻底清理病残物烧毁，切勿堆沤作肥。

（2）化学防治。拌种前可将种子先浸湿或浸24小时后沥干，再用种子重量0.3%的50%多菌灵拌种，或用种子重量0.5%的50%多菌灵，或用40%三唑酮多菌灵或45%三唑酮福美双可湿粉按种子重量0.3%拌种，密封24小时后播种。发病初期用50%三福美可湿性粉剂600倍液叶面喷雾，或用70%甲基托布津可湿性粉剂1 000倍液叶面喷雾，或用36%甲基硫菌灵悬浮剂500倍液，或用5%井冈霉素水剂1 500倍液，15%恶霉灵水剂450倍液，58%甲霜灵·锰锌可湿性粉剂600倍液，每667m² 用药液30~45kg，每隔7~10天喷1次，共喷2~3次；或用5%井冈霉素水剂800~1 000倍液喷淋封锁发病中心，2~3次，7~10天1次，喷足淋透。花生结果期发病，可叶面喷施25%多菌灵可湿性粉剂500~600倍液喷雾，或喷施1:2:200的波尔多液，每隔10天喷1次，连喷2~3次，可防止花生徒长、倒伏和郁闭，减轻花生立枯病的发生。

2. 冠腐病

花生冠腐病又称花生黑霉病、曲霉病等，在河南省各地均有发生。主要为害茎基部，也可为害种仁和子叶，造成死棵或烂种。病害造成缺苗断垄，一般发病地块花生缺苗10%以下，严重地块可达30%以上。产区发病率达20%~30%，高的达60%。花生茎基部染病先出现稍凹陷黄褐斑，边缘褐色，随着病斑扩大后表皮组织纵裂，呈干腐状，最后仅剩破碎纤维组织，维管束的髓部变为紫褐色。病部长满黑色霉状物，即病菌分生孢子梗和分生孢子。病株地上部呈失水状，叶片对合，失去光泽很快枯萎而死。果仁染病腐烂且不能发芽，长出黑霉。浸染子叶与胚轴接合部，使子叶变黑腐烂（图7-2）。

发病规律：病菌以菌丝或分生孢子在土壤、病残体或种子上越冬。越冬病菌产生分生孢子侵入子叶和胚芽，严重者死亡不能出土，花生苗出土后，病菌可以从残存的子叶处浸染茎基部或根茎部。病部产生分生孢子，借风雨、气流传播进行扩大再浸染。

图7-2　花生冠腐病症状

花生团棵期达到发病高峰，后期发病较少。种子带菌率高、种子破损或霉变等发病严重；高温高湿、排水不良或旱湿交替有利于发病。多年连作、土壤带菌量大、有机质少、耕作粗放的地块发病重。花生蔓生型品种较直生型品种抗病。

防治方法：

（1）农业防治。选用抗（耐）病品种、无病种子，无病田留种，适时早收，及时晒干，防止种子发霉，播种前精选晒种；提倡与小麦、玉米、高粱、谷子、甘薯等非寄主植物实行 2~3 年轮作；轻病地可实行隔年轮作。适时播种，播种不宜过深；施用充分腐熟的有机肥，增施磷钾肥，避免偏施氮肥；雨后及时排除积水，播种后遇雨及时松土；清除病残体，深翻土壤。

（2）化学防治。播种前种子处理是防治花生冠腐病的有效措施，花生齐苗后和开花前是防治的关键时期，可同时兼治茎腐病、根腐病、白绢病、立枯病等。播种前，按种子重量可选用 0.6%~0.8% 的 2.5% 咯菌腈悬浮种衣剂，或用 0.04%~0.08% 的 35% 精甲霜灵种子处理乳剂，或用 1.7%~2% 的 25% 多·福·毒死蜱悬浮种衣剂，或用 0.2%~0.4% 的 3% 苯醚甲环唑悬浮种衣剂，或用 0.1%~0.3% 的 50% 异菌脲可湿性粉剂，或用 2%~2.5% 的 15% 甲拌·多菌灵悬浮种衣剂，或用 0.1%~0.3% 的

12.5%烯唑醇可湿性粉剂等包衣或拌种。花生齐苗后至开花前，或发病初期，当病穴（株）率达到5%时，可选用50%多菌灵可湿性粉剂600~800倍液，或用50%苯菌灵可湿性粉剂600~800倍液，或用70%甲基硫菌灵可湿性粉剂600~800倍液等，喷淋花生茎基部或灌根，使药液顺茎蔓流到根部；或选用12.5%烯唑醇可湿性粉剂1 000~2 000倍液，或用20%三唑酮乳油1 500~2 000倍液，或用40%丙环唑乳油2 000~2 500倍液或25%戊唑醇水乳剂1 500~2 000倍液等，均匀喷雾或喷淋花生茎基部，每667m² 喷药液40~50kg，或每穴浇灌药液0.2~0.3kg，发病严重时，间隔7~10天防治1次，连续防治2~3次，药剂交替施用，药液喷足淋透。

3. 茎腐病

花生茎腐病俗称烂脖子病，是花生的常见病害，在全国各花生产区均有分布，一般发生在中后期，有6月中下旬的团棵期和8月上中旬的结果期两个盛期，感病后很快枯萎死亡，后期感病者果荚往往腐烂或种仁不满，造成严重损失，一般田地发病率为20%~30%，严重时，达到60%~70%，特别是连作多年的花生地块，甚至成片死亡。该病主要为害花生茎基部，病菌从子叶或幼根侵入植株，在根颈部产生黄褐色水渍状病斑，渐向四周发展，最后变黑褐色，在干旱条件下病部表皮呈琥珀色凹陷，紧贴茎上，茎基狭缩成环状坏死，当潮湿环境雨天或田间土壤湿润的情况下，茎基组织腐烂引起根基组织腐烂。病部产生分生孢子器（即黑色小突起），病部表皮易剥落，纤维组织外露。成株期感病后，10~30天全株枯死，发病部位多在茎基部贴地面，有时也出现主茎和侧枝分期枯死现象。苗期至开花下针期发病，植株水分和营养运输受影响，生长停滞，叶色变深无光泽，进而叶片半凋萎，植株缓慢枯死；荚果膨大成熟期发病，植株很快枯萎、死亡，茎基腐烂，并向上向下延伸，造成花生茎和果荚腐烂（图

7-3)。

**图7-3　花生茎腐病症状**

发病规律：病菌主要在种子和土壤中的病残株上越冬，成为第二年发病的来源。如果病株作为饲料或荚果壳饲养牲畜后粪便以及混有病残株所积造的土杂肥也能传播蔓延。在田间传播，主要是靠田间雨水和大风，农事操作过程中携带病菌也能传播。该病的发生流行同气侯条件、种子质量、栽培管理和品种抗性等因素有密切关系。多雨潮湿年份，收获的种子带菌率较高。团棵开花期和结果中后期是发病高峰，此时，田间高温高湿导致菌源量大，使成片的植株死亡。

防治方法：茎腐病防治应采取农业防治为主，药剂防治为辅的综防措施。

（1）农业防治。选种、晒种　选用抗（耐）病品种、无病种子，无病田留种，防止种子受潮发霉，做好种子选留和晒藏工作，避免种子发霉；贮藏期和播种前应对种子进行暴晒。与禾谷类等非寄主作物实行2~3年轮作，可收到良好的防病效果。因地制宜适当调节播种期；整治排灌系统，提高植地防涝抗旱能力；实施配方施肥，增施磷钾肥；精细整地，注意播种深度和覆土，促种子早萌发出土。收获时彻底清园，收集病残体并集中烧毁，勿用病秧堆沤肥，不要施用带病残体的土杂肥。

（2）化学防治。种植前每 5kg 种子用适乐时 10mL 对水 50mL 或丁硫克百威 100mL 包衣，能有效控制苗期病害的发生。对茎腐病和根腐病具有很好的防治效果。也可用 70%甲基托布津可湿性粉剂，或用 50%多菌灵可湿性粉剂按种子量的 0.5%，或用 25%多菌灵可湿性粉剂 1%，用 25～30kg 水稀释成药液，倒入 50kg 种子浸种 24 小时，中间翻动 2～3 次，使种子把药液吸入；也可用 50%多菌灵或 70%甲基托布津可湿性粉剂按种子量的 0.5%，或用 25%多菌灵种子量的 1%，掺入细土 1.5～2kg 分层喷水撒药，拌匀催芽播种。当田间开始发病时，在第二对分枝萌发期可用 70%甲基硫菌灵可湿性粉剂 800 倍液，或用 50% 多菌灵 800 倍液或 12.5% 禾果利可湿性粉剂 1 500 倍液或 25%菌百克 1 500 倍液，每 667m² 用药液 50～75kg。喷洒灌注根茎部，连续 2 次，间隔 7～10 天，可有效防控开花下针期发病。

4. 根腐病

花生根腐病俗称鼠尾、烂根病等，河南省均有零星发生。花生各生育期均可发病，主要为害植株根部，也可为害果针与荚果。开花结荚盛期发病严重，引起花生烂种、根腐、死棵、烂荚，造成缺株断垄，一般发病率约 10%，重者可达 20%～30%。花生出苗前被花生根腐病病原菌浸染，萌发种子受害，造成烂种、烂芽，严重影响出苗率；苗期受害表现为根腐、植株黄化并且矮小枯萎，受浸染植株通常 3～4 天枯死，造成缺苗、断垄；花生开花下针期受浸染，病株地上部表现矮小、黄化，叶片由下而上变黄，且极易脱落，终致全株枯萎。由于本病发病部位主要在根部及维管束，使病株主根侧根变褐腐烂，维管束变褐，主根皱缩干腐，形似老鼠尾状，患部表面有黄白色至淡红色霉层（病菌的分生孢子梗及分生孢子）；土壤湿度大时，近地面根颈部可长出不定根，病部表面有病菌霉层，造成烂根。病菌为害进入土内的果针和幼嫩荚果，果针受害后荚果易脱落在土内。病菌和腐真菌复合感染荚果，可使得荚果腐烂，最终导致全株枯萎死亡（图7-4）。

**图7-4　花生根腐病症状**

发病规律：病菌主要随土壤、病残体上越冬并成为病害主要初浸染源，带菌的种仁、荚果及混有病残体的土杂肥也可成为病害的初浸染源。病菌主要借流水、施肥或农事操作而传播。初侵接种体主要是厚垣孢子，通过寄主伤口或表皮直接侵入，在维管束内繁殖蔓延，形成再浸染。长期连作的花生田较重连作、沙性土或土层浅易发病，持续低温阴雨发病重，大雨骤晴或少雨干旱易发病；浸染循环：花生根腐病在花生各生育期中均可发生，苗期和生育后期最易感病，全生育期中在5月中下旬和8月中下旬出现2次发病高峰。

防治方法：

（1）农业防治。选用抗病品种及提高种子质量，如选用鲁花11号、豫花7号等抗病品种。播种前要进行晒种，筛选籽粒饱满、健康、均匀的种子；贮藏时要防虫防鼠。轻病田可隔年轮作，重病田应与小麦、玉米等禾本科作物搭配轮作，实施3~5年轮作。避免与大豆、红薯套种、间种。花生生长期和收获后要及时清除田间病株残体，减少菌源，控制来年发病。不用或少用除草剂，特别是封闭性除草剂，选择地势较高地块种植花生，土质适宜选择砂壤土。深翻平整土地，防止土壤板结，提高土壤透气性和排水能力。生田应该旱能浇、涝能排；重施有机肥和磷钾肥，精细整地；尽量减少农事操作对花生各生育期的损伤；视天气情况适期播种；合理施肥浇水。

（2）药物防治。播前沟施甲基托布津（200 g/667m²）进行土壤消毒处理。50%多菌灵100mL加水少许拌种20kg。花生根腐病的防治，坚持"预防为主"的原则，每隔10天利用甲基托布津800倍液进行喷雾预防，同时，加强花生田田间调查，田间一旦发现病株，及时清除烧毁并对其周围进行消毒处理。花生收获期，及时清除病残体，保持花生种植田的卫生花生出苗后加强检查，发现病株随即采取喷雾或淋灌方法施药，封锁中心病株。苗期发病，利用甲基托布津800倍液进行灌根处理，特别是持续低温天气时，每3~5天灌根1次；成株期，如遇大雨骤晴，应及时利用杜邦福星8 000倍液进行灌根处理，每3~5天灌根1次。可用多菌灵或70%甲基托布津1 000倍液，667m²用药剂50~75kg，隔7~15天1次，喷足淋透。

5. 叶斑病

花生叶斑病是真菌性病害，在全国各地均有分布，是威胁花生生产的重要病害。目前，主要包括褐斑病、黑斑病、网斑病。花生褐斑病又称花生早斑病，花生初花期开始发生，生长中后期为发生盛期，造成早期落叶、茎秆枯死。花生黑斑病又称花生晚斑病，俗称黑疸病、黑涩病等，发病盛期在花生的生长中后期，常造成植株大量落叶。花生网斑病又称花生褐纹病、云纹班病、污斑病、网纹斑病等，花生中后期发病重，常与其他叶斑病混合发生。这几种病害都是为害叶片，使叶片提早脱落，导致早衰，使饱果率降低，花生减产十分严重，一般减产10%~20%，严重的减产30%~35%。

主要症状：3种病斑主要发生在叶片上，叶柄、托叶，茎上也能受害。先在下部较老叶片上开始发病，逐步向上部叶片蔓延，发病严重时，在茎秆、叶柄、果针等部位均能形成病斑。

（1）黑斑病。叶片发病一般均由下而上，初生褐色小点，后扩大为圆形或近圆形病斑，直径 1~5mm。颜色逐渐加深呈黑褐色或暗褐色，叶片正面老病斑的周围往往有明显的淡黄色晕圈，背面有许多黑色小点排列成的同心轮纹，潮湿时病斑上产生一层灰褐色的霉状物。发病严重时，每张叶片病斑可达数十个，可相互并合形成不规则形的大斑，使病叶逐渐脱落，发病严重的植株叶片大部脱落，仅留顶端几片新叶，茎秆变黑枯死。

（2）褐斑病。早期的症状不易与黑斑病区别，后期叶片上的病斑较大，直径 4~10mm，圆形或不规则圆形，颜色较浅，下面呈茶褐色或暗褐色，周围有黄色晕圈，背面呈褐色或黄褐色。潮湿时病斑上也产生灰褐色的霉层。一张叶片可生 10~20 个病斑，重病叶常干枯脱落。

（3）网斑病。常在花期染病，先浸染叶片，初沿主脉产生圆形至不规则形的黑褐色小斑，病斑周围有褪绿晕圈，后在叶片正面现边缘呈网纹状的不规则形褐色斑，且病部可见栗褐色小点。阴雨连绵时叶面病斑较大，近圆形，黑褐色；叶背病斑不明显，淡褐色，重者病斑融合，造成严重落叶（图7-5）。

图7-5　花生叶斑病

发病规律：病菌以分生孢子座或菌丝团在病株残体内越冬。次年外界条件适宜时，越冬的分生孢子座或菌丝团即产生分生孢子，随风雨传播到花生上，萌发芽管，直接侵入寄主表皮或从气孔侵入。以后菌丝体又在寄主表皮下形成分生孢子，借风雨传播进行再浸染。花生生长后期如多雨潮湿，发病严重。病菌生长发育的温度为 $10 \sim 30℃$，最适 $25 \sim 28℃$，低于 $10℃$ 或高于 $39℃$ 停止发育。高温高湿有利于病害的量传染。花生生长前期抗病，后期感病；幼嫩器官抗病，老龄器官感病。土壤肥力差，花生生长不良，病害发生也重。连作地发病比轮作地重。

防治方法：

①农业防治：选用抗病品种　如湛油 1 号，农花 26 号，山花 2000 号，中花 2 号，P12，群育 101、花 17、28 号、鲁花 6 号、9 号、11 号、12 号、13 号、14 号、粤油 23 号、奥油 92，浪江 3 号、立茎大粒、远杂 9102、远杂 9307、豫花 7 号、豫花 11 号、豫花 15 号表现为抗叶斑病等；合理施肥，采用配方施肥技术，多施有机肥，增施磷钾肥，提高抗病力。与其他作物轮作 2~3 年。要适时播种、合理密植，促进花生健壮成长；实行麦套花生、地膜覆盖、及时翻耕土地、收获后及时清扫落叶烧掉，降低地表面菌源等措施，减少菌源积累。遇涝要及时排水，降低田间湿度，促进花生健壮生长，以提高花生抗病能力。

②药物防治：发病初期当病叶率达 10%~15% 时开始施药，喷洒 50% 多菌灵可湿性粉剂 900~1 000 倍液，或用 70% 甲基硫菌灵可湿性粉剂 1 000 倍液，或用 70% 代森锰锌可湿性粉剂 400~500 倍液，或用 70% 的甲基托布津 1 000~1 500 倍液，或用 25% 敌力脱乳油 1 000~1 500 倍液，间隔 15~20 天用药 1 次，连防 2~3 次。喷药时宜加入 0.2% 洗衣粉做黏着剂，通过喷药可大幅度减少病叶、落叶，提高荚果饱满度，增加品质，提高产量。

6. 焦斑病

焦斑病又称花生早斑病、叶焦病、枯斑病。主要为害叶片，也可为害叶柄、茎秆和果针。河南省各地均有发生，近年发生渐趋严重。通常在花生花针期开始发生，严重时，田间病株率可达100%，在急性流行情况下，可在很短时间内引起植株大量叶片枯死，造成花生严重减产。

主要症状：花生叶片受害，先从叶尖或叶缘发病，病斑楔形或半圆形，由黄变褐，边缘深褐色，周围有黄色晕圈，后变灰褐、枯死破裂，状如焦灼，上生许多小黑点即病菌子囊壳。叶片中部病斑初与黑斑病、褐斑病相似，后扩大成近圆形褐斑。该病常与叶斑病混生，有明显胡麻斑状。在焦斑病病斑内有黑斑病、褐斑病或褐斑病、锈病斑点。茎及叶柄染病，病斑呈不规则形，浅褐色，水渍状，上生病菌的子囊壳。急性发作可造成整叶黑褐色枯死（图7-6）。

**图7-6 花生焦斑病**

发病规律：病原菌为子囊菌亚门真菌，以子囊壳和菌丝体在病残体上越冬。翌年遇适宜条件释放子囊孢子，借风雨传播，直接穿透表皮侵入致病。高温高湿有利于病害的发生，气温25～27℃、相对湿度70%~74%，有利于病菌孢子发生，子囊孢子扩散高峰在晴天露水初干和开始降雨时。植株生长衰弱时易发病，田间湿度大、土壤贫瘠、偏施氮肥的地块发病重。花生品种间抗病性有显著差异。

防治方法：

（1）农业防治。因地制宜选种抗（耐）病品种或无病种子；与小麦或玉米进行轮作；适时播种，合理密植；施足基肥，增施磷钾肥，增强植株抗病力；雨后及时排水降低田间湿度；清除病株残体、深翻土地。

（2）药物防治。在发病初期，当田间病叶率达到 10% 以上时，及时喷洒药剂进行防治。用药同花生叶斑病，这里不再赘述。

### 7. 青枯病

分布与为害：花生青枯病是细菌性病害，主要为害植物的维管束，病原物为青枯假单胞杆菌。该病在我国长江流域、山东、江苏等省发生较普遍，为害很大。在河南省局部发生，南部发生较重。从苗期到收获期均可发生，但以花期发病最重。病田发病率一般 10%~20%，严重的达 50% 以上，甚至整片枯死。损失程度因发病早晚而异，结荚前发病损失达 100%，结荚后发病损失达 60%~70%，收获前半个月发病的损失可达 20%~30%。

主要症状：花生青枯病是典型的维管束病害，主要自花生根茎部开始发生。特征性症状是植株急性凋萎和维管束变黑褐色，条纹状。花生感病初期顶梢第二片叶首先表现失水萎蔫，早晨叶片张开晚，傍晚提早闭合。随后病势发展，全株叶片自上而下急速凋萎下垂，叶片变为灰绿，病株拔起可见主根尖端变褐湿腐，根瘤呈墨绿色，根部横切面可见环状排列的浅褐色至黑色小点，根部纵切面可见维管束变为淡褐色至黑色，湿润时用手挤压可见菌脓流出。一般植株从发病到枯死需 1~2 周（图 7-7）。

发病规律：花生青枯菌主要在土壤中、病残体及未充分腐熟的堆肥中越冬，成为翌年主要初浸染源。在田间主要靠土壤、流

图7-7　花生青枯病症状

水及农具、人畜和昆虫等传播。花生播种后日均气温20℃以上，5cm深处土温稳定在25℃以上6~8天开始发病，旬均气温高于25℃，旬均土温30℃进入发病盛期。病菌多在花生的花期侵入，以开花至初荚期发病最重，结荚后期发病较少。由根部伤口或自然孔口侵入寄主，通过皮层进入维管束。在维管束内迅速繁殖蔓延，造成导管堵塞，并分泌毒素引起植株中毒，产生萎蔫和青枯症状。雨日后及降水量的多少对病害影响很大，干湿交替时发生严重。地势低洼排水不良、土层浅薄、酸性土壤、有机质含量低、偏施过施氮肥、保水肥力差的粗沙土或通透性差的黄黏土地块发病重。

防治方法：

（1）种子处理。根瘤菌接种，搞好花生根瘤菌接种，提高花生的抗病能力，1kg花生种子拌花生根瘤菌水剂3.5~4mL，拌种时不需要加水，拌匀晾干播种。接种了花生根瘤菌的种子不能直接放在阳光下曝晒，要放在阴凉处晾干，并要当天播完，存放不能超过12小时。没有用根瘤菌接种的花生种子可用50%多菌灵可湿性粉剂按种子重量的0.5%比率进行拌种，或用适乐时10mL拌5kg种子，防治花生青枯病、茎腐病、根腐病等土传性病害。

（2）农业防治。选用抗病品种，如抗青 10 号、抗青 11 号、鄂花 5 号、中花 2 号、鲁花 3 号、粤油 92、粤油 320、粤油 22、桂油 28、泉花 3121、粤油 250 等。推广水旱轮作或花生与冬小麦轮作。北方旱地可与禾谷类等非寄主作物轮作，轻病田实行 1~3 年轮作，重病田实行 4~5 年轮作；南方可与水稻实行水旱轮作。以玉米、大豆套种为主，也可花生、大豆、玉米间种，其中花生最密，大豆次密，玉米最稀。对发病较重的地块，在花生播种前开沟作厢时 667m² 用敌克松粉剂 1.5kg 对土壤进行消毒灭菌。发病初期及时拔除病株，收获后清除田间病残，烧毁或施入水田作基肥，不要将混有病残体的堆肥直接施入花生田或轮作田，要经高温发酵后再施用。深耕土壤，增施有机肥和磷钾肥，促使植株生长健壮；雨后及时排水，防止田间湿度过大。

（3）药物防治。发病初期喷施 100 ~ 200mg/kg 的农用链霉素，每隔 7 ~ 10 天喷 1 次，连续喷 3 ~ 4 次。或用 25% 敌枯双、14% 络氨铜或 10% 浸种灵灌根，或用 25% 敌枯双 25g/667m²，配成药土播种时盖种，均有一定的防病效果。齐苗后、开花前和盛花下针期分别喷淋药剂 1 次，着重喷淋茎基部。药剂可选用 70% 托布津可湿性粉剂、75% 百菌清可湿性粉剂（1∶1）1 000~1 500 倍液，或用 30% 氧氯化铜、70% 代森锰锌可湿性粉剂（1∶1）1 000 倍液，或用 65% 多克菌可湿性粉剂 600~800 倍液进行喷淋防治。在花生盛花期或者田间发现零星病株时立即进行药物预防和控制。每 667m² 可用 20% 青枯灵可湿性粉剂 100g 对水 60kg 喷淋根部，也可用 14% 络氨铜水剂 300 倍液喷淋根基部，每隔 7~10 天喷 1 次，连续喷 3~4 次，有很好的防治效果。

8. 病毒病

分布与为害：花生病毒病是花生上的一类重要病害，种类较多，河南省普遍发生，主要有条纹病毒病、黄花叶病毒病、矮化病毒病、斑驳病毒病等，其中，以条纹病毒病流行最广。一般发生年份病株率20%～50%，减产5%～20%，大发生年份病株率90%以上，减产30%～40%，早期感病株减产30%～50%。

主要症状：花生病毒病是系统性浸染，感病后往往全株表现症状，几种病毒病常混合发生，表现出黄斑驳、绿色条纹等复合症状，不易区分（图7-8）。

图7-8　花生病毒病症状

（1）黄花叶病毒病。病株叶部在幼苗时期就有症状，叶片小而变形，叶脉周围出现褪绿小黄斑及绿色明脉症状，叶缘黄褐色镶边。病株比健株矮1/5～1/4。病果变小而轻，荚壳厚薄不均而坚硬，果仁变小呈紫红色。

（2）矮化型病毒病。病株严重矮小，为健株的1/3～1/2，甚至更矮。单叶叶片变小，叶色浓绿，茎枝节间缩短，开花少，结果少而小。病果似黄豆粒，有的果壳开裂，形成爆粒，露出紫红色的小子仁。本病依靠多种蚜虫如花生蚜、桃蚜、菜蚜等传播毒，有时和斑驳型病毒病混合发生。

（3）斑驳型病毒病。病株茎枝不矮化，主要表现在叶部有深绿色斑块。一般花生出苗后10天左右开始呈现病态，首先在嫩叶上出现黄绿相间的斑驳，先出现的斑块较大，直径0.3～0.5cm，不规则形成圆形。随植株生长，病症逐渐扩展到全株叶片。

（4）斑驳病毒病。初在嫩叶上出现深绿与浅绿相嵌的斑驳、斑块或黄褐色坏死斑，近圆形、半月形、楔形或不规则形，叶缘卷曲，后逐渐扩展到全株叶片，坏死斑病株萎缩瘦弱，斑驳病株矮化不明显或不矮化。荚果小而少，种皮上有紫斑，果仁或变紫褐色。

发病规律：病源是不同类型的病毒。带毒种子和田间其他越冬的带毒寄主成为翌年的初浸染源。主要靠蚜虫传毒，汁液摩擦也可传毒。传毒蚜虫主要是豆蚜、棉蚜、桃蚜等有翅蚜。带毒种子形成的病苗，一般在出苗 10 天后开始发病，到花期出现高峰。

防治方法：控制花生病毒病应采用以选用无毒种子和治蚜防病为主的综合防治措施。

①农业防治：选种抗病和种子传毒率低的品种；无病田或无病株留种，精选种子；推广地膜覆盖栽培技术，选用银灰地膜驱避蚜虫；实行花生与玉米等高秆作物间作；及时拔除病株，清除周围杂草及其他蚜虫寄主，集中烧毁。

②药物防治：及时治蚜防病，防治病毒病的药剂与杀虫剂混用，可显著提高防治效果。在发病前或发病初期，可选用 10%混合脂肪酸水乳剂 50~100 倍液，或用 0.5%几丁聚糖水剂 200~400 倍液，或用 6%烯·羟·硫酸铜可湿性粉剂 200~400 倍液，或用 0.5%菇类蛋白多糖水剂 200~400 倍液，或用 24%混酯·硫酸铜水乳剂 400~600 倍液等均匀喷雾，667m² 喷药液 40~50kg；或每 667m² 选用 5%葡聚烯糖可湿性粉剂 60~80g，或用 4%嘧啶核苷类抗生素水剂 60~80g，或用 50%氯溴异氰尿酸可溶粉剂 60~80g，或用 40%烯·羟·吗啉胍可溶粉剂 100~150g，或用 8%宁南霉素水剂 80~100mL，或用 20%盐酸吗啉胍可湿性粉剂 150~250g，或用 6%烷醇·硫酸铜可湿性粉剂 100~150g，或用 2%氨基酸寡糖素水剂 150~250mL，或用 1.8%辛菌胺醋酸盐水剂 150~250mL，或用 2.2%烷醇·辛菌胺可湿性粉剂 150~250g 等，加水 40~50kg 均匀喷雾，每隔 7~10 天喷 1 次，连喷 3~4 次。

9. 花生锈病

分布与为害：花生锈病在河南省各地均有发生，近年呈扩展蔓延加重趋势。花生各生育期均可发病，但以结荚后期发生严重，引起植株提前落叶、早熟，造成花生减产、出油率下降。发病越早，损失越重，一般减产约15%，重者可减产50%。该病主要为害花生叶片，使病株蒸腾量倍增，生育期缩短，产量锐减，出仁率和出油率降低。

主要症状：花生锈病主要为害花生叶片，也可为害叶柄、托叶、茎秆、果针和荚果。发病初期，首先叶片背面出现针尖大小的白斑，同时，相应的叶片正面出现黄色小点，以后叶背面病斑变成淡黄色并逐渐扩大，呈黄褐色隆起，表皮破裂后，用手摸可粘满铁锈色末。严重时，整个叶片变黄枯干，全株枯死，远望似火烧状。不仅严重降低产量，而且也影响品质（图7-9）。

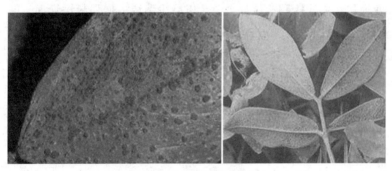

**图7-9　花生锈病症状**

发病规律：病原菌为担子菌亚门真菌，浸染循环全靠夏孢子完成，河南省的初浸染菌源来自南方。病株上的夏孢子堆产生的夏孢子借风雨传播，在叶片具有水膜的条件下进行再浸染，由气孔或伤口侵入，发病最适温度为25~28℃。菌源数量、气候条件是影响锈病发生和流行的主要因素。菌源量大、雨日多、雾大或露水重，易引起锈病流行，高温、高湿、温差大利于病害蔓延。春花生早播病轻，晚播病重；秋花生则早播病重，晚播病轻。花生锈菌可在秋花生落粒的自生苗上存活，或以夏孢子在秋花生病藤上越冬，以夏孢子作为初浸染接种体，借气流作近距离或高空远程传播，完成病害周年循环。病害初浸染源包括本地菌源和外地菌源两个方面。夏孢子萌发温度 11～33℃，最适 25～28℃，20～30℃病害潜育期 6～15 天。本病毒的发生流行同天气、栽培条件、品种抗性等有密切关系。适温高湿的天气或密植株间湿度大的生态环境有利发病；偏施氮肥的田块发病重。

防治方法：

（1）农业防治。选用抗（耐）病品种，如粤油 22、粤油 551、粤油 551-116、战斗 2 号、汕油 3 号、红梅早、恩花 1 号、中花 17 等。与小麦、玉米等禾本科作物实行 1～2 年轮作；及早处理秋花生病藤和落粒自生苗，以减少菌源；加强栽培管理，创造有利植株生长、不利病菌浸染的生态环境。包括适时播种，合理密植，配方施肥，增施磷、钾、钙肥；高畦深沟栽培，整治排灌系统，雨后及时清沟排渍降湿等。

（2）化学防治。应于初花期开始定期检查植株下部叶片，发现中心病株及时喷药封锁。发病初期病叶率 5%时，可选用 75%百菌清可湿性粉剂 500 倍液、15%的三唑酮（粉锈宁）可湿性粉剂 1 000 倍液、1：1：200 的波尔多液等喷洒，每次每 667m² 用药液 65～75kg。喷药时加入 0.2%的黏着剂（如洗衣粉等），有增效作用。也可用 15%三唑醇（羟锈宁）可湿性粉剂 1 000 倍液，或用 40%三唑酮多菌灵 1 000～1 500 倍液，或用 30%氧氯化铜+ 75%百菌清（1：1）1 000 倍液，或用 50%三唑酮·硫黄悬浮剂，隔 7～15 天 1 次，连喷 2～3 次，前密后疏，交替施用。

10. 白绢病

分布与为害：花生白绢病又称花生菌核性基腐病、白脚病、菌核枯萎病、菌核根腐病，是真菌性病害，病原物称齐整小核菌，属半知菌亚门真菌。病菌主要浸染花生根、荚果及茎基部，一般在花生荚果膨大至成熟期才表现出症状，发病后进行防治效果较差，应及早进行防治。在河南省局部发生，南部较重，近年为害渐趋严重。多发生在花生成株期的下针至荚果形成期，7—8月为发病盛期，造成植株枯萎死亡。一般为零星发生，病株率在5%以下，严重地块可高达30%以上。

主要症状：花生根、荚果及茎基部受害后，初呈褐色软腐状，地上部根茎处有白色绢状菌丝（故称白绢病），常常在近地面的茎基部和其附近的土壤表面先形成白色绢丝，病部渐变为暗褐色而有光泽。植株茎基部被病斑环割而死亡。在高湿条件下，染病植株的地上部可被白色菌丝束所覆盖，然后扩展到附近的土面而传染到其他的植株上。在极潮湿的环境下，菌丝簇不明显，而受害的茎基部被具淡褐色乃至红色软木壮隆起的长梭形病斑所覆盖。在干旱条件下，茎上病痕发生于地表面下，呈褐色梭形，长约0.5cm。并有油菜子状菌核，茎叶变黄，逐渐枯死，花生荚果腐烂。该病菌在高温高湿条件下开始萌动，浸染花生，沙质土壤、连续重茬、种植密度过大、阴雨天发病较重（图7-10）。

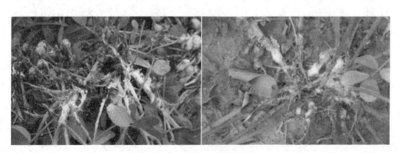

**图7-10　花生白绢病症状**

发病规律：病菌以菌核或菌丝在土壤中或病残体上越冬，可以存活 5~6 年，大部分分布在 1~2cm 的表土层中。以菌核在 2.5cm 以下发芽率明显减少，在土中 7cm 处几乎不发芽。翌年菌核萌发，产生菌丝，从植株根茎基部的表皮或伤口侵入，也可侵入子房柄或荚果。种子也可带菌。病菌在田间靠流水或昆虫传播蔓延。高温、高湿、土壤黏重、排水不良、低洼地及多雨年份易发病。雨后马上转晴，病株迅速枯萎死亡。连作地、播种早的发病重。

防治方法：

（1）农业防治。与水稻、小麦、玉米等禾本科作物进行 3 年以上轮作；施用腐熟有机肥，改善土壤通透条件；春花生适当晚播，苗期清棵蹲苗，提高抗病力；收获后及时清除病残体，深翻土地，减少病原菌数量；加强田间管理，连续阴雨天和下湿田块要及时排水。

（2）药物防治。选用无病种子，用种子重量 0.5% 的 50% 多菌灵可湿性粉剂，或用种子重量 0.3% 的 70% 甲基硫菌灵（甲基托布津）可湿性粉剂 1 000 倍液加适量杀虫剂，或用种子重量 0.3% 的 25% 溴菌清可湿性粉剂 600 倍液加适量杀虫剂，或用种子重量 0.3% 的 80% 炭疽福美可湿性粉剂 600 倍液加适量杀虫剂拌种，密闭 24 小时后播种。用种子重量 0.5% 的 50% 多菌灵可湿性粉剂拌种后播种，或用 75% 五氯硝基苯可湿性粉剂加 50% 福美双可湿性粉剂等量混匀后，加 15 倍细土制成药土盖种，每穴用药土 75g。

发病初期可喷淋 50% 苯菌灵可湿性粉剂、或用 50% 腐霉利可湿性粉剂、或用 50% 扑海因可湿性粉剂、20% 甲基立枯磷乳油 1 000~1 500 倍液，或用 50% 异菌脲可湿性粉剂，每株喷淋对好的药液 100~200mL。每 667m² 用 25% 咪鲜胺乳油 30mL 加 30% 菌爽 20mL 对水 30~40kg 喷雾，发病较重田块隔 5~7 天再喷 1 次。还可 50% 异菌脲可湿性粉剂 1 000 倍液与 50% 多菌灵可湿性粉剂

600~800 倍液混配施用，防治效果显著。

11. 根结线虫病

分布与为害：花生根结线虫病又称花生根瘤线虫病、花生线虫病，俗称地黄病、地落病、黄秧病等，是花生上的一种毁灭性病害，主要为害根部，也可为害果壳、果柄和根茎等。在河南省局部发生。花生整个生长期均可发生，病株在田间常成片分布，地上部分生长发育不良，呈缺肥、缺水状，一般减产 20% ~ 30%，重者减产 70% 以上，甚至绝收。

主要症状：花生根结线虫病主要为害植株的地下部，因地下部受害引起地上部生长发育不良。幼苗被害，一般出土半个月后即可表现症状，植株萎缩不长，下部叶变黄，始花期后，整株茎叶逐渐变黄，叶片小，底叶叶缘焦灼，提早脱落，开花迟，病株矮小，似缺肥水状，田间常成片成窝发生。雨水多时，病情可减轻。当主根开始生长时，线虫便可侵入主根尖端，形成膨大纺锤形虫瘿（根结），初期为乳白色，后变为黄褐色，直径一般 2~4mm，表面粗糙。以后在虫瘿上长出许多细小的须根，须根尖端又被线虫浸染形成虫瘿，经多次反复浸染，根系就形成乱丝状的须根团。受害主根畸形歪曲，停止生长，根部皮层往往变褐腐烂。在根茎、果柄上可形成葡萄穗状的虫瘿簇。在果壳上则形成疮痂状虫瘿，初为乳白色，后变为褐色，较少见。剖视虫瘿，可见乳白色针头大小的雌线虫。病株根瘤少，结果亦少而小，甚至不结果（图 7-11）。

发病规律：病原为线虫，以卵在卵囊内或幼虫在根结内随着病根、病果壳在土壤或粪肥中越冬，主要靠土壤传播，也可借流水、风雨、粪肥、农事操作等传播，调运带病荚果可远距离传播。线虫主要分布在 40cm 土层内，不耐干燥，耐水淹和低温。土壤温度 20~25℃、含水量 70% 左右，最适于侵入。干旱发病重；沙壤土、沙土或贫瘠的土壤中发病重；连作田、管理粗放、

图 7-11　花生根结线虫病

病残体及杂草多的花生田易发病。春花生比夏花生、早播比晚播发病重。

防治方法：

（1）农业防治。选育和利用抗病品种、无病种子，贮藏、播种前充分晾晒；保护无病区，不从病区调运花生种子；如确需调种时，应在当地剥壳只调果仁，并在调种前将期干燥到含水量10%以下，调运其他寄主植物也实施检疫。与玉米、谷子、小麦等禾本科和甘薯等非寄主作物实行轮作，水旱轮作，效果更好；增施腐熟有机肥，减少化肥用量，提高抗病力；改善灌溉条件，忌串灌，防止浇水传播；及时清除田内外杂草，病田就地收刨、单收单打，深刨病根，集中烧毁病残体，减少扩散传播。

（2）化学防治。抓住播种时药剂沟施或穴施、出苗后1个月时（浸染盛期）药剂灌根两个关键措施。播种前线虫密度达到幼虫（卵）30条（粒）/kg土壤时，要及时进行药剂防治。播种时，每667 m² 可选用15%阿维·吡虫啉微囊悬浮剂0.3~0.5kg，或用40%三唑磷乳油1~2kg，或用1.5%阿维菌素颗粒剂1~2kg，或用10%硫线磷颗粒剂4~6kg，或用10%g线磷颗粒剂

4~6kg，或用3%g百威颗粒剂4~6kg，或用10%灭线磷颗粒剂4~6kg，或用5%丁硫·毒死蜱颗粒剂6~10kg等，也可选用2.5亿个孢子/g厚孢轮枝菌微粒剂1.5~2kg、5亿活孢子/g淡紫拟青霉颗粒剂2.5~3.5kg等生物制剂，加细土20~25kg拌匀制成毒土，撒施于播种沟或穴内，覆土后播种，或进行15~25cm宽的混土带施药。花生出苗后1个月时，可选用25%阿维·丁硫水乳剂1 000~2 000倍液灌根，或每667m²选用3%阿维菌素微囊悬浮剂0.5~1kg，加水200~300kg灌根。

12. 花生果腐病

分布与为害：花生果腐病又称花生烂果病，是花生上的土传病害，常和其他病虫害混合发生。并呈加重趋势，局部为害严重。花生结荚到收获期均可发病，田间多呈整株或点片发生，造成荚果腐烂，一般减产15%~20%，重者减产50%以上，甚至绝收。

主要症状：花生果腐病主要为害花生荚果，也可为害果柄。不同发育阶段的荚果均可受害。多数荚果在果嘴端先受害，果壳表层先出现黄褐色至棕褐色的不规则形病斑，后向深层和四周扩展，可环绕荚果一周，造成整个或半个荚果变褐色或黑色腐烂。果仁与果壳分离，变褐色至黑色腐烂，干燥后呈黑粉状，或籽粒干瘪色泽发暗或发芽。受害果柄土中部分变褐色腐烂，造成荚果脱落或发芽。湿度大时，部分果壳内外或果仁表面出现灰白色、浅绿色、褐色或黑色等菌丝体或霉层。病体地上部分与正常植株没有明显异常（图7-12）。

发病规律：病原为复合病源，包括多种病原真菌、植物寄生线虫和土壤中的螨类，称之为"花生果腐病复合体"。借助土壤与种子传播。发病盛期在7月下旬至9月中旬的结荚盛期。连作、沙质土壤、氮肥施用过多、土壤湿度大的地块发病重；地下害虫、寄生线虫或根腐病等较多的地块发病重；多年连作的地

图7-12　花生果腐病症状

块，在花生荚果期，遇到雨水较多年份，或严重干旱后遇到较大降雨或灌水，病情就会加重。花生品种间抗性有差异。

防治方法：

（1）农业防治。选用抗（耐）病品种或无病种子，推广抗逆性和丰产性较好的品种，精选种子；合理轮作，可与小麦、玉米、谷子、甘薯、蔬菜等作物轮作，重病田实行3~5年轮作；配方施肥，施用充分腐熟有机肥，减少氮肥，增施钙、锌、硼、硫、锰、钼等中微量肥和生物菌肥，增加土壤有益菌的含量；选在地势高、土壤疏松、排水良好的地块起垄种植花生，忌大水漫灌、串灌，雨后及时清沟排渍；及时清除果壳等病残体，集中烧毁。

（2）化学防治。结合耕翻土壤，每667m²可选用70%甲基硫菌灵可湿性粉剂2~3kg，或用80%多菌灵可湿性粉剂2~3kg，或用40%五氯硝基苯粉剂5~7kg，或用50%福美双可湿性粉剂等2~3kg等，加细土拌匀后，均匀撒施于土中，以消灭土壤中病菌。播种前，可选用种子重量0.3%~0.8%的25%噻虫·咯·霜灵悬浮种衣剂，或用1.7%~2%的25%多·福·毒死蜱悬浮种衣剂，或用 1.7%~2.5% 的 18% 辛硫·福美双种子处理微囊悬浮种衣剂。也可选用 30% 毒死蜱微胶囊悬浮剂 210~300mL，或用 600g/L 吡虫啉悬浮种衣剂 30~45mL，加 350g/L 精甲霜灵种子处理乳剂 5~12mL 或 3% 苯醚甲环唑悬浮种衣剂 30~50mL 或 25g/L 咯菌腈悬浮种衣剂 80~120mL 等，混合拌花生种子 12.5~15kg。拌种时加入含有解淀粉芽孢杆菌等菌肥，防治效果更佳。花生结荚初期或发病初期，可选用 3% 多抗霉素水剂 100 倍液，2 亿活孢子/g 木真菌可湿性粉剂 200~300 倍液，或用 50% 多菌灵悬浮剂 600~800 倍液，或用 3% 甲霜·噁霉灵水剂 300~500 倍液，或用 1% 甲嗪霉素悬浮剂 600~800 倍液，或用 20% 甲基立枯磷乳油 600~800 倍液，或用 80% 乙蒜素乳油 1 000~1 500 倍液，或用 50% 苯菌灵可湿性粉剂 800~1 000 倍液，或用 12.5% 烯唑醇可湿性粉剂 1 000~1 500 倍液等，灌根或喷淋花生茎基部，每穴浇灌喷淋药液 0.2~0.3kg，间隔 7~10 天防治 1 次，连续防治 2~3 次，药剂交替施用，药液喷足淋透。

## 第二节　花生主要虫害防治技术

花生害虫种类繁多，发生广泛，为了经济有效地控制害虫为害，必须实施综合防治，合理运用农艺的、生物的、物理的、化学的防治措施，尽可能地创造有利于花生生长发育和天敌生物繁殖，把虫害造成的损失降到最低。

### 1. 蛴螬

蛴螬是翘翅目金龟甲科幼虫的总称，是中国农作物上一类重要的地下害虫，其主要为害种类因各地气候、土质、地势、作物的不同而有差异，而且同一地区多种混合发生。大黑鳃金龟、暗黑鳃金龟、铜绿丽金龟在全国各地较为普遍发生。蛴螬是花生生产上一种主要害虫，常在花生的结荚期咬食果实，严重为害花生地下果实和根茎，造成空果和死苗，大大降低花生的商品价值，一般减产20%左右，重者减产50%以上。由于栽培措施不当、连年种植，以及蛴螬抗药性的增强，使部分地块虫害连年加重，因此做好花生蛴螬的防治工作，是确保花生生产的重要措施之一。华北地区2年发生一代，均以成虫或幼虫在土中20~40cm深处越冬，越冬成虫在第二年当10cm地温达14℃时开始出土，5月中、下旬开始产卵；盛期为6月下旬至8月中旬。幼虫期134天左右，以幼虫在土中越冬；翌年春季4月越冬幼虫继续活动为害，6月初开始化蛹，6月下旬进入盛期，7月开始羽化，在8月以后羽化的成虫，一般当年不再出土，即在土中潜伏越冬，于是越冬虫态既有成虫又有幼虫。成虫白天潜伏土中，傍晚出土活动、取食、交配，黎明又回到土中。有假死性和较强的趋光性，对黑光灯的趋性更强。一般交配后4~5天产卵，尤其喜在豆地、花生或有机质多的土壤里产卵，产卵深度5~10cm。常4~5粒至10余粒连在一起，故初龄幼虫也有聚集分布现象。

防治方法：

（1）预测预报。由于蛴螬为土栖害虫，具有隐蔽性，一旦发现为害就已经错过最佳防治时期，因此，对蛴螬必须加强预测预报工作，加强宣传，在最佳防治时期内达到理想防效。

（2）物理防治。在成虫盛发期采取药枝诱杀，对喜食的杨、榆等树木枝条进行药剂涂抹，药杀成虫。具体做法是：将新鲜的榆树枝条截成50~90cm长，5~7枝捆成1把，用90%敌百虫500~800倍液均匀喷在树枝上，傍晚插于花生田内，每667m² 插4~5把，效果较好；在7月上中旬成虫发生盛期，应大面积推广此项技术。傍晚时分，选择成虫比较多的果园、林地、苗圃等地，安装使用黑光灯和频振式杀虫灯诱杀成虫，每2hm² 放置1台，将金龟子在出土高峰至产卵前消灭，减少田间落卵量，起到杀一灭百的作用，可有效减少虫源基数，效果良好，可起到间接防治花生田蛴螬的效果。

（3）农业防治。尽量选用黄沙地，不要选择壤土地。冬季深翻土壤，精耕细作，采用合理的耕作制度，在有条件的地方进行水旱轮作。合理施肥，施用有机肥，适当控制氮肥适用量，增施磷、钾及微肥，促进花生健壮生长，提高花生抵抗病虫害的能力。从7月下旬至8月上旬，到花生进入需水临界期，也是蛴螬的为害盛期，可结合浇水淹杀。可利用田边地头、村边、沟渠附近的零散空地种植蓖麻，可毒杀取食的成虫，降低成虫的基数。在花生收获和犁地时，及时捡拾蛴螬，集中杀灭。

（4）药物防治。可选用50%辛硫磷乳油，或用40%甲基异柳磷乳油，或用35%甲基硫环磷乳油接种子量0.2%拌种，可有效保护种子和幼苗免遭蛴螬为害，保苗率达90%%以上。播种期防治用10%毒死蜱颗粒剂1.5 g/667m$^2$，或用10%吡虫啉可湿性粉剂30g /667m$^2$，对细土20～25kg，均匀撒施全田，随撒随耕，耙入土中。用40%甲基异柳磷乳剂拌种，为种子量的0.2%。7月中旬至8月初，蛴螬孵化盛期和低龄幼虫期是药剂防治的最佳时期，可每667m$^2$ 用50%辛硫磷乳油或40%甲基异柳磷乳油0.5kg对水500kg，每墩灌药液100g，要让药液慢慢渗入墩内，防止药液外流，施后如遇小雨效果会更好，能有效控制蛴螬的为害。

2. 叶螨

花生叶螨主要为朱砂叶螨和二斑叶螨。朱砂叶螨俗称"红蜘蛛"，二斑叶螨与朱砂叶螨极相似，区别在于二斑叶螨体色呈淡黄色或黄绿色，无红色个体，肉眼辨别近白色，俗称"白蜘蛛"。

发病规律：华北年生10～15代，南方年发生20代以上，以成螨在土缝、花生田边的杂草根际或树皮下吐丝结网越冬，往往成群团聚潜伏。翌年3月下旬开始活动，4月下旬至5月上旬迁入花生田为害，6—7月为发生盛期，对春花生可造成局部为害。

7月中旬雨季到来，叶螨发生量迅速减少，8月若天气干旱可再次大发生，在花生荚果期造成为害。9月中下旬花生收获后迁往冬季寄生，10月下旬开始越冬。花生叶螨群集在花生叶的背面刺吸汁液，受害叶片正面初为灰白色，逐渐变黄，受害严重的叶片干枯脱落。在叶螨发生高峰期，由于成螨吐丝结网，虫口密度大的地块可见花生叶片表面有一层白色丝网，且大片的花生叶被联结在一起，严重地影响了花生叶片的光合作用，阻碍了花生的正常生长，使荚果干瘪，大量减产。

防治方法：

（1）农业防治。因地制宜选育和种植抗虫品种。秋冬季除草及灌溉，消灭越冬虫源，压低虫口基数。提倡与非寄主植物进行轮作，避免与豆类、瓜类进行轮作。适时播种，合理密植；科学施肥，提高植株抗性；合理灌溉，防止过干过湿；田间叶螨大发生时及时拔除被害株，避免叶螨在寄主间相互转移为害；花生收获后及时深翻，即可杀死大量越冬的叶螨，又可减少杂草等寄主植物；清除田边杂草，消灭越冬虫源。也可减轻为害。

（2）药物防治。每 $667m^2$ 用 5% 涕灭威 1～1.25kg 或 3% 呋喃丹 2kg、5% 甲拌磷颗粒剂 2.5kg，随播种把药穴施入土中。6—8月干旱少雨，棉叶螨种群数量增多，当花生叶上出现黄白斑率达 20% 时，应马上喷洒 20% 三氯杀螨醇，或用 1 500 倍液或 20% 三氯杀螨砜 800 倍液、10% 浏阳霉素乳油 1 000 倍液、44% 多虫清乳油 $^2$ 用药 33mL 对水喷雾。对上述杀虫剂产生抗药性的地区或田块，可选用 73%g 螨特乳油 3 000 倍液或 5% 卡死克乳油 1 500 倍液、50% 硫悬浮剂 300 倍液、20% 速螨酮乳油 3 000 倍液、15% 哒螨灵乳油 2 500 倍液、10% 吡虫啉可湿性粉剂 2 500 倍液、1.8% 爱福丁乳油抗生素杀虫杀螨剂 5 000 倍液、10% 除尽乳油 2 000 倍液。此外，还可用 80% 敌敌畏乳油与 20% 三氯杀螨砜分别稀释后按 4：1 混合成 1 000 倍液，对抗性叶螨防效也很高。

（3）生物防治。保护利用天敌，如叶螨的天敌有很多，如七星瓢虫、中华草蛉、草间小黑蛛等。这些天敌对花生叶螨分别起着不同程度的抑制作用。

3. 新黑地蛛蚧

花生新黑地蛛蚧属同翅目蛛蚧科昆虫，是近年来花生田新发生的一种地下害虫，在花生主产区均有发生，一般田块减产20%～30%，严重田块可减产50%以上甚至绝收。

形态特征：雌成虫乳白色，近椭圆形，无翅，身体柔软、多皱折，无口器，3 对足；雄成虫黑褐色，体长 2～3mm，前翅发达，后翅退化为平衡棒，头小，有一对较大的红色复眼。可短距离飞翔，飞行时形似凤凰，一般不易看到。卵乳白色，长椭圆形。一龄幼虫油黄色，长椭圆形，长约 1mm；2 龄幼虫浅褐色，米粒状，直径 1.5～6.0mm，体表被有蜡层，足及触角消失，但口器发达。蛹初为乳白色，以后变为黄褐色，体形长而略扁，体长约 3mm，触角、足、翅等均裸露（图 7-13）。

图 7-13　花生新黑地蛛蚧

发生规律：花生新黑地蛛蚧每年发生一代，以 2 龄幼虫在寄主根部土壤内 20cm 以上的土层越冬，若环境条件不适，部分蛛体可继续休眠。越冬雌性蛛体于来年 5 月开始羽化，5 月中下旬为羽化盛期。雄成虫为黄褐色，有前翅一对，透明，后翅为平衡棒，前足适于开掘，能短距离飞行，腹部末端有一丛长 3~4mm 的白色蜡丝。雌雄成虫羽化后即可交配，此后雄成虫逐渐死亡。雌成虫在土中做卵室，5 月中旬开始产卵，卵成堆产在虫体后面，6 月上中旬为产卵盛期。卵期 20 天左右，卵在 6 月下旬至 7 月上旬孵化。1 龄幼虫在土表活动 10 天左右，15:00~16:00最活跃，寻找寄主，而后用口针刺入花生根部固定下来，吸取植株汁液，对植株造成为害。自身足部和腹部逐渐退化，形成浅褐色圆形蛛体，即 2 龄幼虫，2 龄幼虫继续吸食并长大，蛛体色由浅而深，最后变成黑褐色，表皮坚硬，外披一层白色蜡质，并以此越冬。花生被蛛蚧为害后地上部分生长不良，似缺水状，而后枯死。7 月下旬重发田块会有零星死棵现象，8 月死棵明显增多，直至收获。该虫除为害花生外，还可为害豆类作物。6—8 月干旱少雨为害严重。

防治方法：

（1）农业防治。花生收获后及时捡拾蛛体，集中销毁，以减少越冬虫源；合理轮作，与花生、豆类以外的其他作物轮作；在 6 月上中旬卵盛期及时中耕、浇水，破坏卵室、降低虫卵孵化率。

（2）药剂防治。药剂防治重点是抓住 6 月下旬至 7 月上旬孵幼虫在地表活动这一关键时期，及时选用 50%辛硫磷、5%锐劲特、90%敌百虫、40%乙酰甲胺磷、40.7%毒死蜱等高效低毒农药，加水稀释 800 倍液装入去掉喷头的手动喷雾器内，逐墩灌入花生根部或 10%辛拌磷粉粒剂每 667m$^2$ 用量 3kg 加细土撒墩，施药后最好浇 1 遍水，防治效果可以达到 70%~92%，保苗率达到 80%~90%，防治较未防治增产 22%以上，效果比较显著。

4. 草地螟

草地螟成虫微淡褐色，体长 9mm 左右，前翅灰褐色，外缘有淡黄色条纹，翅中央近前缘有一深黄色斑，顶角内侧前有不明显的三角形浅黄色小斑，后翅浅灰黄色，有两条与外缘平行的波状纹。卵椭圆形，长 1mm 左右，为 3~5 粒或 7~8 粒串状粘成复瓦状的卵块。幼虫共 5 龄，老熟幼虫 20mm 左右，1 龄淡绿色，体背有许多暗褐色纹，3 龄幼虫灰绿色，体侧有淡色纵带，周身有毛瘤。5 龄多为灰黑色，两侧有鲜黄色线条。蛹长 18mm 左右，背部各节有 14 个赤褐色小点，排列于两侧，尾刺 8 根。

发病规律：成虫白天在草丛或作物地里潜伏，在天气晴朗的傍晚，成群随气流远距离迁飞，成虫飞翔力弱，喜食花蜜。卵多产于野生寄主植物的叶茎上，常 3~4 粒在一起，以距地面 2~8cm 的茎叶上最多。初孵幼虫多集中在枝梢上结网躲藏，取食叶肉。幼虫有吐丝结网习性。3 龄前多群栖网内，3 龄后分散栖息，幼虫共 5 龄。在虫口密度大时，常大批从草滩向农田爬迁为害。一般春季低温多雨不适发生，如在越冬代成虫羽化盛期气温较常年高，则有利于发生。孕卵期间如遇环境湿度干燥，又不能吸食到适当水分，产卵量减少或不产卵。天敌有寄生蜂等 70 余种。分布于我国北方地区，年发生 2~4 代，以老熟幼虫在土内吐丝作茧越冬。翌春 5 月化蛹及羽化。

防治方法：

（1）准确预报。准确预报是适时防治草地螟的关键。严密监测虫情，加大调查力度，增加调查范围、面积和作物种类，发现低龄幼虫达到防治指标田，要立即组织开展防治。同时，要认真抓好幼虫越冬前的跟踪调查和普查。

（2）农业防治。结合中耕除草灭卵，将除掉的杂草带出田外沤肥或挖坑埋掉。同时，要除净田边地埂的杂草，以免幼虫迁入农田为害。在幼虫已孵化的田块，一定要先打药后除草，以免加快幼虫向农作物转移而加重为害。挖沟、打药带隔离，阻止幼虫迁移为害。在某些龄期较大的幼虫集中为害的田块，当药剂防治效果不好时，可在该田块四周挖沟或打药带封锁，防治扩散为害。

（3）药剂防治。尽量选择在低龄幼虫期防治。此时虫口密度小，为害小，且虫的抗药性相对较弱。防治时用 45%丙溴辛硫磷 1 000 倍液，或用 20%氰戊菊酯 1 500 倍液＋5.7%甲维盐 2 000 倍混合液，或用 40%啶虫脒 1 500~2 000 倍液喷杀幼虫，可连用 1~2 次，间隔 7~10 天。可轮换用药，以延缓抗性的产生。防治时，针对卷叶为害特点，需重点喷淋害虫为害部位，才能保证药效。

5. 造桥虫

造桥虫又名尺蠖、步曲。大造桥虫，主要为害茄子、花生、甜椒、白菜等蔬菜。成虫体长 17mm 左右，翅展 39mm 左右，体浅灰色，触角锯齿状，每节上有灰至褐色丛毛。头部细小，复眼黑色，头、胸交界处有 1 列长毛。前翅灰黄色，外缘线由半月形点列组成。中室斑纹为白色，四周有黑褐色圈。卵长椭圆，直径月 0.7mm，初产时为青绿色，上有许多小颗粒状突起，坚厚强韧。老熟幼虫体长 38~49mm，胸被侧面密布黄点。背线甚宽，直达尾端，亚背线黑色，气门线黄褐色。蛹深褐色，长约 14mm，尾端尖锐。

发病规律：一年发生 2~3 代，世代重叠，以蛹在土中越冬。每年 4 月下旬成虫羽化，成虫有趋光性，昼伏夜出。成虫一般将卵产在叶背、枝条上、土缝间等处，卵期约 7 天。初孵幼虫借风吐丝扩散，行走时常曲腹如桥形，不活跃，常拟态如嫩枝条栖息。幼虫为害期在 5—10 月。10 月老熟幼虫入土化蛹越冬。长江下游地区 1 年发生 4~5 代，高温夏季只需要 40 多天就可完成 1 代。

防治方法：

（1）物理防治。大造桥虫卵为聚产，颜色明显，可以人工查找土隙、树干、枝杈等处卵块，用小刀刮除卵块，减少大造桥虫数量起到较好的控制作用。利用成虫飞翔力不强，可人工用捕虫网捕捉；利用成虫趋光性特点，在林地边缘或林内空隙处悬挂黑光灯或频振式杀虫灯诱杀成虫，更容易达到防治效果。

（2）农业防治。加强栽培管理，冬季翻土，将周边杂草清除，以消灭卵块，减少虫源。

（3）药物防治。掌握大造桥虫幼虫盛发期，低龄幼虫对药剂更为敏感，防治时间宜控制在 3 龄前，防治效果好。可选用2.5%溴氰菊酯乳油、10%氯氰菊酯乳油、20%氰戊菊酯乳油、20%甲氰菊酯乳油 2 000~3 000 倍液、1.8%阿维菌素 2 000 倍液、25%除虫脲可湿性粉剂 1 000 倍液、10%除尽悬浮剂 2 000 倍液或 Bt 可湿性粉剂 1 000 倍液喷雾。

（4）保护和利用天敌。利用自然天敌控制虫口数量，其主要天敌有麻雀、大山雀、中华大刀螂、二点螳螂、胡蜂、猎蝽等。

6. 双斑荧叶甲

双斑荧叶甲成虫长卵圆形，棕褐色，具有光泽。体长 3.6~4.8mm。头、胸红褐色，触角灰褐色。鞘翅基半部黑色，每个鞘翅基部具有一个淡黄色斑，四周黑色，鞘翅端半部黄色。胸部腹面黑色，腹部腹面黄褐色，体毛灰白色。幼虫体长 6~8mm，白色至黄白色 11 节，头和臀板褐色前胸和背板浅褐色，有 3 对胸足，体表有成对排列的不明显的毛瘤。

发病规律：花生双斑萤叶甲每年发生一代，以散产卵在表土下越冬，翌年 5 月上中旬孵化，幼虫一直生活在土中，食害禾本科作物或杂草的根；经过 30~40 天在土中化蛹，蛹期 7~10 天；初羽化的成虫在地边杂草上生活，然后迁入玉米田。7 月上旬开始增多，7 月中下旬进入成虫盛发期，此后一直持续为害到 9月。此虫能飞善跳，白天在玉米叶片和穗部活动，受惊吓后迅速跳跃或起飞，飞行距离 3~5m 甚至更远，成虫飞翔能力强，有群集性。该虫的发生期早晚与温度有关，5月平均温度的高低决定着它的发生期的早晚，温度高则发生期早；温度低则发生期晚。干旱年份发生重。高温干旱对双斑萤叶甲的发生极为有利，降水量少则发生重；降水量多则发生轻，暴雨对其发生极为不利。在黏土地上发生早、为害重，在壤土地、沙土地发生明显较轻。田间、地头杂草多的地块重。

防治方法：

（1）农业防治。秋耕冬灌；清除田间地边杂草，特别是稗草，减少双斑萤叶甲的越冬寄主植物，降低越冬基数；合理施肥，提高植株的抗逆性；对点片发生的地块于早晚人工捕捉，降低基数；对双斑萤叶甲为害重及防治后的农田及时补水、补肥，促进农作物的营养生长及生殖生长。

（2）生物防治。在农田地边种植生态带（小麦、苜蓿）以草养害，以害养益，引益入田，以益控害。合理使用农药，保护利用天敌。双斑萤叶甲的天敌主要有瓢虫、蜘蛛等。

（3）药物防治。百株虫口达到50头时进行防治。选用20%速灭杀丁乳油2 000倍液、25%快杀灵1 000~1 500倍液或2.5%高效氯氟氰菊酯乳油、20%的杀灭菊酯乳油1 500倍液喷雾，重点喷在雌穗周围，喷药时间在22：00之后、早晨9：00之前。严禁在中午高温时间作业，以防人体中毒。间隔5~7天再喷施1次。在玉米抽雄、吐丝期，百株虫口300头、被害株率30%时进行防治。在玉米其余生育期间，当百株虫量达500头时应进行防治。

7. 蒙古灰象甲

蒙古灰象甲成虫卵圆形，体长4.4~6.0mm，宽2.3~3.1mm，灰色，密被灰黑褐色鳞片，鳞片在前胸形成相间的3条褐色、2条白色纵带，头部亮铜色，头喙短扁，中间细，触角红褐色膝状，棒状部长卵形，末端尖，前胸长大于宽，后缘有边，两侧圆鼓，鞘翅明显宽于前胸，上生10纵列刻点，内肩和翅面上具白斑。卵：长椭圆形，长0.9mm，宽0.5mm，初产时乳白色，24小时后变为暗黑色。幼虫：体长6~9mm，体乳白色，无足。蛹：裸蛹，长5.5mm，体乳黄色，复眼灰色。

发病规律：在内蒙古自治区、东北、华北2年1代，黄淮海地区1~1.5年1代，以成虫或幼虫越冬。翌春气温近10℃时，开始出土，成虫白天活动，以10:00前后和16:00前后活动最盛，受惊扰假死落地；夜晚和阴雨天很少活动，多潜伏在枝叶间和作物根际土缝中。成虫一般5月开始产卵，多成块产于表土中。产卵期约40余天，每雌可产卵200余粒，卵期11~19天。8月以后成虫绝迹。5月下旬幼虫开始孵化，幼虫生活于土中，为害植物地下部组织，至9月末筑土室越冬。翌春继续活动为害，至6月中旬开始老熟，筑土室化蛹。7月上旬开始羽化，不出土即在蛹室内越冬，第三年4月出土。以成虫取食刚出土幼苗的子叶、嫩芽、心叶，常群集为害，严重的可把叶片吃光，咬断茎顶造成缺苗断垄或把叶片食成半圆形或圆形缺刻。

防治方法：

（1）生物防治。在大发生田块四周可挖宽、深各40cm左右的封锁沟，内放新鲜或腐败的杂草诱集成虫集中灭杀。

（2）化学防治。在成虫出土为害期喷洒50%辛氰乳油2 000~3 000倍液、4.5%高效顺反氯氰菊酯乳油。也可于4—5月成虫出土盛期喷撒甲维盐进行防治。菊酯类药剂和有机磷类药剂混用效果最佳。注意用有机磷类药剂7天后再用除草剂，以免产生药害。

8. 黄曲条跳甲

黄曲条跳甲成虫为黑褐色长椭圆形小甲虫，体长2.2mm左右，两侧鞘翅上各有一条黄色纵斑，中部狭而弯曲，后足腿节膨大，善跳跃，跗节黄褐色。老熟幼虫长圆筒形，黄白色，体长约

4mm，各节具有不明显肉瘤，有细毛。卵椭圆形，淡黄色，半透明，长约0.3mm。蛹椭圆形，乳白色，长约2mm。

发生规律：黄曲条跳甲在我国北方一年发生3~5代，南方7~8代，以成虫在田间、沟边的落叶、杂草及土缝中越冬，越冬期间如气温回升10℃以上，仍能出土在叶背取食为害。越冬成虫于3月中下旬开始出蛰活动，在越冬蔬菜与春菜上取食活动，随着气温升高活动加强。4月上旬开始产卵，以后越每月发生1代，因成虫寿命长，致使世代重叠，10—11月，第六至第七代成虫先后蛰伏越冬。春季1~2代（5—6月）和秋季5~6代（9—10月）为主害代，为害严重，但春节为害重于秋季，盛夏高温季节发生为害较少。

防治方法：该虫转移为害能力强，防治应坚持区域田块统一防治。

（1）农业防治。冬前彻底清除菜田及周围落叶残体和杂草，播前7~10天深耕晒土；与菠菜、生菜、胡萝卜和葱蒜类蔬菜等作物轮作，也可以与紫苏等具挥发性气味的蔬菜作物间作、混作或者套种，尽量避免十字花科蔬菜重茬连作；有条件的地块可以铺设地膜，减少成虫在根部产卵。

（2）物理防治。结合防治其他害虫，使用黑光灯或者频振式杀虫灯诱杀成虫；在距地面25cm处放置黄色或者白色黏虫板，每667m² 地30~40块，也可以较好地降低成虫数量。

（3）药剂防治。耕翻播种时，每667m² 均匀撒施5%辛硫磷颗粒剂2~3 kg，可杀死幼虫和蛹，持效期20天以上。种子包衣处理能够保护幼苗不受黄曲条跳甲幼虫为害，可选70%噻虫嗪种子处理可分散粉剂；播种前用5%氟虫腈种衣剂拌菜种，药剂与种子的重量比为1∶10，拌匀晾干后播种，叶面喷雾杀灭成虫，可选25%噻虫嗪水分散粒剂、15%哒螨灵微乳剂、10%溴氰虫酰胺可分散油悬浮等药剂。

9. 花生蚜虫

花生蚜属同翅目蚜科昆虫,别名苜蓿蚜、豆蚜、槐蚜。该虫分布于全国各地,其中,中原、华北一带发生较多,主要为害花生、苜蓿、苕子、豌豆、豇豆等。成虫、幼虫群集在花生嫩叶、嫩芽、花柄、果针上吸汁,致叶片变黄卷缩,生长缓慢或停止,植株矮小,影响花芽形成和荚果发育,造成花生减产。

形态特征:有翅胎生雌蚜体长 1.5~1.8mm,体黑绿色,有光泽。翅基、翅痣、翅脉均为橙黄色。无翅胎生雌蚜体长 1.8~2.0mm,体较肥胖,黑色至紫黑色,具光泽。卵长椭圆形,初浅黄色,后变草绿色至黑色。幼蚜黄褐色,体上具薄蜡粉,腹管黑色细长,尾片黑色很短。

发生规律:年发生 20~30 代。在长江以北地区以无翅胎生若蚜于荠菜、苜蓿、地丁等寄主上越冬,也有少量以卵在枯死寄主的残株上越冬。在华南各省能在豆科植物上继续繁殖,无越冬现象。北方3月上中旬即繁殖为害。花生出苗后,即迁入花生田为害。5月底至6月下旬花生开花结荚期是该蚜虫为害盛期。花生收获前产生有翅蚜,迁飞到夏季豆科植物上越夏,秋播花生出苗后又迁入花生田为害。春末夏初气候温暖,雨量适中利于该虫发生和繁殖。旱地、坡地及生长茂密地块发生重。

防治方法:

(1) 物理防治。可利用蚜虫对银灰色有忌避作用的习性,在株下铺设银灰色塑料薄膜予以驱除。

(2) 药物防治。在有翅蚜向花生田迁移高峰后 2~3 天,开始喷洒 10% 吡虫啉可湿性粉剂,或用 50% 抗蚜威可湿性粉剂 2 500 倍液,或用 50% 辛硫磷乳油 1 500 倍液,或用 40% 乐果乳油,或用 80% 敌敌畏乳油 1 000~1 500 倍液,或用 70% 灭蚜净可湿性粉剂 2 000 倍液。或每 667 m² 用 1.5% 乐果粉剂 2kg,或用 2.5% 敌百虫粉剂,或用 2% 杀螟硫磷粉剂 1.5~2kg 对水喷雾。或用 1.8%阿维菌素乳油 5 000 倍液，或用 20%氰戊菊酯（速灭杀丁）乳油 1 500 倍液，或用 20%甲氰菊酯乳油 1 500 倍液，或用 10%氯氰菊酯乳油 1 500 倍液、或用 5%高效氯氰菊酯乳油 1 500 倍液等。

（3）生物防治。保护利用天敌，如瓢虫、食蚜蝇、草蛉等。

## 第三节　花生田主要草害防除技术

由于栽培措施、耕作制度、种植方式等差异，花生田形成了类群繁多的杂草种群，不同程度影响着花生的产量与品质。花生田因草害一般减产 5%～15%，严重的田块减产达 20%～30%，甚至更多。花生田杂草有多年生杂草、越年生杂草和一年生杂草 3 种类型。多年生杂草主要有问荆、白茅、刺儿菜，越年生杂草主要有附地菜、荠菜，它们占花生田杂草的 20%，其他杂草约占 1%，这些杂草多于每年 3—4 月开始发芽，6—8 月开花结果，是花生苗期的主要杂草。一年生杂草为害严重、分布普遍，主要有苋菜、马塘、狗尾草、旱稗、藜、牛筋草、马齿苋、铁苋菜、异型莎草、碎米莎草，它们占花生田杂草的 89%；这些杂草 5—7 月开始萌发出土，其间出土的杂草占花生全生育期杂草发生量的 6%～15%，7 月上旬杂草发生量达到高峰，占杂草发生量的 80%，其中，阔叶杂草占 13%，单子叶杂草占 87%。夏花生田杂草的出土萌发集中在 6 月下旬至 7 月上旬，可延续到花生封行；在播种后 5～25 天是马塘、狗尾草的出草盛期，出草量占总草量的 70%以上。春播花生出草历期较长，一般可达 45 天以上。一般有 2 个出草高峰，播种后 10～15 天为第一个出草高峰，也是出草的主高峰，出草量占总草量的 50%以上；播种后 35～50 天为出草的第二个高峰，出草量占总草量的 30%左右。春花生出草历期较长，一般可达 45 天以上。

春花生一般天气干旱,杂草发生不整齐。夏花生田马唐、狗尾草的出草盛期在播后 5~30 天,出草量占总草量的 80% 以上;杂草的出土萌发可延续到花生封行。夏花生苗期多为高湿多雨,杂草集中在 6 月下旬至 7 月上旬,发生相对集中。

1. 农业防治

(1) 合理耕作。合理耕作是防除花生田杂草的有效措施。一些一年生杂草如麦田牛筋草、狗尾巴草等的生长和发育受到强烈抑制,应及早耕翻灭茬。否则,小麦收获后,田间裸露,温湿度合适,杂草会迅速发育结实,易造成花生田草荒。一些春茬花生地,冬季空闲,在秋冬季应实行深耕,可将当年落地草籽翻埋于土壤深层,使之不能萌发出土;还可以将一些多年生杂草,如小蓟、节草、旋花、白茅、香附子等地下繁殖根茎破坏,并翻之于地面,晒冻而死;还可采取人工捡拾,以减少地下繁殖器官。早春还应再进行浅耕整地,诱发杂草早出苗,以便集中灭除。

(2) 中耕除草。应进行多次中耕除草。一般春花生中耕除草 3~4 次,麦套花生和夏花生中耕 2~3 次。第一次中耕除草应在花生基本齐苗后进行,以后视天气及杂草多少进行 2~3 次。对麦套花生,麦收后要抓紧时机深中耕灭茬,除草保墒,为花生开花下针创造条件。对杂草严重的地块,要勤中耕,多中耕,将杂草消灭在花生下针封行前。增加中耕次数,能促进土壤中草籽发芽,以便消灭。对旋花、小蓟、节节草等多年生根蘖性杂草,可促其地下根茎萌发,边生边锄,可消耗其体内大量营养导致死亡。在中耕时,应特别注意消灭护根草和猫眼草。花生下针封行后,要酌情再拔草 1~2 次。另外,应及时消除田埂、地头、路边杂草,以减少其向大田传播。

2. 化学防治

在选择除草剂时,应尽量选择受墒情和温度影响较小的品种,以保证药效;药量选择时,应尽量降低用量,兼顾药效和安全两个方面。常用除草剂品种与用量 33%二甲戊乐灵乳油 1 500~2 250mL/hm²、33%氟乐灵乳油 1 500~2 250mL/hm²（混土）、50%乙草胺乳油 1 125~1 800mL/hm²、72%异丙甲草胺乳油 1 500~2 250mL/hm²。在花生播种后、覆膜前，对水 750 kg/hm²均匀喷施，氟乐灵施药后应及时进行混土。对禾本科杂草和阔叶杂草混发的地块，可用 50%乙草胺乳油 1 125~1 500mL/hm²、33%二甲戊乐灵乳油 1 125~1 500mL/hm² 或 72%异丙草胺乳油 1 125~1 500mL/hm²+20%恶草酮乳油 1 500 mL/hm²，在花生播后芽前，对水 750 kg/hm²，均匀喷施。对禾本科杂草、阔叶杂草和香附子混发的地块，可选择 33%二甲戊乐灵乳油 1 125~1 500mL/hm² 或 72%异丙草胺乳 1 125~1 500mL/hm²+24%甲咪唑烟酸水剂 300mL/hm²，在花生播后芽前，对水 750 kg/hm²，均匀喷施。

地膜不覆盖花生田的马唐、狗尾草、牛筋草、稗草、藜、苋等常见杂草，可用 50%乙草胺乳油 2 250~3 000mL/hm²，或用 33%二甲戊乐灵乳油 3 000~3 750mL/hm²，或用 48%氟乐灵乳油 3 000~3 750mL/hm²（混土），或用 72%异丙草胺乳油 3 000~3 750mL/hm²，在花生播后、覆膜前，对水 750kg/hm²，均匀喷施。氟乐灵施药后应及时进行混土。对禾本科杂草和阔叶杂草混发的地块，可用 50%乙草胺乳油 1 500~3 000mL/hm²、33%二甲戊乐灵乳油 2 250~3 750mL/hm² 或 72%异丙草胺乳油 2 250~3 750mL/hm²+20%恶草酮乳油 1 500mL/hm²，在花生播后苗前，对水 750kg/hm²，均匀喷施。对禾本科杂草、阔叶杂草和香附子混发的地块，可用 50%乙草胺乳油 1 500~3 000mL/hm²、33%二甲戊乐灵乳油 2250~3000 mL/hm² 或 72%异丙草胺乳油 2 250~3 000mL/hm²+24%甲咪唑烟酸水剂 300mL/hm²，在花生播后、苗前，对水 750kg/hm²，均匀喷施。

阔叶杂草以马齿苋、铁苋为主，可用 24%三氟羧草醚乳油

450~750mL/hm$^2$、24%乳氟禾草灵乳油 150mL/hm$^2$、10% 乙羧氟草醚乳油 150mL/hm$^2$ 对水 450kg/hm$^2$，均匀喷施。以藜、反枝苋为主，可用 24% 三氟羧草醚乳油 750~1 125mL/hm$^2$、24% 乳氟禾 草灵乳油 300mL/hm$^2$、10% 乙羧氟草醚乳油 150~300 mL/hm$^2$，在花生二至四片复叶期、封行前，对水 450kg/hm$^2$，均匀喷施。花生田禾本科杂草和阔叶杂草混发。杂草密度较小，可以将防治阔叶杂草的除草剂与防治禾本科的混用；杂草密度较大，尽量分开施药，以确保除草效果。

# 第八章　芝麻病虫草害防治技术

芝麻种子含油率较高，是我国重要的油料作物之一，随着芝麻经济价值的不断提高，全国种植面积在不断扩大。但由于芝麻的生育期短，又处在高温多雨的季节，容易受到多种病虫害的侵袭，如芝麻枯萎病、茎点枯病、炭疽病、白粉病、立枯病、青枯病、叶枯病、疫病、芝麻螟蛾和芝麻天蛾等。这些病虫害是造成芝麻产量长期走低不稳的主要原因。因此，需要将农业技术防治、化学药剂防治、生物防治及物理机械方法防治等有机结合起来，形成一个综合防治体系，才能达到有效防治的目的和真正实现我国芝麻优质高效的目标。

## 第一节　芝麻主要病害防治技术

### 1. 枯萎病

枯萎病俗称"半边黄"，是一种真菌性土传病害，该病分布在我国东北、华北、西北、黄淮以及江淮部分地区，发生普遍且严重。常年发生率在一般病田发病率为 10% ~20%，严重时达 90% 以上甚至绝收。该病可引起种子不能成熟、瘦瘪、炸裂，既严重制约着芝麻的产量，又严重影响芝麻的品质。

主要症状：苗期、成株期均可发病。苗期染病出现全株猝倒或枯死。成株期发病较多，叶片自下而上逐渐枯萎，而后渐次向上部叶片发展，受害半侧的叶片呈半边黄的现象，逐渐枯死脱落。感病植株根部半边根系变为褐色，并顺延茎部向上伸展，使相应的茎部变为红褐色干枯条斑，湿度大时病斑上生出一层粉红色的粉末，发病的一侧叶片变黄、萎蔫后枯死，病茎的导管或本质部呈褐色（图8-1）。

图8-1　芝麻枯萎病症状

发病规律：芝麻枯萎病是一种为害维管束的真菌型病害，芝麻枯萎菌以菌丝潜伏在种子内或病残体在土中越冬。翌年浸染幼苗的根，从根尖或伤口侵入，也能直接浸染健根，进入导管，向上蔓延到植株各部。连作地、土温高、湿度大的瘠薄砂壤土易发病。

防治方法：

（1）农业防治。在无病田或无病株上选留种。选择地势平坦、四周排水条件良好的新茬地，保证田间和周边沟渠配套、雨季排水畅通、田间不积水。可采用起垄种植，起垄种植时选用起垄播种。加强田间管理，培育壮苗及时间苗，中耕除草以增强植株抗病力。增施磷钾肥及腐熟的有机肥。田间操作时避免伤根，防治地下害虫可减轻病害的发生。收获后及时清除遗留在地里的病残株。与禾谷类作物实行3~5年轮作。

（2）选用优良抗病品种。如豫芝11号、漯芝12号、漯芝19号、驻芝19号、郑芝14号、漯芝G2-1、宁津八筒白、巨野大歪嘴、金乡芝麻、平邑白芝麻、荣城黑芝麻即墨权芝麻、辽芝1号、辽芝2号、辽芝3号、辽芝7号、晋芝1号、冀9014、霸王鞭等品种。

（3）药物防治。首先，所选用种子进行药剂处理，用0.5%的96%硫酸铜浸种30分钟，0.2%的50%多菌灵可湿性粉剂或50%苯菌灵可湿性粉剂拌种。其次，可选择8月上旬芝麻成株期，用36%甲基硫菌灵悬浮剂600倍液或50%苯菌灵可湿性粉剂1 500倍液，70%甲基托布津可湿性粉剂、50%多菌灵可湿性粉剂600~700倍液，40%百菌清悬浮剂600倍液等杀菌剂喷茎、荚、叶，每株250mL，10天1次，连续2~3次。可有效防治病害的发生。

2. 茎点枯病

芝麻茎点枯病又称茎腐病、炭腐病、立枯病、黑根病、黑秆病等，是中国芝麻产区普遍发生、为害严重的病害之一，尤其在河南、湖北、安徽、江西等省种植比较集中的江淮芝麻主产区。芝麻茎点枯病是常年发病率为10%~20%，重病田块达80%以上，一般造成减产10%~15%，重者达80%以上。主要针对芝麻幼嫩或衰老的组织发病的真菌型病害，多在苗期和开花结果期发病，不同的时期、不同的部位发病现象各不相同。

主要症状：茎点枯病多在芝麻苗期和开花结果期发病。苗期染病幼苗根部变褐，地上部萎蔫枯死，幼茎上密生黑色小点。开花结果期染病从根部开始发病，后向茎扩展，有时从叶柄基部侵入后蔓延至茎部。根部感病后主根、支根变为褐色，剥开皮层可见布满黑色小菌核，致根部枯死。茎部染病多发生在中下部，感病后迅速形成绕茎的黄褐斑，呈黄褐色水浸状，边缘无明显界线，后扩展很快绕茎一周，茎部中部灰白色表面油光，其上密生黑色小粒点，表皮下及髓部产生大量小菌核。发病严重时，植株叶片自下而上卷缩萎蔫，顶梢弯曲下垂，叶片和蒴果变成黑褐色，株形矮小。受害的根茎皮层和韧皮部被腐蚀，仅剩纤维，茎内部中空，极易折断（图8-2）。

发病规律：芝麻茎点枯病是一种针对芝麻幼嫩或衰老的组织

图8-2 芝麻茎点枯病症状

发病的真菌型病害，病菌以分生孢子器或小菌核在种子、土壤及病残体上越冬。高温多雨，地势低洼，土壤长期过湿是其暴发流行的环境条件。该病在芝麻生长期间有感病—抗病—感病3个阶段：即苗期处在感病阶段，现蕾至结顶前进入抗病阶段，结顶后又感病。每年的发病高峰期都出现在高温季节，发病后8~10天产生分生孢子器。生产上种植感病品种、菌源量大、气温高于25℃，利于病菌侵入和扩展。7—8月雨日多降水量大发病重。种植过密、偏施氮肥、种子带菌率高发病重。

防治方法：

（1）农业防治。与禾谷类、棉花、甘薯等作物实行3年以上轮作；施足底肥，特别要施用充分腐熟的有机肥，苗期少施用氮肥，生长期间适当施用磷钾肥；及时间苗和中耕除草，雨后排出田间积水；收获后，彻底清理病株残体，并深翻土壤；选用抗病或耐病品种中芝7号、中芝8号、中芝9号、河南1号、豫芝1号、豫芝3号、豫芝4号、豫芝5号、东平芝麻、临沂蒺藜秆、冀芝1号、冀芝3号、驻芝1号、驻芝2号、犀牛角、宜阳白、苍山芝麻、宁津大八杈、沂南芝麻等抗病或耐病品种。此外我国的霸王鞭、独苫、狼尾巴等农家品种，产量一般，但抗病性很强。

（2）种子处理。用55℃温汤浸种10~20分钟，晾干后播种。或采取药剂处理，播种前用种子质量0.3%的50%多菌灵可湿性

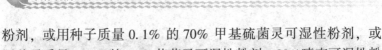

粉剂，或用种子质量 0.1% 的 70% 甲基硫菌灵可湿性粉剂，或用种子质量 0.2% 的 50% 苯菌灵可湿性粉剂、80%喷克可湿性粉剂拌种，对控制苗期茎点枯病有效。

（3）药物防治。成株在发病初期用 36%甲基硫菌灵悬浮剂 600 倍液，或用 50%苯菌灵可湿性粉剂 1 500 倍液，或用 70%甲基托布津可湿性粉剂，或用 50%多菌灵可湿性粉剂 600～700 倍液，或用 40%百菌清悬浮剂 600 倍液喷茎、荚，防效可达 90%以上。此外喷洒 1∶1∶150 倍式波尔多液或 47%加瑞农可湿性粉剂，或用 12%绿乳铜乳油 600 倍液也有效。可采用 70%甲基托布津可湿性粉剂 600 倍液灌株，每株 200～250mL 药液，也可用 1∶1∶150 波尔多液或 0.5 度石硫合剂在芝麻结顶前和结顶后喷雾防治。每 667m² 可用 50%多菌灵可湿性粉剂 50g，或用 70%甲基托布津可湿性粉剂 60g，对水 50kg 左右喷雾。

3. 立枯病

芝麻立枯病是由立枯丝核菌浸染引起的一种土传病害，我国芝麻种植区均有发生。严重影响芝麻产量、品质和机械化操作，受立枯丝核菌浸染的田块可减产 10% ～30%，重病田块可达 50%，甚至绝收。

主要症状：芝麻立枯病是苗期常见重要病害。初发病时，幼苗茎部产生褐色病斑，后绕茎基部扩展，最后茎部缢缩成线状，幼苗折倒。发病轻的茎秆处理可恢复。成株期受害，皮层变褐变细，病部皮层变褐缢缩，遇有天气干旱或土壤缺水时，下部叶片萎蔫，直至枯死。病菌浸染根系，引起根系腐烂。发病轻的尚可恢复生长（图 8-3）。

发病规律：芝麻立枯病是苗期常见的重要病害。病原称为立枯丝核菌，属于半知菌亚门真菌。传播途径以及发病条件病菌以菌丝或菌核随病残体在土壤中越冬，在土中营腐生生活，生活力可维持 2～3 年，带病土壤是主要传染来源。翌年地温高于 10℃

图8-3 芝麻立枯病症状

开始萌发，进入腐生阶段。遇适宜的环境条件，病菌从根部的气孔、伤口或表皮直接侵入，引起发病。后病部长出菌丝继续向四周扩展。也有的形成子实体，产生担孢子在夜间飞散，落到植株叶片上以后，产生病斑。气温15~22℃或低温多雨易发病。若芝麻收获前遇到低温多雨天气，种子也能被病原菌侵入成为次年初浸染源，此外该病还可通过雨、灌溉水、肥料传播蔓延。在土温11~30℃、土壤湿度20%~60%时，易浸染。芝麻播种后1个月内，如降雨多、土壤湿度大，常可引起大量死苗，造成田间缺苗。光照不足、幼苗抗性差易染病。

防治方法：

（1）农业防治。选用耐渍性强的品种，如阳信芝麻、临沂芝麻、黄县红芝麻、冠县芝麻、单县芝麻、博山四棱白、双丰614、中芝9号等；精细整地，地下水位较高的地区适宜采用高畦栽培，适期播种，与雨季错开，减少为害；合理密植，防止田间郁闭；雨后及时排出田间积水，降低土壤湿度，防止湿气滞留；及时间苗、中耕以提高土温，增强植株抗病力；与非寄主作物轮作，避免重作。

（2）土壤消毒。每公顷用70%敌克松可湿性粉剂15kg，对干细土450kg，拌匀成药土，播种前撒施。

（3）做好种子处理。用种子重量0.3%的40%福美双粉剂或60%多福合剂、50%多菌灵可湿性粉剂拌种。

（4）药剂防治。发病初期喷洒药剂防治，可选用50%多菌灵可湿性粉剂1 000倍液，或用70%敌克松可湿性粉剂1 000倍液，或用75%百菌清可湿性粉剂600倍液，或用20%甲基立枯磷乳油1 000倍液喷雾防治。每隔7天喷洒1次，连续喷洒2~3次。有较好的预防和治疗作用。

4. 青枯病

芝麻青枯病在全国各芝麻产区都有发生，病株率5%~40%。植株染病后，初期茎部出现暗绿色斑块，后变为黑色条状病斑，顶梢上常有2~3个菱形溃疡状裂缝。叶片自上而下突然萎蔫，下部老叶萎凋，呈失水状，傍晚尚能恢复正常，反复3~5天时整株呈青色枯死。受害植株比健株矮小，根部和茎部维管束变褐，最后蔓延到髓部，造成空洞，湿度大时会有菌浓溢出，逐渐变为漆黑晶亮的颗粒。病根变成褐色，细根腐烂。病株的叶脉出现墨绿色条斑，有时纵横交错成网状，对光观察呈透明油浸状，背面脉纹黄色波浪形扭曲突起，愈近叶缘扭曲愈多，后病叶褶皱或变褐枯死。蒴果受病后呈水浸状病斑，渐变为深褐粗细不匀的条纹，蒴果瘦瘪，受害种子变为红褐色不能发芽（图8-4）。

发病规律：芝麻青枯病主要是带病的种子、病残体进行越冬和传播。一般在暴雨过后猛晴的情况下，病害会暴发流行。病原细菌主要随病残体在土壤中越冬，从根部或茎基部伤口或自然孔口侵入。田间地温12.8℃病菌开始浸染，在21~43℃范围内，温度升高，发病重。在田间主要通过灌溉水、雨水、地下害虫、农具或农事操作传播。

图8-4　芝麻青枯病症状

防治方法:

(1) 农业防治。选用抗病品种,并与禾本科作物、棉花、甘薯等作物实行2~3年轮作。雨后及时排出田间积水,防止湿气滞留,避免大水漫灌。合理施肥,施足底肥,特别是钾肥。芝麻生长中后期停止中耕,以免伤根。及时拔除和烧毁病株。拔除病株后,用石灰水泼浇病穴,消毒土壤。

(2) 药物防治。在播种前,用百菌清进行土壤处理。病害零星发生时拔除病株,并用生石灰对病穴消毒。在发病初期,用50%的多菌灵可湿性粉剂800~1 000倍液喷施,或每667m² 用3%的甲酚愈创本酚50mL加50%的多菌灵丹100g,对水50kg喷施,或用20%甲基立枯磷乳油1 000倍液喷雾防治。每隔7天喷洒1次,连续喷洒2~3次,防治效果更佳。

5. 疫病

芝麻疫病是一种毁灭性真菌病害,分布于湖北、江西、河南、安徽、山东等省,整个生育期均可感病,主要为害芝麻茎基部、茎部、蒴果、叶片。发病迅速,常在田间造成植株连片枯死,严重时,发病率达30%,病株种子瘦瘪,产量和种子含油量均显著下降。此病仅能为害芝麻,并常与茎点枯病并发,疫病往往发病在先。

主要症状：芝麻疫病叶片染病初现褐色水渍状不规则斑，湿度大时病斑扩展迅速呈黑褐色湿腐状，病斑边缘可见白色霉状物，病健组织分界不明显。干燥时病斑为黄褐色，并微有轮纹。在病情扩展过程中遇有干湿交替明显的气候条件时病斑出现大的轮纹圈，似开水烫过，有隐约可见的轮纹，斑薄脆，易干缩破裂，常引起叶片向一边扭曲。干燥条件下，病斑收缩或成畸形。茎部染病在茎基部形成一段绕茎的溢缩病斑，初为墨绿色水渍状，后逐渐变为深褐色不规则形斑，微微凹陷，环绕全茎后病部缢缩，在潮湿情况下长出绵状病丝，边缘不明显，湿度大时迅速向上下扩展，严重的致全株枯死。生长点染病嫩茎收缩变褐枯死，湿度大时易腐烂。茎秆受害，可扩展到蒴果，蒴果染病产生水渍状墨绿色病斑，后变褐凹陷（图8-5）。

图8-5　芝麻疫病症状

发病规律：芝麻疫病病菌以菌丝或卵孢子在土壤中越冬。苗期进行初浸染，病菌从茎基部侵入，在潮湿的条件下，经2~3天病部孢子囊大量出现，从裂开的表皮或气孔成束地伸出，并释放出游动孢子，经风雨、流水传播蔓延，进行再浸染，7月菌丝生长适温23~32℃，产生孢子囊适温24~28℃，芝麻现蕾时开始发病。8月上旬开始流行，病菌产生的游动孢子借风雨传播进行再浸染。高温高湿病情扩展迅速，大暴雨后降温利于发病。土壤温度在28℃左右，病菌易于浸染和引起发病；土温为37℃左右时，病害的出现延迟。

防治方法：

（1）农业防治。采用垄栽或高畦栽培，尤其在地下水位较高地区，合理密植，不可过密；雨后及时排水，防止湿气滞留，增加土壤透气性；加强肥水管理，增施基肥，基肥以中迟效充分腐熟的有机肥为主，并混施磷、钾肥、苗期不施或少施氮肥，培育健苗，使病菌不易侵入；与棉花、甘薯及禾本科作物实行 3~5 年轮作；芝麻收获后及时清除田间病残株，带出田外销毁，防止病菌扩散蔓延；选择优质高产、耐渍、抗病性强品种。

（2）做好种子处理。播种前用 55℃温水浸种 10 分钟或 60℃温水浸种 5 分钟，晾干后播种。或用五氯硝基苯加福美双拌种（1∶1），用药量占种子重量的 0.5%~1%；或用 0.5%硫酸铜溶液浸种半小时，用 3∶3∶50 的波尔多液，或用 0.3%代森锰锌等浸种，均有较好防效。

（3）药剂防治。在病害发生初期，可用 1∶1∶100 波尔多液或 0.1%硫酸铜液、25%瑞毒霉可湿性粉剂 500 倍液，或用 58%甲霜灵锰锌可湿性粉剂 600 倍液，或用 75%百菌清可湿性粉剂 600 倍液、或用 50%甲霜铜可湿性粉剂 500 倍液、64%杀毒矾可湿性粉剂 400 倍液，或用 64%恶霜·锰锌可湿性粉剂 500 倍液，或用 72%霜脲·锰锌可湿性粉剂 800~900 倍液，对上述杀菌剂产生抗药性的地区，可改用 69%安克锰锌（烯酰吗啉·代森锰锌）可湿性粉剂 1 000 倍液。每隔 7 天喷洒 1 次，连续防治 2~3 次，效果更佳。

6. 白粉病

芝麻白粉病主要为害叶片、叶柄、茎及蒴果，多发生在迟播或秋播芝麻上。能造成芝麻产量大幅度降低。在我国吉林、山东、河南、山西、陕西、湖北、湖南、云南、江苏、江西、广东等省均有发生。发病初期叶表面生白粉状霉，即病菌的菌丝体和分生孢子，为白色无明显边缘的粉点，随着病情的发展，粉点扩大和数目增多，严重时白粉状物覆盖全叶，终致病部为白粉状物所覆盖，外观恰如被撒上一薄层面粉，最后叶片变黄。病株先为灰白色，后呈苍黄色。茎、蒴果染病亦产生类似症状，造成种子瘦瘪。

发病规律：北方寒冷地区以闭囊壳随病残体在土壤中越冬，翌年条件适宜时产生子囊孢子进行初浸染，病斑上产出分生孢子借气流传播，进行再浸染。在南方终年均可发生，特别是冬季较为温暖的华南地区，病菌以无性态分生孢子作为初浸染与再浸染接种体进行浸染致病，完成病害周年循环，无明显越冬期，早春2—3月温暖多湿或露水重易发病。生产上土壤肥力不足、植株生长势衰弱或偏施过施氮肥植株、生长势过旺等皆因其抗逆力降低而易感、易发该病（图8-6）。

**图8-6　芝麻白粉病症状**

防治方法：

（1）农业防治。加强栽培管理，整治植地排灌系统，提高植地防涝抗旱能力，雨后及时清沟排渍降湿；合理施肥，适当增施磷钾肥、避免偏施氮肥或缺肥，还可适时喷施含微量元素的叶面营养剂，增强植株自身抵抗力。

（2）药剂防治。发病前可喷施 50%微粒硫黄悬浮剂 200～300 倍液 1～2 次；发病初期及时喷洒 25%三唑酮可湿性粉剂 1 000～1 500 倍液，或用 50%硫黄悬浮剂 300 倍液，或用 40%氟硅唑乳油 8 000 倍液，或用 60%多菌灵盐酸盐水溶性粉剂 4 000～6 000 倍液，或用 2%嘧啶核苷类抗生素水剂 150～200 倍液，视病情隔 10～15 天 1 次，共防 2～3 次，前密后疏，交替施用，喷匀喷足。发病重或产生抗药性的地区可改用 40%杜邦福星乳油 8 000 倍液喷雾防治，持效期长，防效优异。

7. 炭疽病

该病从出苗至成熟期均可发病，多于生长前期发生，可为害植株各部位。受害幼苗根颈部出现褐色或深褐色内凹条形斑，其上密布呈不规则排列的黑色小点。苗期子叶染病，出现黑褐色病斑，边缘略浅，病斑扩展后常现开裂或凹陷；病斑可从子叶扩展到幼茎上，浸染叶片后则产生有轮纹的褐色圆形病斑，叶片染病，边缘深褐色，内部浅褐色，叶柄染病，病斑褐色，不规则。荚染病，小黑点呈轮纹状排列，荚不能正常发育，病严重时整株死亡。以菌丝体或分生孢子在种子或病残组织中越冬。翌年春天，首先侵害幼苗，而后传播进行再浸染，形成蔓延之势，阴雨潮湿更易发生。同样，施氮肥过多，密度过大，连作地块发病较重。

防治方法：

（1）农业防治。收获后及时清除病残体，深翻土壤；合理轮作，一般实行 3 年以上轮作，减少土壤病原菌基数；选用抗病品种和无病区繁育种子。

（2）做好种子处理。播种前可用 25%多菌灵可湿性粉剂，或用 50%苯菌灵可湿性粉剂，或用 80%炭疽福美可湿性粉剂，或用 60%的多福混剂，按种子量的 0.2%～0.3%比例拌种，可防治炭疽病及枯萎病。

（3）药剂防治。发病前期可喷施50%微粒硫黄悬浮剂200~300倍液1~2次；发病初期及时喷洒25%三唑酮可湿性粉剂1 000~1 500倍液，或用50%硫黄悬浮剂300倍液，或用40%氟硅唑乳油8 000倍液，或用60%多菌灵盐酸盐水溶性粉剂4 000~6 000倍液，或用2%嘧啶核苷类抗生素水剂150~200倍液，视病情隔10~15天1次，共防2~3次，交替施用，喷匀喷足。发病严重的随时拔除并带出田间烧毁或深埋，减少病菌传染源。

8. 根腐病

芝麻红色根腐病多发生在土壤水分过多的低洼、积水地，或大水淹后，根部窒息引致根部腐烂，生理机能衰弱，造成植株萎蔫死亡。黄淮流域及湖北、河南等省芝麻栽培区时有发生。芝麻根腐病菌主要为害茎基部，初期症状为茎基出现褐色斑，病健组织分界不明显，随后根部外皮变褐腐烂，剥去根表皮时内部呈红色，严重的全株叶片逐渐萎蔫，病株枯死（图8-7）。

图8-7　芝麻根腐病症状

发病规律：传播途径和发病条件该病多发生在土壤水分过多的低洼、积水地，或大水淹后，根部窒息引致根部腐烂，生理机能衰弱，造成植株萎蔫死亡。

防治方法：

（1）农业防治。选用抗病品种，多雨或地下水位较高地区采用高畦或垄栽，亦可选择高燥地块种植芝麻，黄淮流域北片可以平畦栽培；合理轮作，一般不宜重茬；科学施肥，增施磷钾肥，避免偏施氮肥，提高植株抗病力；适时灌溉，雨后及时开沟排水，防止田间积水。

（2）药剂防治。发病期 667m$^2$ 用 0.3 波美度的石硫合剂 100kg 或 50%的托布津 2 000 倍液或用 1：1：150 的波尔多液喷雾。严重感病植株随时拔除，病株根穴撒施石灰灭菌。

9. 花叶病

芝麻花叶病在河南、湖北、江西、安徽等省芝麻产区为常见性病害，有通俗花叶型和舒展花叶型 2 种。由芜青花叶病毒和一种球状病毒零丁浸染或混淆浸染所惹起。一般品种发病率为 10%~30%，严重达 50%以上。病株出现花叶、黄化、皱缩，茎秆扭曲、矮化，一般不结实或结蒴果小籽粒秕瘦。盛行年份，发病严重地区能使产量降低 60%以上。从苗期至结蒴期均可发生，发病初期心叶轻微绿绿，逐渐扩展呈黄绿相间的典型花叶症状。叶脉褪变为黄褐色。病株叶片皱缩，表面凹凸不平，叶片小而厚，主茎成 "S" 形或龙头状生长，顶部会有丛生卷叶现象，在生长后期不能正常结蒴，对芝麻产量和品质影响较大。病毒可经汁液传染，由蚜虫以非持久方式传毒，种子不能传毒。

防治方法：

（1）农业防治。选用抗病毒病品种，如湖北的八股叉、宿选 5 号、鄂芝 1 号、河南的郑芝 1 号、襄引 55、柳条青等；不要与花生轮作或间作，清除田间杂草，适时晚播。注意防治传毒媒介蚜虫、飞虱、叶蝉等。避开蚜虫迁飞高峰期。

（2）药剂防治。及时治蚜防病，防治病毒病的药剂与杀虫剂混用，可显著提高防治效果。在发病前或发病初期，可选用10%混合脂肪酸水乳剂50~100倍液，或用0.5%几丁聚糖水剂200~400倍液，或用6%烯·羟·硫酸铜可湿性粉剂200~400倍液，或用0.5%菇类蛋白多糖水剂200~400倍液，或用24%混酯·硫酸铜水乳剂400~600倍液等均匀喷雾，每667m² 喷药液40~50kg；或每667m² 选用5%葡聚烯糖可湿性粉剂60~80g，或用4%嘧啶核苷类抗生素水剂60~80g，或用50%氯溴异氰尿酸可溶粉剂60~80g，或用40%烯·羟·吗啉胍可溶粉剂100~150g，或用8%宁南霉素水剂80~100mL，或用20%盐酸吗啉胍可湿性粉剂150~250g，或用6%烷醇·硫酸铜可湿性粉剂100~150g，或用2%氨基酸寡糖素水剂150~250mL，或用1.8%辛菌胺醋酸盐水剂150~250mL，或用2.2%烷醇·辛菌胺可湿性粉剂150~250g等，加水40~50kg均匀喷雾，每隔7~10天喷1次，连喷3~4次。

10. 细菌性角斑病

芝麻细菌性角斑病是由细菌引起的病害，又称芝麻假单胞叶斑病、芝麻斑点细菌病，主要为害叶片。病菌有2~5根鞭毛，叶片、叶柄、茎、果梗和蒴果均可受侵害。苗期发病常引起被害幼苗死亡，近地面处的叶柄基部变黑枯死。叶面病斑初为水浸状小点，逐渐扩大为褐色至灰褐色多角形病斑，大小2~4mm，黑褐色，周围有黄色晕圈。病斑沿叶脉可串联成条斑。在天气湿润时病斑上有菌浓溢出，而在干燥时造成穿孔。茎和叶柄上产生黑色条斑，后期病斑表面覆盖一层由菌胶分泌液干燥后所形成的薄膜。芝麻顶部被害后不能继续发育，蒴果病斑黑褐色，近圆形或不规则形，病蒴果内的种子常为黑褐色、干瘪。发病规律，病菌在种子和叶片上越冬，播种带菌种子是该病主要初浸染源，病菌也可在病残体中越冬，病菌在土壤中能存活 1 个月，4~40℃ 条件下病菌可在病残体上存活 165 天，在种子上能存活 1 年，降雨多的年份发病重（图 8-8）。

**图 8-8 芝麻细菌性角斑病症状**

防治方法：

（1）农业防治。加强田间栽培管理，与禾本科作物实行轮作，雨后及时清沟排渍降湿；清洁田园，收集病残落叶烧毁。

（2）种子消毒。采用热药浸种或温汤浸种处理可消灭种子上的病原细菌，减少初浸染源。可选用温水 48~53℃ 浸种 30 分钟，或硫酸铜 200 倍液浸种 30 分钟，或用 500 万单位的硫酸链霉素 500 倍液恒温 48℃ 热药浸种 15 分钟，或用 20% 喹菌酮可湿粉 1 500 倍液恒温 48℃ 热药浸种 15 分钟。恒温热药浸种处理法较常规的温汤浸种处理法效果为优。

（3）药剂防治。病害尚未出现时喷药预防 1~2 次，发病初期连续喷药封锁发病中心。药剂可选用 1：1：100 石灰等量式波尔多液，或用 12% 绿乳铜乳油 600 倍液，或用 30% 氧氯化铜悬浮剂 600 倍液，或用 77% 可杀得悬浮剂 800 倍液，或用 20% 喹菌酮可湿粉 1 000~1 500 倍液，或用 12% 农用硫酸链霉素 4 000 倍液，或用 47% 加瑞农可湿粉 800 倍液，喷 2~3 次，隔 7~15 天 1 次，前密后疏，交替施用，喷匀喷足。

11. 轮纹病

芝麻轮纹病，又称芝麻壳二孢轮斑病，是芝麻上常见病害，主要为害叶片，也可浸染茎秆。全国芝麻种植区普遍分布，降低芝麻产量。轮纹病为害叶片初期，叶上病斑不规则形，大小2~10mm，中央褐色，边缘暗褐色，有轮纹。叶斑与黑斑病相近，但病斑上有小黑点，即分生孢子器（图8-9）。

**图8-9　芝麻轮纹病症状**

病菌以分生孢子器随病残体遗留在土壤中越冬，翌春条件适宜产生分生孢子，借风雨传播进行初浸染和再浸染。花期易染病，夏季阴雨连绵，温度在20~25℃，相对湿度高于90%易发病。肥水管理不当，偏施过施氮肥，或疏于清沟排渍或疏于田间卫生，易使病害加重发生，管理粗放的连作地或植株生长衰弱发病重。

防治方法：

（1）农业防治。因地制宜选育和种植抗病品种。提倡与非寄主植物实行轮作。加强田间管理，适期播种，合理密植，适时间苗，及时中耕。科学施肥，增施磷钾肥，避免偏施氮肥，增强植株抗病力。适时灌溉，雨后及时排水，防止湿气滞留。收获后及时清除病残体。

（2）药剂防治。初花期和盛花期喷药防治，可选用50%多菌灵可湿性粉剂800~1 000倍液，或用70%甲基硫菌灵可湿性粉剂1 000~1 500倍液、70%代森锰锌可湿性粉剂500倍液、3：

3∶500 倍式波尔多液、40%百菌清悬浮剂 500 倍液、50%异菌脲可湿性粉剂 1 500 倍液、15%亚胺唑可湿性粉剂 2 000~3 000 倍液、25%腈菌唑乳油 3 000~4 000 倍液等喷雾防治，隔 7~10 天1 次，前密后疏，交替施用，喷匀喷足。

12. 黑斑病

黑斑病是芝麻生产中的主要普发性病害之一，随着重茬面积的增加而增加，主要为害叶片和茎秆。叶片染病后出现圆形至不规则形褐色至黑褐色病斑。田间常见大病斑和小病斑两种类型。大病斑直径 1~10mm，有同心轮纹，边缘不明显，暗褐色或黑褐色，病斑上有黑色霉状物，是病菌的分生孢子梗、分生孢子。小病斑圆形至近圆形，轮纹不明显，边缘略具隆起，内部浅褐色。叶脉、茎秆染病现黑褐色水浸状条斑，严重的植株枯死。黑斑病菌的菌丝体存在于带菌种子种皮内，偶尔进入胚或胚乳。病菌随种子或蒴果传病。降雨频繁和高湿易发病；傍晚的相对湿度和日最高温度对该病影响很大；芝麻生长期时晴时雨或晴雨交替频繁的年份发病重（图 8-10）。

**图 8-10 芝麻黑斑病症状**

防治方法：

（1）农业防治。选用抗病高产品种；调节播期，适当晚播，错过降雨最多时间；与禾本科或豆科作物轮作倒茬一年以上，避免重茬；合理密植；注意中耕除草，田间发现病株及时拔除；科学施肥，增施磷钾肥，提高植株抗病力；合理灌溉，雨后注意开沟排水；收获后及时清除田间病残体，减少来年菌源。

（2）药剂防治。新叶刚刚展开时，即应开始喷药，一般 7~10 天 1 次。使用的药剂有 50%多菌灵可湿性粉 500~1 000 倍液，或用 75%百菌清可湿性粉 500 倍液，或用 80%代森锌可湿性粉 500 倍液，或用 3：3：500 倍波尔多倍液，或用 70%甲基托市津 1 000~1 200 倍液。

### 13. 叶斑病

芝麻叶斑病是我国芝麻产区常见的一种病症，又称芝麻尾孢灰星病、芝麻蛇眼病。主要为害叶片、茎及蒴果。一般病田病叶率在 60%以上，严重时，整株叶片提早脱落，是芝麻高产稳产的重要限制因素。叶部症状常见有两种，一种叶斑多为直径 1~3mm 圆形小斑，中间灰白色，四周紫褐色，病斑背面生灰色霉状物，即病菌分生孢子梗和分生孢子。后期多个病斑融合成大斑块，干枯后破裂，严重提引致落叶。另一种叶斑为蛇眼状病斑，中间生一灰白色小点，四周浅灰色，外围黄褐色，圆形至不正形，大小 3~10mm。茎部染病产生褐色不正形斑，湿度大时病部生灰色霉点。蒴果染病生浅褐色至黑褐色病斑，圆形至不定性，边缘黑褐色，病部易开裂。该病常与叶枯病混合发生、混合为害，症状各异。病原菌以菌丝在种子和病残体上越冬，翌春产生新的分生孢子，借风雨传播，花期易染病。始发期在 7 月上中旬，盛发期在 8 月中下旬，9 月上旬后病害进入末期。芝麻叶斑病发展快慢，与芝麻生长中期降雨量和相对湿度密切相关，雨水偏多，相对湿度 80%以上时病害发展快。

防治方法：

（1）农业防治。实行合理轮作，一般不重茬；芝麻收获后及时清洁田园，清除病残体；适时深翻土地；选用无病、抗病良。

（2）做好种子处理。用 53~55℃温汤浸种 10 分钟，杀灭种子上的病菌，也可用种子拌种消毒法，即用 70%甲基硫菌灵+75%百菌清可湿性粉剂（1∶1）混剂，按种子重量 0.3%~0.5%药粉拌种，密封 72 小时后播种。

（3）药剂防治。在开花前初发病时喷洒杀菌剂，可选用 30%复方多菌灵悬浮剂 1 000 倍液，或用 70%甲基硫菌灵可湿性粉剂 800 倍液+75%百菌清可湿性粉剂 1 000 倍液、50%苯菌灵可湿性粉剂 1 500 倍液、45%三唑酮·福美双可湿性粉剂 1 000 倍液、30%碱式硫酸铜悬浮剂 500 倍液、40%三唑酮·多菌灵可湿性粉剂 1 000 倍液、50%福美双·福美锌·福美甲胂（退菌特）可湿性粉剂 600~800 倍液、30%氧氯化铜悬浮剂 600 倍液，12%松脂酸铜乳油 600 倍液等喷雾防治，共 3 次，隔 7~15 天 1 次，前密后疏，交替或混合施用，喷匀喷洒。

# 第二节 芝麻主要虫害防治技术

芝麻害虫主要有蛴螬（苗期）、金针虫（苗期）、蚜虫（苗期）、芝麻荚野螟（中后期）、芝麻盲蝽（中后期）、芝麻天蛾（中后期）、甜菜夜蛾（中后期）等，近年来，发生为害逐年加重。蛴螬、金针虫、蚜虫等防治参考大田作物虫害防治，这里不再赘述。

## 1. 芝麻天蛾

芝麻鬼脸天蛾主要分布在北京，河北，河南，山东，江苏，广东、广西壮族自治区、福建、四川、云南等省市及中国台湾，对芝麻的为害特别大。

形态特征：成虫体长 50mm 左右，翅展 100~125mm，胸部背面有骷髅形纹，眼斑以上具灰白色大斑。腹部黄色，各环节间具黑色横带，背线青蓝色较宽，第五腹节后盖满整个背面。前翅黑色，具微小白色斑点，间杂有黄褐色鳞片，内、外横线各由数条深浅不同颜色的波纹组成，顶角附近有较大的茶褐色斑，中室有一灰白色小点；后翅杏黄色，中部、基部及外缘处具较宽的 3 条横带，后角附近有 1 块灰蓝色斑。末龄幼虫体长 95~110mm，头黄绿色，外侧具黑色纵条，身体黄绿色，前胸较小，中、后胸膨大，每节生横皱纹 1~2 个，皱纹深绿色，腹部 1~7 节体侧各具 1 条从气门线到背部的深绿色斜线，斜线后缘深黄色，各腹节有较密的绿色皱纹，接近背部有较密的褐绿色颗粒，尾角黄色，长 15mm，弯向前上方，气门黑色，胸足赭黑色，腹足绿色。

发生规律：每年生 1 代，以蛹在土中越冬。成虫七月间出现。飞翔力不强，常隐蔽在寄主叶背，趋光性强。成虫把卵产在寄主叶背的主脉附近，卵散产，幼虫于夜间活动。

防治方法：

（1）农业防治。成虫盛发期可用灯火诱杀。

（2）药剂防治。幼虫盛发时，提倡使用 25%灭幼脲 3 号悬浮剂 500~600 倍液或 2%巴丹粉剂每 667m$^2$ 用 2.5kg、喷洒 10%吡虫啉可湿性粉剂 1 500 倍液、25%爱卡士乳油 1 500 倍液。

2. 短额负蝗

芝麻短额负蝗又名中华负蝗、尖头蚱蜢、括搭板。以成、若虫食叶，造成缺刻或孔洞，严重者将叶片吃光，仅留叶脉，影响作物生长发育，降低农作物商品价值。寄主植物广泛，除为害芝麻、麻类、水稻、小麦、玉米、烟草、棉花外，还为害甘薯、甘蔗、花生、豆类、茄子、幼树等各种蔬菜及药用植物和花卉。

形态特征：成虫体长 20~30mm，头至翅端长 30~48mm。绿色或褐色（冬型）。头尖削，绿色型自复眼起向斜下有一条粉红纹，与前、中胸背板两侧下缘的粉红纹衔接。体表有浅黄色瘤状突起；后翅基部红色，端部淡绿色；前翅长度超过后足腿节端部约 1/3。卵长 2.9~3.8mm，长椭圆形，中间稍凹陷，一端较粗钝，黄褐至深黄色，卵壳表面呈鱼鳞状花纹。卵粒在卵块内倾斜排列成 3~5 行，并有胶丝裹成卵囊。若虫共 5 龄。1 龄若虫体长 3~5mm，草绿稍带黄色，前、中足褐色，有棕色环若干，全身布满颗粒状突起；2 龄若虫体色逐渐变绿，前、后翅芽可辨；3 龄若虫前胸背板稍凹以至平直，翅芽肉眼可见，前、后翅芽未合拢盖住后胸一半至全部；4 龄若虫前胸背板后缘中央稍向后突出，后翅翅芽在外侧盖住前翅芽，开始合拢于背上；5 龄若虫前胸背面向后方突出较大，形似成虫，翅芽增大到盖住腹部第三节或稍超过。

发生规律：我国东部地区发生居多。在华北一年 1 代，江西省年生 2 代，以卵在沟边土中越冬。5 月下旬至 6 月中旬为孵化盛期，7—8 月羽化为成虫。喜栖于地被多、湿度大、双子叶植物茂密的环境，在灌渠两侧发生较多。

防治方法：

（1）农业措施。加强田间管理，培育壮苗，提高抗虫害能力；发生严重地区，在秋、春季铲除田埂、地边 5cm 以上的土层及杂草，把卵块暴露在地面晒干或冻死，也可重新加厚地埂，增加盖土厚度，使孵化后的蝗蝻不能出土。

（2）药剂防治。加强预测预报，抓住初孵蝗蝻在田埂、渠堰集中为害双子叶杂草且扩散能力极弱的特点，每 667m² 喷撒敌马粉剂 1.5~2kg，也可用 20%速灭杀丁乳油 15mL 对水 40kg 均匀喷雾。

（3）生物防治。保护利用麻雀、青蛙、大寄生蝇等天敌。

3. 甜菜夜蛾

甜菜夜蛾是芝麻非常严重的虫害之一，幼虫食叶下表面和叶肉，大龄幼虫食叶成缺刻或孔洞，严重的把叶片吃光，残留叶脉、叶柄，芝麻苗受害后生长点常被咬断，造成减产。别名玉米叶夜蛾、贪夜蛾、白菜褐夜蛾。分布华北各省区，尤其山东、江苏、河南、陕西等省区，近年有逐步发展为重要害虫的趋势。可为害芝麻、玉米、高粱、大豆、棉花、甜菜等。成虫为小型蛾，体长 8~10mm，展翅 19~25mm，前翅黄褐或褐色，缘脉上有黑点，前翅前缘有环状纹和肾纹。后翅半透明，呈红黄亮光，外缘灰褐，呈银白色带红光。幼虫长 22~27mm，头部褐色带灰白点，体色变化很大，有绿、暗褐、黄褐、褐、黑褐等色。胸部有浅黄色背线，下线间为灰黑色，具有白点或暗红点，气门下青色，气门上有青灰白色亮点。

发生规律：河南、陕西等省芝麻产区每年发生 4~5 代，北京市、山东省约 5 代，浙江省 6~7 代，世代重叠。江苏、陕西等省以北地区，以蛹在土室中越冬。翌年 3 月成虫出现，3 月底至 4 月幼虫以杂草为食，6~7 月为害芝麻幼苗，7~8 月进入为害盛期。在热带和亚热带地区该虫周年连续发生，无越冬现象。

防治方法：

(1) 农业措施。黄淮流域地区，以蛹在土壤中越冬的，晚秋要深翻地，消灭部分越冬蛹，减轻翌年发生。除草灭虫，消除成虫部分产卵场所，减少幼虫早期食料来源。幼虫化蛹盛期进行灌溉或中耕，可减轻为害。

(2) 农业防治。可根据成虫发生早晚，利用其趋光、喜食蜜源植物等习性，夜晚设置黑光灯诱杀成虫。用杨树枝捆扎成束喷上氧化乐果插在田间，对诱杀成虫也有一定效果。

(3) 药物防治。对 3 龄前幼虫可用 2.5% 敌百虫粉 11.25~15.00kg/hm$^2$ 喷粉，或喷施 50% 辛硫磷乳油加 2.5% 溴氰菊酯等 1 000 倍液，防效较好。对 4 龄后老熟幼虫可用 90% 的晶体敌百虫 500~600 倍液或菊酯类药液喷洒。注意把药喷到叶尖和幼荚上及叶背面，做到四面喷透，灭卵。

### 4. 芝麻荚野螟

荚野螟分布我国大部分省市，是芝麻产区重要害虫之一，幼虫吐丝，缠绕花、叶或钻入花心、嫩茎、蒴果里取食，常把种子吃光，蒴果变黑脱落，植株黄枯。成虫体长7~9mm，翅展18~20mm，体灰褐色；前翅浅黄色，翅脉橙红色，内、外横线黄褐色，近前缘具不明显的黄褐斑3个。后翅黄灰色，翅上具不大明显的黑斑2个。卵长0.4mm左右，长圆形，乳白色至粉红色。末龄幼虫体长16mm，头黑褐色，体绿色或黄绿色或浅灰至红褐色。前胸背面具两个黑褐色长斑，中胸、后胸背面各具黑色毛疣4个，腹节背面生黑斑6个。蛹长10mm左右，灰褐色。黄淮流域产区每年发生4代，以蛹越冬。7月下旬至11月下旬成虫活跃，成虫有趋光性，但飞翔力不强，白天隐蔽在芝麻丛中，夜间交配产卵，卵多产在芝麻叶、茎、花、蒴果及嫩梢处，卵经6~7天孵化，初孵幼虫取食叶肉或钻入花心及蒴果里为害15天左右，老熟幼虫在蒴果中或卷叶内、茎缝间结茧化蛹，蛹期7天，成虫期9天，完成一个世代，历时37~38天，世代重叠。

防治方法：

（1）农业措施。加强田间管理，培育壮苗，提高抗冲能力；及时清除田间及地边杂草；收获后及时清洁田园，消灭越冬蛹；利用黑光灯诱杀成虫。

（2）播种时用3%呋喃丹（百克威）颗粒剂每667m² 用2~4kg撒在播种沟内，后覆土。在幼虫发生初期喷洒90%晶体敌百虫800倍液或50%巴丹可湿性粉剂1 000倍液、2.5%功夫乳油3 000倍液。

## 第三节 芝麻主要草害防治技术

芝麻田杂草种类繁多，数量较大，发生普遍。由于芝麻种子小，播种季节正值高温多雨季节，幼苗期生长缓慢，杂草萌发出土快，生长迅速，以其极强的竞争力同芝麻争夺水分、肥料、光照、空间，严重影响了芝麻的生长。间苗除草不及时，容易形成草荒，影响芝麻的产量和品质，可使芝麻减产 15%～30%，严重的草害甚至可使芝麻绝收。并且杂草还是某些病虫害的寄主，客观上又助长了该类病虫害的发生蔓延。而芝麻地形成草荒后常被迫翻耕后改种其他农作物。

1. 芝麻田主要杂草种类

为害芝麻田杂草种类众多，其中，分布广泛、发生数量大、为害严重的有阔叶类杂草、莎草科和禾本科杂草。田间发生数量较大的杂草有阔叶类杂草中的鳢肠、铁苋菜、马齿苋、藜、苍耳，莎草科的莎草以及禾本科的马唐、牛筋草、稗草、千金子、野燕麦、苘麻、田旋花、狗尾草。其他杂草如反枝苋、鸭拓草、苦荬菜、龙葵、香附子、灰苕、三棱草、小旋花、车前草、腋下珠、小蓟、篇蓄等也对芝麻生长造成一定影响。

2. 芝麻田杂草综合防治技术

以植物检疫为前提，因地制宜地采用农业、地膜、化学等措施，相互配合，经济、安全、有效地控制杂草发生与为害。

(1) 植物检疫。在进行芝麻引种或大规模调运时，必须经过严格的检疫程序，以防止危险性杂草种子传入，造成不可估量的损失。

(2) 农业措施。

①机械除草：主要有春播田秋冬早耕、夏播田播种前耕地、适度深耕、苗期机械中耕等。据调查春播田秋耕比春耕杂草减少 24.5%。适当深耕，耕深达 30～50cm，配合增施肥料，以消灭杂草繁殖体，降低表层土壤杂草种子的萌发率。

②施用充分腐熟的有机肥料：土杂粪等有机肥中往往带有不少的杂草种子，如不腐熟运到田间，其中的杂草种子就会传播、

蔓延、为害。土杂粪等有机肥腐熟后，其中的杂草种子经过高温氨化以后，大部分丧失了生活力，就相应地减轻了为害。

（3）化学防治。芝麻田化学除草有2种方式：一是播后苗前用药；二是苗后杂草出齐时用药。

①苗前封闭：由于芝麻粒小，播种浅，很多种封闭除草剂会对芝麻产生药害，生产上应注意适当深播。同时，施药时要注意天气预报，如遇降雨、降温等田间持续低温、高温情况，也易发生药害；因为芝麻杂草防治的策略主要是控制前期草害，芝麻田中后期生长高大密蔽，具有较好的控草作用。在芝麻播后3天内，用96%异丙甲草胺 $70 \sim 120$mL/667m$^2$ 或 48%甲草胺乳油 $200 \sim 250$mL/667m$^2$，分别对水30kg稀释后均匀喷雾于地表。土质黏重或土壤有机质含量丰富的田块，应适当增加用药量。33%二甲戊乐灵乳油 $100 \sim 150$mL/667m$^2$，对水30kg均匀喷施，能有效防治多种一年生禾本科杂草和藜、苋、苘麻阔叶杂草，对马齿苋和铁苋也有一定的防治效果。

②苗后化学除草技术：如果前期未能采取有效的杂草防治措施，在苗后应及时进行化学除草。施用时期宜在芝麻封行前、杂草3~5叶期，用10%精喹禾灵乳油 $20 \sim 30$mL/667m$^2$、10.8%高效吡氟氯禾灵乳油 $20$mL/667m$^2$、15%精吡氟禾草灵乳油 $50 \sim 75$mL/667m$^2$、12.5%烯禾啶·机油乳油 $50 \sim 75$mL/667m$^2$、24%烯草酮 $10 \sim 20$mL/667m$^2$，分别加水 $40 \sim 60$kg/667m$^2$ 配成药液。选择雨后初晴，或早晚有露水时喷洒，土壤干旱时要加大稀释用水量，以提高药效。这些除草剂均可用于防治禾本科杂草，对阔叶杂草基本无效。

不同化学除草剂适宜的杂草类型不同，合理使用才能达到有效防控效果。牛筋草播后芽前适宜用50%乙草胺乳油用量 $200$mL/667m$^2$ 防除、马齿苋应在播后芽前用33%二甲戊乐灵乳油 $120$mL/667m$^2$ 分别对水 $50 \sim 60$kg均匀喷雾防除杂草；防除苋菜采用黑膜覆盖法最佳；狗尾草应选在生长期进行人工拔除效果最佳。一年两熟区对杂草的防控，时间应选在播后芽前，对芝麻生长影响小，可获得较高产量，地膜覆盖物理方法比化学方法对杂草的防控效果好。一年一熟区不论是播后芽前还是生长期，化学除草效果会随着芝麻的生长而递减，播后芽前用50%敌草胺和生长期用48%苯达松化学防控杂草效果好，芝麻增产明显。

# 第九章　辣椒病虫草害防治技术

## 第一节　辣椒病害防治技术

近年随着种植效益和作物布局的不断调整，辣椒已经成为部分农民专业合作社、种粮大户、科技农户和当地地区主要经济作物，种植面积逐年扩大，产量不断提高，病虫害防治是辣椒高产的基础技术环节之一，对辣椒高产优质起着重要的保障作用。黄淮流域常见的辣椒病害如下。

1. 辣椒猝倒病

猝倒病常见的症状有：烂种、死苗和猝倒3种。烂种是播种后，在其尚未萌发或刚发芽时就遭受病菌浸染而导致死亡的；猝倒是幼苗出土后，真叶尚未展开前，通受病菌浸染，致使幼茎基部发生水演状暗斑，继而绕茎扩展，逐渐缩组呈细线状。子叶末及凋萎，幼苗地上部因失去支撑能力而倒伏地面。苗床湿度大时，在病苗及其附近床面上常密生白色棉絮状菌丝，可区别于立枯病。病原为瓜果腐霉，属鞭毛菌亚门真菌。该病属土传性病害，病菌在土壤或病残体中过冬，病原菌潜伏在种子内部，病菌借雨水、灌溉水传播。土温较低（低于15~16℃）时发病迅速，土壤湿度高，光照不足，幼苗长势弱，抗病力下降易发病。

防治方法：

（1）农业措施。加强苗床管理，根据苗情适时适量放风，避免低温高湿条件出现，不要在阴雨天浇水；苗期喷施0.1%~

0.2%磷酸二氢钾、0.05%~0.1%氯化钙等提高抗病力，增强抗逆性；苗床发现病株及时拔除深埋或烧毁。

（2）做好种子处理。可用53%精甲霜·锰锌水剂600~800倍液，或用72.2%霜霉威水剂800~1 000倍液，或用72%锰锌·霜脲可湿性粉剂600~800倍液浸种半小时后催芽或直播；也可用35%甲霜灵拌种剂或3.5%咯菌·精甲霜悬浮种衣剂按种子重量的0.6%拌种。

（3）药剂防治。在猝倒病多发区，每平方米苗床，可选用40%五氯硝基苯9~10g，加细土4~4.5kg拌匀，播前浇足底水，待水渗下后，取1/3药土撒在畦面上，把催好芽的种子播上，再把余下的2/3药土覆盖在上面，防病效果90%以上，残效期1个月左右；或发病前至发病初期用72.2%普力克水剂400倍液喷淋，每平方米喷淋对好的药液2~3kg。此外，也可在整畦后，用福尔马林100倍水液，均匀浇泼床土，每平方米用药液5kg，然后覆盖塑料薄膜，闷盖7~10天以后掀开塑料薄膜，让床土敞露4~5天再播种。对未进行苗床土壤处理，出苗后发病时将病株及周围的土壤铲除，再撒58%雷多米尔—锰锌500倍粉剂或75%百菌清粉剂倍或64%杀毒矾可湿性粉剂500倍液或应用蔬菜壮苗素、甲基托布津、甲霜灵等拌草木灰或干细土撒施防治。也可用25%吡唑醚菌酯乳油2 000~3 000倍液+75%百菌清可湿性粉剂600~1 000倍液、69%烯酰·锰锌可湿性粉剂1 000倍液、72.2%霜霉威水剂400倍液+70%代森锰锌可湿性粉剂600~1 000倍液、53%精甲霜·锰锌可湿性粉剂600~800倍液、3%恶霉·甲霜水剂800倍液+65%代森锌可湿性粉剂600倍液、72%锰锌·霜脲可湿性粉剂600~800倍液、60%锰锌·氟吗啉可湿性粉剂800~1 000倍液、76%霜代乙膦铝可湿性粉剂800~1 000倍液、15%恶霉灵水剂800倍液+50%甲霜灵可湿性粉剂600~1 000倍液；分别对水混合均匀喷雾，视病情隔7~10天再喷1次，效果更佳。

## 2. 辣椒立枯病

立枯病菌为立枯丝核菌，属半知菌亚门真菌，菌丝有隔，初期无色，后期变黄褐色至深褐色，分枝基部稍缢缩，与主菌丝成直角。菌丝成熟后变成一串桶形的细胞，并交织成松散不定型的菌核，浅褐色、棕褐色至暗褐色。刚出土幼苗及大苗均可发病。病苗茎秆变褐，后病部收缩，茎叶萎垂枯死。稍大幼苗白天萎蔫，夜间恢复，当病斑绕茎一周时，幼苗逐渐枯死。病部初生椭圆形暗褐色斑，具同心轮纹，当湿度大时可见淡褐色蛛丝状菌丝，以菌丝体在土中或病残体中越冬，腐生性强，一般在土壤中可存活 2~3 年。病菌随雨水和灌溉水传播，也可由农具和粪肥等携带传播。播种过密、间苗不及时，通风不良，温度湿度过高易诱发本病。

防治方法：

（1）农业防治。加强苗床管理，注意培肥提高地力，培育壮苗，增强抗病力；适时通风透光，防止苗床高温高湿条件出现；合理密植，及时间苗、定苗，遏制发病条件；苗期喷洒适量辣椒植宝素液或磷酸二氢钾液，可有效增强抗病力。

（2）做好种子处理与土壤消毒。用包衣剂包衣种子，或用40%拌种双按种子重量的 0.2%拌种；苗床或育苗盘用药土处理，可单用 40%拌种双粉剂，也可用 40%五氯硝基苯与福美双 1∶1 混合，每平方米苗床施药 8g。药土处理方法同猝倒病。

（3）药剂防治。在发病初期喷淋 20%甲基立枯磷乳油（利克菌）1 200 倍液或 36%甲基硫菌灵悬浮剂 600 倍液或 5%井冈霉素水剂 1 500 倍液或 15%噁霉灵水剂 600 倍液。猝倒病、立枯病混合发生时，可用 72.2%普力克水剂 800 倍液+50%福美双可湿性粉剂 800 倍液喷淋，每平方米 2~3kg。视病情隔 7~10 天 1 次，连续防治 2~3 次。

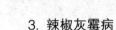

### 3. 辣椒灰霉病

辣椒灰霉病的病原菌为灰葡萄孢,属半知菌亚门真菌。该菌为害辣椒,也可为害黄瓜、西葫芦、茄子、菜豆、莴苣、番茄、白菜、甘蓝、落葵、草莓、葱等多种蔬菜。主要以菌核在土壤中或以菌丝体及分生孢子在病残体上越冬,成为翌年的初浸染源。在感病部位上产生分生孢子随气流、浇水、农事操作等传播蔓延,形成再次浸染。病果采摘后,随意扔弃,或摘下的病枝病叶未及时带出田间或大棚,最容易使孢子飞散传播为害。辣椒从幼苗到成株均可感病,特别是育苗后期和假植床内的幼苗、叶、茎、枝、花器均可感染灰霉病。幼苗染病,多在叶尖发生,引起水肿状腐烂,迅速向叶柄扩展后进而扩展到幼茎,叶片、茎尖,并向四周蔓延。叶片染病,病部腐烂,或长出灰色霉状物,严重时上部叶片全部烂掉,仅余下半截茎叶。成株染病,茎上初生水浸状不规则斑,后变成灰白色或褐色,病斑绕茎一周,其上端枝叶萎缩枯死,病部表面产生灰白色霉状物;枝条染病,亦呈褐色或灰白色,具灰霉。病枝向下蔓延至分枝处。花器染病,花瓣呈褐色、水浸状,其上密生灰色霉层,即病菌分生孢子梗及分生孢子,引起花和幼果腐烂,滋生灰色霉层。

防治方法:

(1)农业措施。发病后及时摘除病果、病叶和侧枝,集中烧毁或深埋;保护地(棚室)辣椒要加强通风管理,上午尽量保持较高的温度,使棚顶露水雾化,减少湿度。下午适当延长放风时间,加大放风量,以降低棚内湿度,夜间要适当提高棚温,减少或避免叶面结露;发病初期适当控制浇水,严防浇水过量,减低夜间棚内湿度或结露;合理密植,适当抑制该病扩展。

(2)农业防治。保护地(棚、室)内可选用10%速克灵烟雾剂,每次每667m²用200~250g熏蒸,间隔7天左右,连续熏2~3次效果更佳。也可喷洒5%百菌清粉尘剂,每667m²用

1 000g，间隔 7 天左右，交替防治 3~4 次。

（3）药剂防治。可用 50%扑海因可湿性粉剂 1 500 倍液、50%速克灵可湿性粉剂 1 500 倍液、60%多菌灵超微粉 600 倍液，或用 50%多菌灵可湿性粉剂 1 000 倍液+50%扑海因可湿性粉剂 2 000 倍液，每 667m² 喷稀释药液 50kg，间隔 7~10 天 1 次，视病情连续防治 2~3 次效果更好。

### 4. 辣椒疫病

辣椒疫病的病原为辣椒疫真菌，属鞭毛菌亚门真菌。病菌以卵孢子在土壤中或病残体中越冬，借风、雨、灌水及其他农事活动传播。发病后可产生新的孢子囊，形成游动孢子进行再浸染。辣椒苗期、成株期均可感病受害，茎、叶和果实都能发病。苗期发病，茎基部呈暗绿色水浸状软腐或碎倒，即苗期猝倒病，有的茎基部呈黑褐色，幼苗枯萎而死。叶片染病，病斑圆形或近圆形，直径 2~3cm，边缘黄绿色，中央暗褐色。果实染病，初生暗绿色水浸状斑，迅速变褐软腐，潮湿状态下，长满白色菌丝，湿度大时表面长出白色霉层，即病原菌抱囊梗及孢子囊，干燥后形成暗绿色果，残留在枝上。茎和枝染病，多从分枝权处开始，生出的病斑初为水浸状，后出现环绕表皮扩展的褐色或黑褐色条斑，引起皮层腐烂，病部以上枝叶迅速凋萎，各病部后期均能长出稀薄的白霉。病部明显隘缩，造成地上部折倒，且主要为害成株，植株急速凋萎死亡，成为辣椒生产上毁灭性的病害。

防治方法：

（1）农业措施。前茬收获后及时清洁田园、耕翻土地，采用菜粮或菜豆轮作，提倡高畦栽培或选择起垄种植；选用早熟避病或抗病品种．如赣椒 1 号、辣椒 2 号、赣椒 3 号、秀青尖椒王、宁椒 5 号、湘研 5 号、8819 线辣椒、陕西线椒、邵阳朝天椒等；培育适龄壮苗，适度蹲苗。定植苗龄以 60~80 天为宜，不宜过长，但要求达到壮苗指标，即株高 15~20cm，茎粗 0.3cm，

80%现蕾，每 667m² 栽 3 200~3 500 株；合理施用氮、磷、钾肥，忌偏施氮肥，增施磷钾肥，可提高抗病能力；加强田间管理，做好蹲苗、促秧、攻果、防衰，进入高温雨季应控制浇水，尤其要注意暴雨后及时排除积水，严防田间或棚室内湿度过高。

（2）药剂防治。重视种子消毒，用 52℃ 温水浸种 30 分钟，或用清水预浸 10~12 小时后用 1%硫酸铜液浸种 5 分钟，捞出后拌少量草木灰；也可用 72.2%普力克水剂 500 倍液或 20%甲基立枯磷乳油 1 000 倍液浸种 12 小时，捞出冲洗干净后催芽。栽植后采用喷洒或灌根预防辣椒疫病，前期掌握在发病前，喷洒植株茎基和地表，防止初浸染。中后期以田间喷雾为主防止再浸染。田间发现感病植株后，采取喷洒与浇灌并举，及时喷洒和浇灌 50%甲霜铜可湿性粉剂 800 倍液或 70%乙膦铝锰锌可湿性粉剂 500 倍液、72.2%普力克水剂 600~800 倍液、58%甲霜灵、锰锌可湿性粉剂 400~500 倍液、64%杀毒矾可湿性粉剂 500 倍液、58%甲霜铜可湿性粉剂 500 倍液。此外，夏季高温雨季浇水前，每 667m² 撒 96%以上的硫酸铜 3kg，后浇水，防治效果明显。棚室保护地也可选用烟熏法或粉尘法，在发病初期用 45%百菌清烟雾剂，每 667m² 用 250~300g，或用 5%百菌清粉尘剂，每 667m² 用 1 000g，间隔 10 天左右 1 次，连续防治 2~3 次效果更佳。

5. 辣椒枯萎病

该病的病原为尖镰孢真菌，属半知菌亚门真菌。病菌主要以厚垣孢子在土壤中越冬，或进行较长时间的腐生生活。通过土壤传播，从茎基部、根部及地上部的伤口侵入，进入维管束，堵塞导管，致使叶片枯萎，发病条件适宜时感病后 15 天即有死株出现，潮湿，雨后积水，偏施氮肥的地块条件下发病重。发病初期植株下部叶片大量脱落，与地面接触的茎基部皮层呈水浸状腐烂，地上部茎叶迅速凋萎，有时病部只在茎的一侧发展，形成一纵向条状坏死区，后期全株枯死。病株地下部根系也呈水浸状软腐，皮层极易剥落，木质部变成暗褐色或煤烟色。在湿度大的条件下，病部常产生白色或蓝绿色的露状物。

防治方法：

（1）农业措施。选用抗病品种；大力提倡水旱轮作；避免施用未经充分腐熟的土杂肥；整治排灌系统，实行高窄畦、深沟栽培，切忌大水漫灌或浇灌过量，以提高植株根系活力；加强田间管理，合理灌溉，避免田间过湿或雨后积水，及时中耕松土，增加通气性。

（2）农业防治。及早控制田间发病中心，用青枯立克 300 倍液+大蒜油 15~20mL 对严重病株及病株周围 2~3m 内区域植株沿茎基部进行小区域灌根，连灌 2 次药后，间隔 3~5 天再巩固用药 1 次；其余可采用 500 倍液进行穴灌预防 1~2 次，间隔 3~5 天。

（3）药物防治。发病初期喷洒 50%多菌灵可湿性粉剂 500 倍液、40%多硫悬浮剂 600 倍液、14%络氨铜水剂 300 倍液灌根，每株灌稀释好的药液 0.4~0.5kg，视病情连灌 2~3 次，间隔 3~5 天，也可用 40%或 50%甲基托布津可湿性粉剂 800 倍液淋施，或定期、不定期淋施高锰酸钾 600~1 000 倍液，或用铜氨液 600~800 倍液，一般间隔 10 天左右，连续 2~3 次或更多，前密后疏，淋透淋足。

6. 辣椒青枯病

辣椒青枯病的病原为青枯假单胞杆菌，是一种典型的细菌性土传疾病，属细菌，病菌存活时间较长，主要通过植株茎部的伤口侵入，在移植、松土等农事操作时以及昆虫等伤害造成的根部伤口都可引起土壤中细菌侵入，在高温高湿条件下繁殖迅速。植株的细根首先褐变，不久开始腐烂并消失。切开接近地面部位的病茎，可以发现维管束微有褐变，并从该部位分泌出白色混浊污汁。青枯病还是番茄、茄子、辣椒、马铃薯等茄科蔬菜的主要病害。初期仅个别枝条的叶片萎蔫，后扩展至整枝。地上部叶色较淡，叶片不脱落，短期内保持青绿色，后期叶片变褐枯焦．病茎外表症状不明显，纵部茎部维管束变为褐色，横切面保湿后可见乳白色钻液滋出，有区别于枯萎病。

防治方法：

（1）农业措施。及时清除病残体，减少感染数；选用抗病品种，如湘研 5 号、萍椒 3 号、赣椒 3 号、宁椒 5 号、陕西 8819 线椒、邵阳朝天椒等。

（2）改良土壤。实行定期轮作（3～5 年），避免连作或重茬，凡前作是番茄、茄子、辣椒的均不宜种辣椒；整地时每 667m² 施草木灰或石灰等碱性肥料 100～150kg，使土壤呈微碱性，抑制青枯菌的繁殖和发展。

（3）药剂防治。辣椒进入发病阶段，预防性喷淋青枯立克 500 倍液、14%络氨铜水剂 300 倍液、77%可杀得可湿性微粒粉剂 500 倍液、200 国际单位硫酸链霉素或 72%农用硫酸链霉素可湿性粉剂 4 000 倍液，隔 7～10 天施药 1 次，连续防治 3～4 次。发病后要拔除病株，并用石灰水灌兜（株穴）消毒，以防传染，或用 50%敌枯双可湿性粉剂 800～1 000 倍液，1：1：100 波尔多液淋兜，间隔 10～15 天 1 次，连续灌穴 2～3 次。定植后用氧氯化铜 800～1 000 倍液淋灌根部和喷洒植株，每株 250g，隔 7～10 天 1 次，连用 2～3 次。

7. 辣椒根腐病

根腐病的病原菌为腐皮镰孢真菌（包含有蚀脉镰孢、木贼镰孢、串珠镰孢、尖镰孢），均属半知菌亚门真菌。病菌以厚垣孢子、菌核或菌丝体在土壤中越冬，成为翌年主要初浸染源，病菌从茎基部、根部及维管束的伤口侵入，通过雨水或灌溉水进行传播和蔓延。苗期到成株期都可染病受害，多发生在定植后，初染病株白天枝叶萎蔫，傍晚至次晨恢复，多日后整株枯死。病株的根茎部及根部皮层呈淡褐色至深褐色腐烂，极易剥离，露出暗色的木质部。病部一般仅局限地根及根茎部。

防治方法：

（1）农业措施。加强田间管理，培育壮苗，增强抗病性；在移栽定植时尽量不伤根，精心操作；合理灌溉，保证田间不积水沤根；用次抓酸钠浸种，浸种前先用 0.2%～0.5% 的碱液清洗种子，再用清水浸种 8～12 小时，捞出后用 1% 次抓酸钠溶液浸种 5～10 分钟，冲洗干净后催芽播种；科学施肥，禁忌高氮肥；雨后天晴地干应立即中耕松土，促进土壤的通气性。

（2）增强植株营养。分别在花蕾期、幼果期、果实膨大期喷施辣椒壮蒂灵，增强植株营养匹配功能，使果蒂增粗，促椒体健康生长，提高抗病能力。

（3）药剂防治。发病初期，喷淋或浇灌，用青枯立克 500 倍液、50% 多菌灵可湿性粉剂 600 倍液、40% 多硫悬浮剂 600 倍液或 50% 甲基硫菌灵可湿性粉剂 500 倍液，隔 10 天左右 1 次，连续灌 2～3 次。

8. 辣椒病毒病

据报道辣椒病毒病的毒源有 10 多种，我国发现 7 种。主要的毒源是黄瓜花叶病毒，称辣椒斑驳病毒，烟草花叶病毒、马铃薯 Y 病毒、马铃薯病毒等。常表现出 4 种症状，一是花叶型，典型症状是病叶、病果出现不规则退绿、浓绿与淡绿相间的斑驳，植株生长无明显异常；二是黄化型，病叶变黄，严重时，植株上部叶片全都变成黄色，形成上黄下绿，植株矮化并伴有明显的落叶；三是畸形型，叶片畸形或丛簇型，开始时植株心叶叶脉退绿，逐渐形成深浅不均的斑驳、叶面皱缩、以后病叶增厚，产生黄绿相间的斑驳或大型黄褐色坏死斑，叶缘向上卷曲；四是坏死型，包括顶枯、斑驳环死和条纹状坏死，感病植株枝杈顶端幼嫩部分变褐坏。有时几种症状同在一个植株上出现，或引起落叶、落花、落果，严重影响辣椒的产量和品质。

防治方法：

（1）农业措施。选用抗病品种。如沐椒1号、湘研5号、湘研9号、宁椒5号、秀青尖椒王、赣椒3号、陕西8819线椒、邵阳朝天椒等；坚持与非茄科作物轮作，最好是水旱轮作，轮作年限不少于3年；加强栽培管理，施足底肥，增施磷、钾肥，使辣椒早期生长快而健壮，中后期保障水肥供应，延迟衰老，抗病力强。

（2）农业防治。种子用10%磷酸三钠浸种20～30分钟后洗净催芽，在分苗定植前或花期分别喷洒0.1%～0.2%硫酸锌。

（3）药剂防治。喷洒20%病毒A可湿性粉剂500倍液，1.5%植病灵乳剂500倍液，或用抗毒剂1号200～300倍液，隔10天左右1次，连续防治3～4次。

（4）治虫防病。4—6月在有翅蚜虫迁入辣椒地期间灭蚜防止传毒，及时喷洒20%氟氯菊酯1 500～2 500倍液，或用2.5%敌杀死乳油2 500倍液，杀死媒介昆虫，减少传播。或喷10%吡虫啉或苦参碱等；发病初期喷病毒比克/氨基寡糖素/腐殖吗啉呱复配腐光和叶面肥进行防治。

## 第二节　辣椒的害虫防治技术

黄淮流域为害辣椒的主要害虫有烟青虫、马铃等抓虫、斜纹夜蛾、蚜虫、茶黄螨、棉铃虫、叶螨类等。

1. 烟青虫

烟青虫俗名青虫，又名烟草夜蛾，主要为害青椒，以幼虫蛀食叶、花、果，为蛀果类害虫，也食害嫩茎、叶和芽。为害辣（甜）椒时，整个幼虫钻入果内，啃食果皮、胎座，并在果内缀丝，排留大量粪便，使果实不能食用，有时果实被蛀引起腐烂而大量落果，是造成减产的主要原因。成虫产卵于土内，成块状，外被胶囊，以卵块在土中越冬。

防治方法：

（1）农业措施。做好冬耕冬灌，消灭虫蛹，降低虫源；田内间种玉米诱集带，诱成虫产卵其上集中烧毁；辣椒早熟、中熟、晚熟品种搭配种植；及时摘除病果、病枝、病叶。

（2）物理措施。在成虫羽化期，利用性诱杀剂、黑光灯或杨树枝把诱杀成虫。

（3）生物防治。用多体病毒开展生物防治，苗床使用3亿CFU/g哈茨木真菌可湿性粉剂对水喷淋，每平方米2~4g，或移栽后3 000倍灌根。也可喷洒2%宁南霉素水剂500倍液或0.5%菇类蛋白多糖水剂200~300倍液；或用Bt、HD-1等苏云金芽孢杆菌制剂或棉铃虫多角形病毒防治，一般连续施药2次效果更佳。

（4）药物防治。当百株卵量达20~30粒时，应开始用药，施药后如百株幼虫超过5头，还应继续用药。药剂以50%锌硫磷乳油1 000倍液或40%敌杀死乳油3 000倍液效果较好。喷药应在幼虫3龄之前进行，否则，防治效果降低。或用2.5%保得乳油2 000~3 000倍液、20%氯氰乳油2 000~3 000倍液、20%杀灭菊酯乳油2 000~3 000倍液、2.5%功夫乳油2 000~4 000倍液、2.5%天王星乳油2 000~4 000倍液，每667m$^2$需要稀释药液50~60kg。间隔7天左右，连续施药2~3次，防治效果更佳。

2. 马铃等抓虫

马铃等抓虫是辣椒主要虫害之一，成虫、若虫取食叶片、果实和嫩茎，被害叶片仅留叶脉及上表皮，形成许多不规则透明的凹纹。后变成褐色斑痕，过多会导致叶片枯萎，被害果上则被啃食成许多凹纹，逐渐变硬变褐，并有苦味，失去商品价值。

防治方法：

（1）人工捕捉成虫。利用成虫假死习性，用盆承接并摇动植株使之坠落，收集灭之。

（2）人工摘除卵块。此虫产卵集中成群，颜色鲜艳，极易发现，易于摘除。

（3）药剂防治。要抓住幼虫分散前的有利时机，可用灭杀毙（21%增效氰·马乳油）6 000 倍液、20%氰戊菊酯乳油或2.5%浪氛菊醋 3 000 倍液、10%澳马乳油 1 500 倍液、10%菊马乳油 1 000 倍液、50%锌硫磷乳剂 1 000 倍液、2.5%功夫乳油4 000 倍液等喷洒。

### 3. 斜纹夜蛾

斜纹夜蛾为广谱性害虫，我国各省区都有分布，是一种食性很杂的暴食性害虫，间歇性大发生，寄主植物多，在蔬菜上主要为害辣椒、茄子、番茄、大白菜、甘蓝、瓜类、豆类等，幼虫食叶、花蕾、花及果实，严重时，可把全田作物吃光。

防治方法：

（1）诱杀成虫。结合防治其他菜虫，可采用黑光灯或糖醋盆等诱杀成虫。

（2）药剂防治。3 龄前为点片发生阶段，可结合田间管理，进行挑治，不必全田喷药。4 龄后夜出活动，因此，施药应在傍晚前后进行。药剂可选用灭杀毙（21%增效氰·马乳油）6 000~8 000 倍液、2.5%功夫乳油 1 500 倍液、2.5%天王星或20%灭扫利乳油 3 000 倍液，40%氰戊菊酯乳油 4 000~6 000 倍液、20%菊·马乳油 2 000 倍液，4.5%高效顺反氯氰菊酯乳油3 000 倍液等，10 天 1 次，连用 2~3 次。

### 4. 蚜虫

蚜虫在辣椒植株上吸食汁液，成虫、若虫均有为害能力，使植株汁液可从伤口流出影响正常代谢，刺吸叶片导致卷曲变黄，影响光合与生长，还可能传播病毒病。影响植株正常生长发育，进而影响产量和品质。

防治方法：

（1）农业措施。清除四旁及田间杂草，减少蚜虫的寄主植物；在秧苗移栽前 2~3 天施药治蚜，防止苗床蚜虫进入大田；与其他作物间、套作种植，为害虫天敌提供栖息场所，实现害虫的生态自然控制，减少田间用药。

（2）药物防治。在蚜虫数量较大时，用 4.5% 高效氯氰菊酯乳油 1 000 倍液，或用 10% 吡虫啉可湿性粉剂 1 000 倍液，或用 90% 敌百虫晶体 1 500 倍液等高效低毒农药均匀喷雾，每 667m$^2$ 喷施稀释药液 50~60kg，注意重点喷洒植株顶端幼嫩茎叶正反面。

5. 棉铃虫

棉铃虫为杂食性害虫，主要为害辣椒、番茄、茄子，也为害豆类及其他各种蔬菜以及粮、棉、油等作物。以幼虫蛀食寄主植物的蕾、花、果实，造成大量落果和烂果，也食害嫩茎、叶和芽等。在辣椒、番茄等菜区均受棉铃虫、烟青虫的为害。

防治方法：

（1）农业措施。做好冬耕冬灌，可消灭越冬虫蛹；利用成虫有强趋光性，可采用黑光灯+糖醋液诱蛾；在辣椒田设置诱捕器，应用长效型棉铃虫性诱剂诱杀雄蛾，干扰自然交配，压低种群数量。

（2）生物防治。在产卵盛期可释放赤眼蜂，每公顷 15 万~30 万头，间隔 5 天连放 3~5 次，寄生率维持在 80% 左右防效明显；可用 16 000IU（国际单位）/mg 的苏云金杆菌（Bt）可湿性粉剂每公顷 0.75~1.5kg 喷雾或应用棉铃虫核型多角体病毒制剂或 0.3% 印楝素乳油每公顷 0.75~1.5kg 喷雾，既可控制为害，又不伤害天敌，且不污染环境，应当是首选的生物防治方法。

（3）药剂防治。防治指标，百株卵量达 20～30 粒时应开始用药，如百株幼虫超过 5 头，应继续用药可选用 25%除虫脲可湿性粉剂 3 000 倍液、20%杀铃脲悬浮剂 2 000 倍液、5%氟铃脲乳油 500～1 000 倍液、5%抑太保乳油 750～1 500 倍液、5%卡死克可分散液剂 1 000 倍液或新抗生素制剂催杀 48%悬浮剂 8 000～10 000 倍液、1.8%阿维菌素乳油 1 000～2 000 倍液，亦可采用新型菊酯类药剂凯撒 10.8%乳油 10 000 倍液，或常用药高效氯氰菊酯 10%乳油 6 000 倍液，或用 25%虫必可 1 000～1 500 倍液，或用 1.8%烟虫速杀 1 500～2 000 倍液等，每 667m² 需要稀释药液 50～60kg 均匀喷雾。

6. 螨类

为害辣椒的螨类害虫主要是红蜘蛛、茶黄螨，均属蛛形纲叶螨科类害虫，均以刺吸式口器刺吸植株汁液，影响正常代谢。茶黄螨食性很杂，寄主很广，辣椒被害后叶背面呈油渍状，渐变黄褐色，叶缘向下弯曲，幼茎变黄褐色，受害严重的植株矮小，丛枝，落花落果，形成秃尖，果柄及果尖变黄褐色，失去光泽，果实生长停滞变硬。红蜘蛛分布广泛，食性杂，可为害 110 多种植物。

防治措施：由于茶黄螨具强烈的趋嫩性，主要在作物的顶芽嫩尖初生长的部位分布最密，为害最烈，所以，打药要着重在这些幼嫩部位。可选用 1.8%阿维菌素乳油 1 500～2 000 倍液，15%哒螨灵乳油 3 000 倍液，50%四螨嗪（阿波罗）悬浮液 5 000 倍液，螨克（双甲脒）20%乳油 1 000～1 500 倍液，73%g 螨特乳油 2 000～3 000 倍液，50%螨代治（溴螨酯）乳油 1 000～2 000 倍液，倍乐霸（三唑锡）25%可湿性粉剂 1 500 倍液等。每 667m² 喷施稀释药液 50～60kg 均匀喷雾，注意重点喷洒植株顶端幼嫩茎叶（茶黄螨喜发生在幼嫩叶背面、嫩茎稍处）正反面。

7. 辣椒的地下害虫

黄淮流域常见的主要有小地老虎、蛴螬、金针虫、蝼蛄等。辣椒幼苗靠近地面的茎部，常被幼虫咬断，使整株死亡，造成缺苗断垄，严重的甚至毁种。

防治方法：

（1）预测预报。对成虫的测报可采用黑光灯或蜜糖液诱杀器，在华北地区春季（4月15日至5月20日）如平均每天每台诱蛾5头以上，表示进入蛹孵化蛾盛期，蛾量最多的一天即为高峰期，过后20~25天即为2~3龄幼虫盛期，为防治适期（最佳时间），诱蛾为连续2天在30头以上，预兆将有大发生的可能。对幼虫的测报采用田间调查方法，如定苗前每平方米有幼虫0.5~1头，或定苗后每平方米有幼虫0.1~0.3头（或百株蔬菜幼苗上有虫1~2头）即应防治。

（2）农业防治。早春及时清除田间及周围杂草，减少虫源及产卵量；利用黑光灯+糖醋液（白糖6份、醋3份、白酒1份、水10份、90%敌百虫1份调匀），诱杀成虫；利用堆草诱杀幼虫，在菜苗定植前，可选择地下害虫喜食的杂草堆放诱集地下害虫；或人工捕捉，或拌入药剂毒杀。

（3）药物防治。一般地下害虫在低龄期（1~3龄期）抗药性差，且易暴露在寄生植物或地面上，是药剂防治的适期。可采用灭杀毙（21%增效氰·马乳油）8 000倍液、2.5%滨氰菊酯或20%氰戊菊酯3 000倍液、20%菊·马乳油3 000倍液，10%浪马乳油2 000倍液，90%敌百虫800倍液或50%辛硫磷800倍液来防治。

## 第三节　辣椒田杂草防除技术

当地辣椒地常见的杂草种类有各种禾本科杂草、阔叶杂草及莎草科杂草，如稗草、马塘、狗尾草、牛筋草、千金子、野高粱、藜、蓼、打碗花、刺儿菜、荠菜、葎草、反枝苋、铁苋菜、马齿苋、苣荬菜、鸭趾草、猪毛菜、龙葵、苘麻、香附子等。

### 1. 播种（移栽）前适宜选用的除草剂

辣椒播前可用 43%甲草胺乳油，或用 48%氟乐灵，每 $667m^2$ 用 48%氟乐灵 200mL，对水 50L，均匀喷洒地表，播前用于土壤处理，对杂草防效可达 95%以上。20%敌草胺乳油也可用于辣椒苗播种前除草，可有效防除单、双子叶杂草。96%金都尔 0.75~1.2kg/hm²，施药后浅混土，是一种芽前除草剂，对一年生禾本科杂草，如马唐、狗尾草等，防效在 95%以上，对阔叶杂草防治效果较差。50%杀草丹乳油、90%高杀草丹乳油，每 $667m^2$ 用 50%杀草丹 0.3~0.5kg 对水 50~60kg 均匀喷洒，对后茬作物安全，不能漏喷、重喷，喷后立即浅耙地，使药、土充分混合，在地表形成一层均匀的药膜，然后覆盖地膜。

### 2. 播后苗前是宜选用的除草剂

每 $667m^2$ 用 20%拿扑净乳油 80mL，对水 50kg 喷雾，对一年生禾本科杂草有较好的防效，对辣椒安全性好。一般杂草受药后 3 天停止生长，7 天叶片褪色，2~3 周内全株枯死，喷后遇雨基本上不影响药效。33%除草通乳油 150~300mL/667m²、48%氟乐灵乳油 100~150mL/667m²、24%噁草灵乳油 100~150mL/667m²、50%乙草胺乳油 75~150mL/667m² 或 24%果尔乳油 50D~100mL/667m²，于整地后覆膜前，对水 40~50kg 用手动喷雾器扇形雾喷头均匀喷雾于土壤表面。施药后及时覆膜，覆膜后再打孔移栽茄子、番茄、辣椒。

### 3. 苗后适宜的除草剂

闲农喜（15.8%精喹+进口助剂），为辣椒田、甘薯田专用复配除草剂，每 $667m^2$ 用量 2 袋对水 30~40kg 均匀喷雾，能防除禾本科、阔叶、莎草等杂草，防效好；用 12%收乐通（烯草酮）

乳油，每667m² 用12%收乐通35~40mL，或用6.9%威霸（精噁唑禾草灵）浓乳剂每667m² 用50~70mL，或用8.05%威霸乳油，每667m² 用50~60mL，或用10%精禾草克又称精喹禾灵乳油，辣椒出苗后，杂草3~5叶期每667m² 用量150~200mL，分别对水50~60kg均匀喷雾，使用时期辣椒苗后，禾本科杂草3~5叶期。威霸浓乳剂黏度大，附着力强，易粘在杂草叶面上，配药时一定要先加少量水充分搅均匀后再倒入喷雾器中，混合好以后再喷雾。全田喷雾或苗带施药均可，人工施药应选择扇形喷嘴，顺垄施药，固定喷头高度、压力、行走速度、防止左右甩动施药，以保证喷洒均匀，最好不要喷到辣椒苗上。施药时杂草小、土壤墒情好、空气相对湿度大除草剂药量要用下限数量；反之，若杂草大、土壤水分少、干旱条件下除草剂要用上限药量，对后茬作物安全。防治对象：野燕麦、稗草、金狗尾草、狗尾草、马唐、稷属、早熟禾、看麦娘、千金子、牛筋草、画眉草、蒺藜草、剪股颖、虎尾草、野高粱、假高粱、狗牙根、黑麦属、臂形草等一年生和多年生禾本科杂草。

# 附件 2016 国家禁用和限用农药名录

1. 国家明令禁止生产销售和使用的 41 种农药

甲胺磷、甲基对硫磷、对硫磷、久效磷、磷胺、六六六、滴滴涕、毒杀芬、二溴氯丙烷、杀虫脒、二溴乙烷、除草醚、艾氏剂、狄氏剂、汞制剂、砷类、铅类、敌枯双、氟乙酰胺、甘氟、毒鼠强、氟乙酸钠、毒鼠硅，苯线磷、地虫硫磷、甲基硫环磷、磷化钙、磷化镁、磷化锌、硫线磷、蝇毒磷、治螟磷、特丁硫磷、氯磺隆，福美胂，福美甲胂；胺苯磺隆单剂，甲磺隆单剂。

百草枯水剂：自 2016 年 7 月 1 日起停止在国内销售和使用。

胺苯磺隆复配制剂，甲磺隆复配制剂：自 2017 年 7 月 1 日起禁止在国内销售和使用。

2. 国家明文规定限制使用的 19 种农药

**附表 国家明文规定限制使用的 19 种农药**

| 中文通用名 | 禁止使用范围 |
| --- | --- |
| 甲拌磷、甲基异柳磷、内吸磷、克百威、涕灭威、灭线磷、硫环磷、氯唑磷 | 蔬菜、果树、茶树、中草药材 |
| 水胺硫磷 | 柑橘树 |
| 灭多威 | 柑橘树、苹果树、茶树、十字花科蔬菜 |
| 硫丹 | 苹果树、茶树 |
| 溴甲烷 | 草莓、黄瓜 |
| 氧乐果 | 甘蓝、柑橘 |

（续表）

| 中文通用名 | 禁止使用范围 |
| --- | --- |
| 三氯杀螨醇、氰戊菊酯 | 油茶树 |
| 丁酰肼（比久） | 花生 |
| 氟虫腈 | 除卫生用、玉米等部分旱田种子包衣剂外的其他用途 |
| 毒死蜱、三唑磷 | 自 2016 年 12 月 31 日起，禁止在蔬菜上使用 |

3. 按照《农药管理条例》规定，任何农药产品都不得超出农药登记批准的使用范围使用。剧毒、高毒农药不得用于防治卫生害虫，不得用于蔬菜、瓜果、茶叶和中草药材。

# 参考文献

北京市植物保护站.1999.植物医生实用手册 [M].北京：中国农业出版社.

陈继德，王守海.2010.花生田杂草发生特点及防除技术 [J].现代农业科技，15：216-217.

程卓敏.2007.植物保护与现代农业 [M].北京：中国农业科学技术出版社.

封洪强，李卫华，刘文伟，等.2015.农作物病虫草害原色图解 [M].北京：中国农业科学技术出版社.

冯荣成，贾筱筠，王春虎.2013.灌浆始期叶面喷肥对小麦生产因素及产量的影响 [J].湖北农业科学，52（22）：5 434-5 436.

管致和.1995.植物保护概论（农业高等院校教材）[M].北京：中国农业大学出版社.

国家标准化管理委员会.2004.农业标准化培训大纲 [M].北京：中国计量出版社.

何永梅.2016.花生立枯病的识别与防治 [J].农村实用技术（3）：47.

季书勤等.2000.专用优质小麦与栽培技术 [M].北京：气象出版社.

江贤南.2008.甘薯瘟病发生及防治对策 [J].福建农业（10）：20.

阚跃峰，周琳娜，石明权.2012.驻马店市芝麻田杂草发生

特点及综合防治技术［J］. 农业科技通讯, 3: 155-156

李鸽子, 王春虎, 陈亚峰, 等 .2010. 龙峰生物有机肥对小麦的增产效果研究［J］. 农业科技通讯 (12): 49-51.

李洪连, 于思勤, 闫振领, 等 .2007. 农作物植保管理月历［M］. 北京: 中国农业科学技术出版社 .

李洪连 .2008. 主要作物疑难病虫草害防控指南［M］. 北京: 中国农业科学技术出版社 .

李吉民, 王璐, 刘清瑞 .2016. 麦田恶性杂草节节麦的为害与防除研究［J］. 种业导刊 (4): 19-20.

刘清瑞, 王运兵, 抄水仙, 等 .2001. 绿阿悬浮剂防除玉米田杂草效果研究［J］. 华北农学报, 16 植物保护专辑: 155-158.

刘清瑞, 岳永祥, 马光春 .1996. 锐劲特防治稻飞虱田间药效试验［J］. 河南职技师院学报, 24 (4): 77-78.

刘清瑞, 张好万, 张延梅 .2012. 玉米细菌性茎腐病发生原因及综合治理［J］. 种业导刊 (3): 22-23.

刘小珊 .2013. 花生茎腐病发生为害规律及综合防治技术［J］. 福建农业科技 (7): 54-55.

吕国强 .2015. 粮棉油作物病虫原色图谱［M］. 郑州: 河南科学技术出版社 .

罗忠霞, 房伯平, 张雄坚, 等 .2008. 我国甘薯瘟病研究概况［J］. 广东农业科学, 增刊 71-74.

马新中, 赵刚, 王宏臣 .2009. 花生叶斑病综合防治技术［J］. 安徽农学通报, 15 (08): 179-180

农业部小麦专家组 .2007. 现代小麦生产技术［M］. 北京: 中国农业出版社 .

欧行奇 .2006. 小麦种子生产理论与技术［M］. 北京: 中国农业科学技术出版社 .

秦宜哲，刘清瑞 . 1997. 化学除草技术问答［M］. 郑州：河南科学技术出版社 .

孙会杰，纪明山，高德学，等 . 2014. 东北地区芝麻田杂草调查结果与分析［J］. 杂草科学，32（2）：23 -24.

王春虎，刘国梅，邢宇星 . 2006. 推广优质小麦中的几项关键配套措施［J］. 中国农村小康科技（8）：24-25.

王春虎，刘化波 . 2006. 因地制宜发展旱地优质小麦生产［J］. 科技信息（学术版）（3）：53-54.

王春虎，杨文平，李辉，等 . 2012. 叶面喷施 SOD 液肥对小麦生长和产量构成因素的影响［J］. 湖北农业科学，51（11）：2 194- 2 197.

王春虎，张胜利，王俊平，等 . 2011. 不同浓度光合菌肥对小麦生长和产量的影响［J］. 广东农业科学（16）：48-50.

王春虎 . 2012. 叶面喷施 SOD 液肥使小麦增产［J］. 农家顾问（10）：31.

王春虎 . 2015. 现代玉米规模化生产与病虫草害防治技术［M］. 北京：中国农业科学技术出版社 .

王璐，李吉民，刘清瑞 . 2016. 大豆新品种驻豆 11 号免耕覆秸高产栽培模式研究［J］. 种业导刊（5）：9-10

王运兵，王连泉，刘清瑞，等 . 1995. 农业害虫综合治理［M］. 郑州：河南科学技术出版社 .

吴成宗 . 2007. 花生冠腐病的发生和防治对策［J］. 福建农业（7）：25.

辛登浩 . 2015. 现代小麦规模生产及病虫草害防治技术［M］. 北京：中国农业科学技术出版社 .

颜曰红，蔡方义，盛正礼 . 2007. 甘薯瘟的发生与防治［J］. 现代农业科技（9）：85，87.

杨毅.2008.常见作物病虫害防治［M］.北京：化工出版社.

殷宏阁.2015.甘薯病虫害综合防控技术［J］.河北农业（5）：22-23.

于振文.2001.优质专用小麦品种及栽培［M］.北京：中国农业出版社.

于振文.2003.作物栽培学各论（北方本）［M］.北京：中国农业出版社.

元晓光，程星，高爱旗.2012.花生田杂草发生规律及综合防治技术［J］.现代农业科技，15：113-114.

袁堂玉，矫岩林，赵健，等.2011.浅谈花生主要虫害防治方法［J］.安徽农学通报，17（1）：144-145.

张学青，孟爽，潘军，等.2011.花生蛴螬的发生与防治［J］.现代农业科技（12）：180，183.

钟汉峰.2007.甘薯贮藏期的病害及预防［J］.科技风（5）：24.

朱素梅，刘清瑞.2016.新乡市小麦茎基腐病发生原因与综合防治［J］.中国植保导刊，36（7）：40-42.